地球物理测井学

第四卷 电法测井【上册】

高 杰 编著

石油工业出版社

内 容 提 要

本书简要介绍了电法测井的基本原及应用基础,详细介绍了自然电位测井、普通电阻率测井、侧向测井、感应测井和电磁波传播测井等电测井方法的原理、仪器结构和主要特点,以及它们的数据处理和实际应用。

本书可作高等院校测井及相关专业在校大学生和研究生教材,也可供从事地球物理测井的工程技术人员参考。

图书在版编目(CIP)数据

地球物理测井学 . 第四卷 . 电法测井 . 上册 / 高杰编著 . -- 北京:石油工业出版社,2025.1 -- ISBN 978-7-5183-7033-7

Ⅰ . P631.8

中国国家版本馆 CIP 数据核字第 2024PB3689 号

责任编辑:钟思源
责任校对:张 磊
装帧设计:李 欣 周 彦

出版发行:石油工业出版社
    (北京安定门外安华里 2 区 1 号 100011)
    网 址:www.petropub.com
    编辑部:(010)64523736 图书营销中心:(010)64523633
经 销:全国新华书店
印 刷:北京中石油彩色印刷有限责任公司

2025 年 1 月第 1 版 2025 年 1 月第 1 次印刷
787×1092 毫米 开本:1/16 印张:13.75
字数:323 千字

定价:110.00 元

ISBN 978-7-5183-7033-7

(如出现印装质量问题,我社图书营销中心负责调换)

版权所有,翻印必究

《地球物理测井学》

编委会

主　编：李　宁

副主编：焦方正　何江川　江同文　卢　涛　李国欣　窦立荣
　　　　雷　平　金明权　吴柏志

委　员：（按姓氏笔画排序）
　　　　王　兵　王才志　王克文　王泽丹　王贵文　王雪松
　　　　石玉江　田中元　刘向君　江如意　汤　彬　苏学斌
　　　　李　军　李安宗　李俊军　杨立强　肖立志　肖承文
　　　　宋　永　张　锋　陈　宝　陈　锋　武宏亮　范宜仁
　　　　尚　捷　周　军　庞奇伟　胡启月　胡英杰　袁　超
　　　　高　杰　郭海敏　赫志兵　谭茂金

序

经过中国测井界学人的共同努力,总计14卷26个分册的《地球物理测井学》终于问世了!这不仅是对推动测井学科进步做出的重大贡献,更是对测井先哲未竟事业和治学精神的赓续与弘扬。

地球物理测井是石油工业十大学科之一,被誉为洞察地下油气藏的"眼睛"。地球物理测井诞生于1927年。1939年,翁文波院士在中国大陆首次成功测井,开创了我国的测井事业,成为中国测井第一人。但长期以来,由于地球物理测井一直被称为"测井技术",应有的学术地位没有得到充分体现,因而大大影响了测井学科的高质量发展。令人尊敬的测井前辈谭廷栋先生是喊出"测井学"的第一人。谭先生一生投身测井,60岁后更是为测井学正名而大声疾呼。这里之所以用"正名"而不用"倡导"或其他,是因为谭先生从来就认为测井是一门"学",而不只是一门"技术"。他多次提到,"Reservoir Geophysics"(矿场地球物理学)一词中有"学",在20世纪50年代翻译时出了问题,才变成了现在这个"技术"的叫法。谭先生还多次由衷感激地提到中国石油勘探开发研究院秦同洛教授,说他在国家科委确定石油工业十大学科的会议上能仗义执言:"如果集声电核于一身的测井都不是学,石油上还有哪个敢说自己是学?"测井入选石油工业十大学科后,谭先生更是逢人便说、遇会便讲此中原委,且声情并茂、手舞足蹈,令与会者为之动容。于是,在他的亲自带领下,经过测井界同仁一起努力,1998年第一部《测井学》终于问世了,这是测井发展史上的一个重要里程碑。从1939年到1998年,历经60年姗姗来迟的这部《测井学》了却了谭先生最大的一桩心愿。两年后,他安详地阖上了双眼……当时参加先生追悼会的超过了300人,除了在京院所和有关司局的领导外,各大油田测井公司的主要负责同志差不多都到了。大家共同追思这位杰出的地球物理测井学家。我代表谭先生培养的所有硕士、博士毕业生题挽联一副:"测井学先哲英灵永存,悼我师晚辈再写春秋。"

作为翁文波院士和谭廷栋先生的学生,我不仅忠实地继承了导师的遗志,尽全力推动测井学的发展,而且还努力从中国测井行业战略发展的高度出发,大力倡导"学科大发展,方有大作为"的理念。我认为,只有从国家、人民群众和专业人士这三个层面的需求出发撰写出版三类图书,即大百科全书、科普图书和专业著作,才能全方位确立、展现并提升测井学科的学术地位。于是，我从 2015 年起，用 6 年时间牵头遴选编撰测井条目，使地球物理测井第一次以一个完整学科定位写入《中国大百科全书》；从 2020 年起，我用 3 年时间组织编写出版了大型科普丛书《走进石油（第二版）》之测井分册《洞察地下油气藏：石油地球物理测井》，同时走进中国科技馆大讲堂，以《万米特深地球物理测井：一项极具挑战的"反向探月"工程》为题，向全国观众普及测井知识；从 2021 年起，我领衔担任主编，带领全国测井界知名专家学者精心编著这部《地球物理测井学》，旨在进一步提升测井学科的影响力。

令人骄傲和兴奋的是，在中国石油、中国石化、中国海油、延长石油、相关高校和科研院所各路专家学者的通力合作下，《地球物理测井学》如期面世了！这套书系统阐述了 90 多年来测井学科发展的理论技术成果，系统总结了各类测井方法在油气勘探开发实践中的应用效果。正如中国石油勘探开发研究院窦立荣院长所说："此次李宁院士领衔主编的《地球物理测井学》不仅保留和传承了 1998 年版《测井学》专著的经典内容，更重要的是立足当前非常规油气和深地深海等复杂油气藏测井理论技术挑战，融入了 30 年来我国测井领域取得的最新理论技术成果和海外推广应用的成功案例，必将为推动我国测井学科发展、技术进步和行业壮大产生重大而深远的影响。"

这套书的第一大特点是论述系统全面、内容丰富详实，涵盖了从测井解释、测井软件、测井装备、电法测井、声波测井、核测井、核磁共振测井、工程测井、油气井射孔、生产测井、测井岩石物理、测井地质应用、测井人工智能到测井简史等测井学科的各个分支。正因如此，我国测井界百余位知名教授、长江学者和现场技术专家都参与其中。著作内容的系统、全面还体现在首次将测井简史作为测井学不可或缺的一部分，分两册单独成卷。我国自主研制的渗透率测井仪原型机于 2024 年 3 月 3 日在华北油田任 91 井测试成功，即将在深地塔科 1 井实施世界首次万米特深井渗透率测井作业，一举实现从 0 到 1 的重大技术突破，为百年地球物理测井史再添辉煌一笔。

这套书的第二大特点是突出学术性，尤其强调对学科基础理论的阐述，特别是首次引入了中国学者导出的理论公式和提出的方法原理，不但丰富发展了测井基本理论，而且有助于推动建立中国在国际地球物理学界的地位和声望。例如，一直以来石油院校教材中测井饱和度计算的经典内容是美国学者阿奇提出的经验公式，以及翻译照搬苏联教材中的分层各向均匀体积模型，而在这套书中介绍的饱和度一般形式（通解方程），则是由中国学者针对复杂岩性给出的非均质各向异性模型导出，并详细证明了以往教材中的那些公式都是一般形式在给定条件下的特例（均为通解方程的特解）；又如，过去测井数据处理的主要方法和工业软件都是国外引进的，而现在《测井软件》一卷的核心内容则是中国学者提出的广义测井曲线理论和中国科研团队研发的目前装机量最大、年处理井数最多的大型国产测井工业处理软件 CIFLog。

这套书的第三大特点是首次把每一测井分支领域的理论方法、技术系列和现场应用以卷为单位有机统一起来。根据统一的顶层设计，每卷的第一分册论述该卷所涉及的测井细分领域的理论基础，用作高校教材，其读者主要是在校大学生和研究生等；第二分册论述该细分领域的技术方法，其读者主要是工程师和做毕业论文的研究生及博士后研究人员等；第三或第四分册提供该细分领域理论技术的典型应用实例，其读者主要是现场工程技术人员和现场实习的高校毕业生等。以第一卷《测井解释》为例，它的第一至第四分册分别为《测井解释：理论方法》《测井解释：储层评价》《测井解释：国内实例》《测井解释：国外实例》。作为一个分支领域的理论基础，每卷的第一分册相对独立和完备，应在较长时间内保持稳定；而它之后的各分册则应经常再版更新，及时补充最新的技术进展和最新的现场应用成果。

这套书的第四大特点是首创用微信扫描书中测井图件的二维码，就能在 CIFLog 测井软件中立即打开这幅测井图件并对其进行修改和二次处理。通过这一功能，学生可以看到处理相应井的方法、公式和参数，观摩学习并掌握要领；老师可以更方便地备课；现场工程技术人员可以参考所用方法，方便改写添加自己的处理公式和参数，从而大大缩短调整处理方案的时间，节省精力。同时，利用 CIFLog 智能助手，可以通过输入一段描述文字，快速推荐书中的相关案例图件。

总之，《地球物理测井学》定位明确，编写起点高，是目前国内地球物理测井领域最具理论性、系统性、创新性和权威性的一部著作。即便从国际测井发展史上来看，能集中如此多的行业专家学者精心编著这样大体量的学科专著也是绝无仅有的。2024 年，这套书入选国家出版基金资助项目，这在中国测井界也是第一次。衷心希望广大读者能够从中获益。

最后，特别感谢中国石油天然气集团有限公司原副总经理焦方正教授、中国石油科技管理部两任总经理匡立春教授和江同文教授在这套书出版立项过程中给予的鼎力支持。特别感谢中国石油勘探开发研究院各位领导、专家给予的全力协助与配合。

中国工程院院士

2024 年 12 月　于北京海淀

《地球物理测井学》
分卷册目录

卷次	分册名	卷次	分册名
第一卷	测井解释：理论方法	第六卷	核测井（上册）
第一卷	测井解释：储层评价	第六卷	核测井（下册）
第一卷	测井解释：国内实例	第七卷	核磁共振测井
第一卷	测井解释：国外实例	第八卷	工程测井
第二卷	测井软件（上册）	第九卷	油气井射孔（上册）
第二卷	测井软件（中册）	第九卷	油气井射孔（下册）
第二卷	测井软件（下册）	第十卷	生产测井（上册）
第三卷	测井装备（上册）	第十卷	生产测井（下册）
第三卷	测井装备（下册）	第十一卷	测井岩石物理
第四卷	电法测井（上册）	第十二卷	测井地质应用
第四卷	电法测井（下册）	第十三卷	测井人工智能
第五卷	声波测井（上册）	第十四卷	测井简史：国内油气
第五卷	声波测井（下册）	第十四卷	测井简史：固体矿产

前 言

电法测井是最早发展起来的地球物理测井方法，是测量井眼周围地层电性参数的一种测井方法。电法测井主要讨论井眼附近人工电磁场产生和变化的规律，如侧向测井和感应测井等电阻率测井方法，同时也讨论井下自然电场产生和变化的规律，如自然电位测井。到目前为止，电法测井资料（尤其是电阻率测井资料）是地层流体饱和度定量评价的主要依据，因此，电法测井仍然被认为是最重要和有效的测井方法。

电法测井已经有九十多年的发展历史。1927年9月5日，在法国东部阿尔萨斯（Alsace）地区Pechelbronn油田的一口488m深的井中，斯伦贝谢（Schlumberger）兄弟与H. G. Doll等利用梯度电极系完成了实际电法测井，得到世界上第一条测井曲线。该曲线清楚地指示了井下的含油砂岩，标志着现代地球物理测井的诞生。1929年，斯伦贝谢兄弟获得了用自然电位确定渗透性地层的专利，并于1931年实现了自然电位与电位电极系、梯度电极系的同时测量。在中国，1939年，翁文波等在四川进行了中国的首次电法测井；1948年9月，王曰才和刘永年等在玉门油田利用半自动测井技术得到了视电阻率曲线，并划分出油气储层。1942年，G. E. Archie提出阿奇公式，奠定了利用测井资料定量评价岩石流体饱和度的基础；1946年，考虑到油基泥浆的井眼条件，H. G. Doll提出了感应测井，奠定了常规感应测井研究和应用基础，使双感应测井成为重要的电阻率测井方法；1951年出现具有聚焦功能的侧向测井，20年以后，发展为双侧向测井，一直应用至今。20世纪80年代初期，国外研制的介电测井仪器开始应用。

20世纪90年代开始，在常规侧向测井和感应测井基础上发展了阵列侧向测井、方位侧向测井和阵列感应测井等新方法，在地层倾角测井基础上发展了井壁电阻率成像测井方法。随着随钻测井（LWD）的快速发展和应用，2MHz的随钻电磁波电阻率测井得到普遍应用。过金属套管电阻率测井技术在20世纪末期出现，并得到应用。上述方法和技术的出现增大了电法测井的信息量，拓宽了电法测井的应用领域，促进了测井技术和测井学科的发展。

本书在说明电法测井基本原理及应用基础（第一章）的前提下，依次介绍自然电位测井（第二章）、普通电阻率测井（第三章）、侧向测井（第四章）、感应测井（第五章）和电磁波传播测井（第六章）等电测井方法的原理、仪器结构和主要特点，并简要介绍它们的数据处理和实际应用。

本书主要参考了《电法测井》（张庚骥，1996）和《地球物理测井方法与原理》（高杰等，2022），同时参考了《测井学》（测井学编写组，1998）等部分内容。感谢中国石油大学（华东）邓少贵教授和长江大学刘迪仁教授，他们对本书进行了认真审阅并提出修改建议；感谢中国石油大学（北京）在校研究生田银宏、王晓壮和李瑞鑫等同学，他们在图件绘制和文档编辑方面做了大量具体细致的工作。

限于笔者水平，书中难免存在不足，敬请读者批评指正。

目 录

第一章　电法测井基本原理及应用基础 ··· 1
　　第一节　Maxwell 方程组和电法测井基本原理方程 ······························· 1
　　第二节　岩石电学性质 ··· 3
　　第三节　电法测井环境影响因素及储层电阻率模型 ······························ 13

第二章　自然电位测井 ·· 18
　　第一节　自然电场产生原因 ··· 18
　　第二节　自然电位测井原理及特征曲线 ·· 25
　　第三节　自然电位影响因素 ··· 31
　　第四节　自然电位曲线应用 ··· 33

第三章　普通电阻率测井 ·· 43
　　第一节　普通电阻率测井原理 ·· 43
　　第二节　普通电阻率测井曲线特征分析 ·· 49
　　第三节　普通电阻率测井影响因素及其应用 ······································ 54
　　第四节　微电极测井 ·· 59
　　第五节　标准测井 ··· 63

第四章　侧向测井 ··· 66
　　第一节　三侧向测井 ·· 66
　　第二节　七侧向测井 ·· 76
　　第三节　双侧向测井和方位侧向测井 ··· 82
　　第四节　微侧向测井 ·· 93
　　第五节　微球形聚焦测井 ·· 96

  第六节 双侧向—微球形聚焦测井组合 ········· 100

  第七节 阵列侧向测井 ········· 102

  第八节 井壁电阻率成像测井 ········· 105

  第九节 过套管电阻率测井 ········· 112

第五章 感应测井 ········· 120

  第一节 感应测井原理 ········· 120

  第二节 感应测井视电导率和道尔微分几何因子 ········· 125

  第三节 感应测井的复合线圈系 ········· 130

  第四节 感应测井仪刻度原理 ········· 137

  第五节 感应测井视电导率曲线 ········· 139

  第六节 均匀介质中感应测井响应的严格求解 ········· 141

  第七节 双感应—聚焦测井组合及应用 ········· 147

  第八节 阵列感应测井 ········· 151

第六章 电磁波传播测井 ········· 159

  第一节 电磁波传播电阻率测井 ········· 159

  第二节 介电测井 ········· 162

附录 ········· 171

  附录 A 普通电阻率测井响应的解析解 ········· 171

  附录 B 侧向测井的几何因子 ········· 197

  附录 C 感应测井几何因子的推导与证明 ········· 204

参考文献 ········· 207

第一章　电法测井基本原理及应用基础

电法测井是宏观电磁场理论在地球物理测井领域的具体应用和体现，Maxwell 方程组是电法测井的原理基础。电法测井的应用基础为：不同岩性、孔隙度、孔隙结构、地层水矿化度和地层流体饱和度的地层在宏观上体现出的电性参数不同。而影响电法测井读数（电法测井响应）的因素，除地层本身的性质外，还有仪器的特性（长度、半径、频率和测量位置和方式等）、井眼特性（井眼几何特性和井眼内钻井液特性），以及钻井液侵入和围岩性质等环境因素的影响，因此，在实际应用电法测井曲线时，需要重视这些因素的影响。

本章主要给出电法测井的物理学基础——Maxwell 方程组、岩石电学性质及影响电法测井响应的主要环境因素等内容。

第一节　Maxwell 方程组和电法测井基本原理方程

Maxwell 方程组是一切宏观电磁现象和应用的理论基础。电法测井是宏观电磁场理论在地球物理测井领域的具体应用和体现。因此，本节主要给出电法测井的物理学基础——Maxwell 方程组和电法测井基本原理方程。

一、Maxwell 方程组的微分形式

$$\begin{aligned} \nabla \times \boldsymbol{H} &= \boldsymbol{J} + \frac{\partial \boldsymbol{D}}{\partial t} \\ \nabla \times \boldsymbol{E} &= -\frac{\partial \boldsymbol{B}}{\partial t} \\ \nabla \cdot \boldsymbol{D} &= \rho \\ \nabla \cdot \boldsymbol{B} &= 0 \end{aligned} \qquad (1\text{-}1\text{-}1)$$

式（1-1-1）及其下面的电磁场结构关系，构成完备的 Maxwell 方程组：

$$\boldsymbol{D} = \varepsilon \boldsymbol{E}, \quad \boldsymbol{B} = \mu \boldsymbol{H}, \quad \boldsymbol{J} = \sigma \boldsymbol{E} \qquad (1\text{-}1\text{-}2)$$

式中：$\boldsymbol{E}$ 为电场强度，V/m；$\boldsymbol{B}$ 为磁感应强度，T；$\boldsymbol{D}$ 为电位移，C/m^2；$\boldsymbol{H}$ 为磁场强度，A/m；$\boldsymbol{J}$ 为电流密度，A/m^2；ρ 为体电荷密度，C/m^3；σ 为电导率，S/m（其倒数称为电阻率 R，$\Omega \cdot m$）；ε 为介电常数（又称电容率），F/m；μ 为磁导率，H/m。

介质的电性参数主要包括电阻率（或电导率）、介电常数和磁导率。

二、电法测井基本原理方程

根据电法测井使用的源频率，可以简单地把电法测井分为直流电测井和交流电测井

两大类。

在全非均匀介质模型中,直流电测井方法可以利用 Laplace 方程(或泊松方程)的边值问题来描述,交流电测井方法可以利用由 Maxwell 方程组导出的波动方程边值问题来描述。此边值问题建立了地层参数与具体测井仪器响应之间的数学关系。如果地层参数确定,通过求解此问题,可以得到具体测井仪器的响应值,此过程称为正演;如果已知测井仪器的响应值,而求地层有关参数,此问题就构成反问题,反问题的求解过程称为反演。

直流电测井所满足的基本方程为:

$$\nabla \cdot (\sigma \nabla U) = -\varPi \quad (1-1-3)$$

式中:U 为电位,V;$\varPi$ 为显电源的体分布密度。

在无源区,考虑介质分区均匀,式(1-1-3)可变为 Laplace 方程:

$$\nabla \cdot (\sigma \nabla U) = 0, \text{即} \nabla^2 U = 0 \quad (1-1-4)$$

式(1-1-4)主要反映电导率和电位之间的关系,在测量得到电位后,可以得到地层电导率(电阻率),此为直流电测井基本原理方程。可以看出,直流电测井主要反映地层电阻率(电导率)性质。

目前的实际交流电测井,通常用确定的一个或多个频率,如常规感应测井频率 $f=20\text{kHz}$,随钻电磁波电阻率测井常用频率 $f=2\text{MHz}$ 等,即使用一种特殊形式的时变电磁场:诸场量随时间做正弦或余弦形式的变化,即随时间做简谐变化,这种形式的时变电磁场称为时谐电磁场,其时间因子可表达为 $e^{i\omega t}$,其中 ω 为角频率($\omega=2\pi f$),t 为时间。

于是,在频率域,交流电测井满足的电场波动方程为:

$$\nabla^2 \boldsymbol{E} + k^2 \boldsymbol{E} = \mathrm{i}\omega\mu \boldsymbol{J}_\mathrm{T} \quad (1-1-5)$$

其中:

$$k = \sqrt{-\mathrm{i}\omega\mu(\sigma + \mathrm{i}\omega\varepsilon)} = \alpha - \mathrm{i}\beta \quad (1-1-6)$$

$$\left. \begin{array}{l} \alpha = \omega\sqrt{\dfrac{1}{2}\mu\left(\sqrt{\varepsilon^2 + \dfrac{\sigma^2}{\omega^2}} + \varepsilon\right)} \\ \beta = \omega\sqrt{\dfrac{1}{2}\mu\left(\sqrt{\varepsilon^2 + \dfrac{\sigma^2}{\omega^2}} - \varepsilon\right)} \end{array} \right\} \quad (1-1-7)$$

式中:$\boldsymbol{J}_\mathrm{T}$ 为发射电流密度;k 为传播常数,又称为波数;α、β 分别为相位常数和衰减常数。

或者,为了方便,引入磁矢势 $\boldsymbol{A}$,则 $\boldsymbol{B}=\nabla\times\boldsymbol{A}$,$\nabla\cdot\boldsymbol{A}=0$(库仑规范),交流电测井满足的磁场波动方程为:

$$\nabla^2 \boldsymbol{A} + k^2 \boldsymbol{A} = -\mu \boldsymbol{J}_\mathrm{T} \quad (1-1-8)$$

式(1-1-5)或式(1-1-8)主要反映电导率、介电常数和磁导率与电场或磁场之间的关系,可看作是交流电测井的基本原理方程。实际测量时可以得到感应电动势,然后处理得到所需要的电阻率（电导率）和介电常数等参数。法拉第电磁感应定律描述了感应电动势与电场或磁场之间的关系。

第二节　岩石电学性质

岩石是一种多孔（孔隙中含流体）混合介质，表征其电学性质的参数包括电阻率（电导率）、介电常数和磁导率。石油测井的研究对象主要是沉积岩，其相对磁导率近似为1，可看作常数，除非地层中的含有黄铁矿、褐铁矿或磁黄铁矿等磁性较强的物质，一般不把磁导率作为主要研究参数。因此，电法测井主要通过研究地层的电阻率（R_t）和介电常数（ε）的变化来进行测井解释和地层评价。

一、岩石电阻率及其影响因素

电阻率测井所测量的参数是岩石电阻率。不同岩石的电阻率各不相同，其大小取决于下列因素：

（1）岩性；
（2）岩石孔隙内地层水中电解质的化学成分、浓度、温度；
（3）岩石孔隙度（ϕ）；
（4）岩石含油气饱和度（S_h）。

掌握了岩石电阻率和上述因素的关系，就可以通过对电阻率测井曲线的解释，结合孔隙度测井曲线，得到含油饱和度，为划分和评价油气层提供重要依据。这是电阻率测井的应用基础。

1. 岩石电阻率与岩性的关系

一些主要岩石、矿物的电阻率见表1-2-1。金属矿物的电阻率极低，而一些主要造岩矿物（如石英、云母、方解石等）的电阻率很高，石油电阻率也很高，几乎是不导电的；另外，常见岩石一般有火成岩电阻率高而沉积岩电阻率低的特点。这主要是由于火成岩、沉积岩的岩性及组织结构不同，导致其导电性质不同。

表1-2-1　主要岩石、矿物的电阻率

岩石名称	电阻率（Ω·m）	矿物名称	电阻率（Ω·m）
黏土	1~200	石英	10^{12}~10^{14}
泥岩	5~60	白云母	4×10^{11}
页岩	10~100	长石	4×10^{11}
疏松砂岩	2~50	石油	10^9~10^{16}
致密砂岩	20~1000	方解石	5×10^8~5×10^{12}
含油气砂岩	2~1000	硬石膏	10^4~10^6
贝壳石灰岩	20~200	无水石膏	10^9

续表

岩石名称	电阻率（Ω·m）	矿物名称	电阻率（Ω·m）
石灰岩	$6\times10^2\sim6\times10^3$	石墨	$10^{-5}\sim3\times10^{-4}$
白云岩	$50\sim6\times10^3$	磁铁矿	$10^{-4}\sim6\times10^{-3}$
玄武岩	$6\times10^2\sim10^5$	黄铁矿	10^{-4}
花岗岩	$6\times10^2\sim10^5$	黄铜矿	10^{-3}
无烟煤	$1\sim10^4$		
烟煤	$10\sim10^4$		

部分火成岩非常致密坚硬，不含地层水，主要靠组成岩石的造岩矿物中极少量的自由电子导电，所以电阻率较高。依靠电子导电的岩石称为电子导电型岩石。含有金属矿物的火成岩的电阻率一般较低，这是因为金属矿物自由电子多，导电能力强。火成岩的电阻率决定于金属矿物的百分含量及其分布特点。

与火成岩不同，沉积岩均含有一定的孔隙（岩石颗粒间的空间、裂隙和溶洞），并且在孔隙中含有地层水。地层水中常含有氯化钠（$NaCl$）、氯化钾（KCl）、氯化钙（$CaCl_2$）、硫酸镁（$MgSO_4$）和硫酸钠（Na_2SO_4）等电解质。电解质在水中呈离子状态，在外加电场作用下，地层水中的正离子沿着电场的正方向移动，负离子沿着电场的反方向移动，运动的正、负离子形成电流，表现为导电。同时沉积岩中的造岩矿物的自由电子也起一定的导电作用，但与前者比较可以忽略。这种主要依靠离子导电的岩石称为离子导电型岩石。沉积岩主要靠离子导电，其导电能力较强，所以电阻率较低。

在石油、天然气及煤田勘探中，沉积岩为研究重点。沉积岩储层分为碎屑岩储层和碳酸盐岩储层两大类。碎屑岩储层包括砾岩、砂岩、粉砂岩储层等，这类岩石电阻率的大小主要决定于下列因素。

（1）岩石中的泥质含量及胶结程度。这类岩石电阻率与岩性的关系主要取决于岩石中的泥质含量和胶结程度。一般泥质砂岩比砂岩电阻率低，泥质含量越高，电阻率越低，这是由于含有泥质的岩石的比面积（单位体积岩石内，岩石颗粒表面积的总和）增大、附加导电性（黏土颗粒表面形成双电层，外层离子在外电场作用下移动形成电流，增加岩层的导电能力）增大，岩石导电能力增强，电阻率变低。另外，在地层水矿化度较低的情况下，泥质附加导电性影响更为明显，也会使岩石电阻率变低。

（2）岩石孔隙中地层水含量及所含地层水的性质。从上述分析看出：岩石电阻率的差异，首先取决于岩性不同。岩性不但决定了岩石的导电类型及导电能力，而且决定了岩石的储集性能。由于岩石电阻率不同，可以根据测得的岩石电阻率资料，配合其他测井资料，将沿井眼地质剖面的各地层岩性划分出来。

2. 岩石电阻率与地层水性质的关系

沉积岩岩石电阻率主要取决于岩石孔隙中地层水电阻率。为了深入了解影响岩石电阻率的因素，必须首先研究影响地层水电阻率 R_w 的因素。地层水电阻率的大小主要取决于地层水的性质——所含电解质类型、浓度（矿化度）和地层水温度。

1）地层水电阻率与地层水内所含电解质类型的关系

地层水是各种电解质的水溶液。地层水电阻率与其浓度密切相关；同时，若电解质不同，即使相同浓度下的溶液，其电阻率也不同（表1-2-2）。

表1-2-2 相同浓度、不同电解质溶液的电阻率

溶液浓度（mg/kg❶）	18℃时的溶液电阻率（Ω·m）		
	NaCl	KCl	$MgCl_2$
10	536	573	431
100	54.6	58.2	45.0
1000	5.75	6.11	4.99

油气田的地层水主要含有NaCl、KCl、Na_2SO_4等电解质。若NaCl含量占优势，一般可以把地层水近似地看成是NaCl溶液来研究其电学性质。求其电阻率R_w时，可以使用"NaCl溶液电阻率与其浓度和温度的关系图版"（图1-2-1）。只要在NaCl溶液电阻率R、矿化度C和温度T这三个参数中知道两个，就可以根据该图版求出另一个参数。

当地层水中其他电解质的含量较多而不能忽略时，则应把该地层水中的其他电解质含量换算成等效的NaCl(的)含量。换算时用"不同离子的换算系数图版"（图1-2-2），求出换算系数。经过换算后，地层水就作为等效的NaCl溶液，并求出其电阻率R_w。

图1-2-2曲线上标有离子符号，求溶液中哪种离子的换算系数就选择对应离子符号的曲线。根据曲线可以看出，对浓度小于10000mg/kg的低矿化度部分，各种离子的换算系数变化缓慢。下面举例说明该图版的使用方法。

[例题] 某地层水水样分析结果为：Ca^{2+}的浓度为460mg/kg；SO_4^{2-}的浓度为1400mg/kg；$Na^+ + Cl^-$的浓度为19000mg/kg。求该水样等效NaCl溶液的矿化度。

解：

（1）求水样的总矿化度：

$$总矿化度 = 460 + 1400 + 19000 = 20860 \text{（mg/kg）}$$

（2）求换算系数：在图版的横坐标轴上找到总矿化度值，过该点作一条平行于纵轴的直线与曲线相交，在Ca^{2+}离子曲线的交点处读出换算系数0.81，在SO_4^{2-}离子曲线的交点处读出换算系数0.45。

（3）求等效NaCl溶液矿化度：每种离子的浓度与其换算系数的乘积之和，就是该水样的等效NaCl溶液的矿化度。

该水样等效NaCl溶液矿化度 = 460×0.81 + 1400×0.45 + 19000 = 20000（mg/kg）

有了等效NaCl溶液矿化度，就可以利用图1-2-1求出该水样的电阻率。

---

❶ 工程上曾经用ppm（parts per million）作为浓度单位，即溶质质量占全部溶液质量的百万分比。根据国际规定百万分比不再使用ppm表示，而常用mg/kg表示，1ppm=1mg/kg。

2）地层水电阻率与溶液矿化度的关系

以 NaCl 溶液为例，若其浓度增高，溶液中离子数目增多，导致溶液的导电性加强，溶液的电阻率变低（表 1-2-2）。从图 1-2-1 中可以看出，如果温度不变（T 为常数的一条水平线），矿化度不相同的斜线与水平线各有一个交点，这些交点的横坐标读数即对应不同矿化度时的溶液电阻率，随着矿化度的增高而降低。

3）地层水电阻率与温度的关系

当矿化度不变，如果溶液的温度升高，则离子的迁移率增大，溶液的导电能力加强，使溶液的电阻率下降。同样在图 1-2-1 上可以看出此规律。当溶液矿化度为常数时（即指某一条斜线），随温度的升高其对应的溶液电阻率读数变低。此外，岩层中有些电解质由于温度升高，溶解度加大，也会使溶液电阻率降低。由于无论含有什么电解质类型的地层水均可以换算成等效的 NaCl 溶液，所以，已知地层水的成分及矿化度，经过等效矿化度的换算，就可以用图 1-2-1 求出不同温度下地层水电阻率。

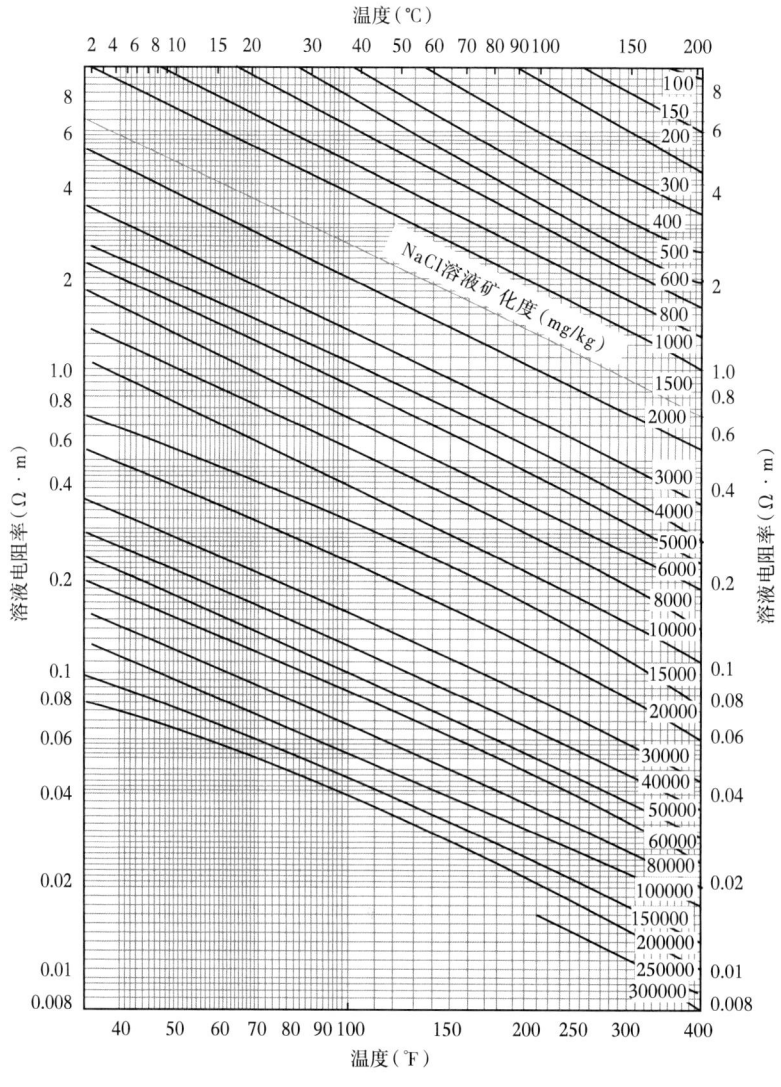

图 1-2-1　NaCl 溶液电阻率与其浓度和温度的关系图版

总之，任何地层水矿化度经换算后，都可以看作是 NaCl 溶液，其电阻率可按上述方法求出。当地层水电阻率 R_w 确定后，地层电阻率 R_t 也就确定了。可以看出，R_t 随着所含地层水矿化度和地层温度的升高而降低。

3. 岩石电阻率与孔隙度的关系

沉积岩在成岩过程中，在岩石固体颗粒之间造成的空隙，或在成岩以后由于白云岩化作用、重结晶作用、溶解作用、风化作用，以及构造运动所形成的空隙、溶洞和裂缝等总称为岩石的孔隙。岩石要具有良好的储集性质，一方面孔隙应当较大，另一方面必须是互相连通的，即流体能进入孔隙。具有储集性质的孔隙一般为直径在 0.0002mm 以上的连通孔隙，常把这种孔隙称为有效孔隙。而把那些被岩石颗粒包围的孤立孔隙和被微毛细管包围的孤立孔隙称为"死孔隙"。

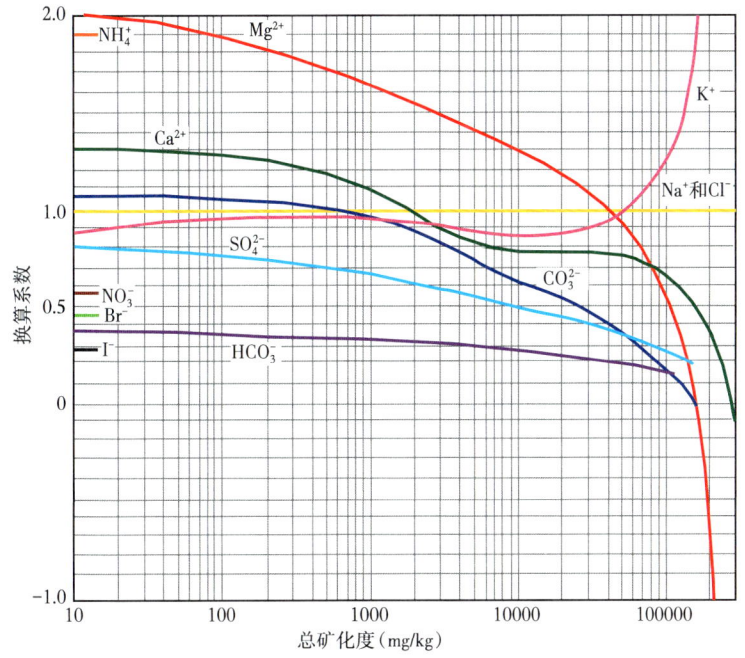

图 1-2-2 不同离子的换算系数图版

以砂岩为例分析孔隙体积对岩石电阻率的影响。在显微镜下观察岩石切片，可以看到，岩石内部除了构成岩石骨架的固体颗粒，就是颗粒与颗粒之间的孔隙。图 1-2-3 为含水砂岩结构示意图。

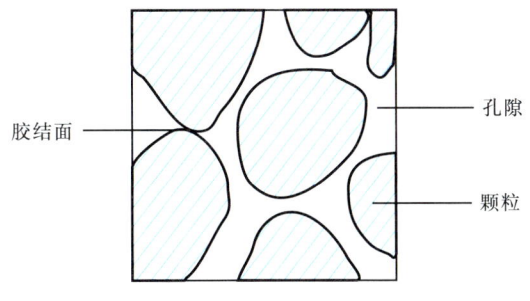

图 1-2-3 含水砂岩结构示意图

孔隙的大小可用总孔隙度 ϕ_T 来定量描述。总孔隙度是总孔隙体积占岩石总体积的百分数。具有储集性质的有效孔隙体积占岩石总体积的百分数称为有效孔隙度 ϕ_e，它是说明储层储集能力大小的重要参数。由于储集性质好的储层的总孔隙度和有效孔隙度差别不大，以及含泥质多的岩层可作泥质校正等缘故，在储层评价中常认为测井资料反映的是有效孔隙度，所以未特别指明是总孔隙度时，所说的孔隙度是指有效孔隙度。自然界存在的砂岩孔隙中多充满地层水，这时岩石电阻率受所含地层水的电阻率、含量及分布特点的影响。R_t 与孔隙度密切相关。为得到 R_t 与孔隙度 ϕ 的直接关系，现在假设岩石孔隙中充满地层水时的电阻率为 R_0。此时，R_0 主要取决于 ϕ 和 R_w，即 $R_0=f(R_w, \phi)$。地层水的含量和分布特点归结到孔隙度和孔隙形状影响之中。进行如下实验：选择一块孔隙度为 ϕ 的不含泥质的砂岩，改变岩样中孔隙内所含水的电阻率，使其分别为 $R_{w1}, R_{w2}, \cdots, R_{wn}$，对应测定的岩石电阻率为 $R_{01}, R_{02}, \cdots, R_{0n}$。经过数据整理发现，岩石电阻率不但随所含水的电阻率的变化而变化，而且它们之间有近似于正比的关系，即：

$$\frac{R_{01}}{R_{w1}} = \frac{R_{02}}{R_{w2}} = \cdots = \frac{R_{0n}}{R_{wn}}$$

也就是说，对于同一饱含水岩样，岩石电阻率与所含地层水电阻率的比值为一常数，该比值只与岩样的孔隙度、胶结情况和孔隙形状有关，而与地层水电阻率无关。定义这个比值为岩石的地层因素或相对电阻率，用 F 表示：

$$F = \frac{R_0}{R_w} \tag{1-2-1}$$

针于含泥质的岩石或纯泥岩，该关系式变成：$\frac{1}{R_0} = \frac{1}{F}\left(\frac{1}{R_w} + 100BQ_v\right)$。

式中：Q_v 为阳离子交换能力，mol/L；B 为系数，$S \cdot m^2/mol$，$B=4.6\times 10^{-4}[1-0.6\exp(-1/1.3R_w)]$。

$100BQ_v$ 代表泥质颗粒所吸附的阳离子造成的附加导电性。

取同类岩石的 n 块岩样，其孔隙度分别为 $\phi_1, \phi_2, \cdots, \phi_n$。使各岩样饱含水，并测出各岩样的电阻率为 $R_{01}, R_{02}, \cdots, R_{0n}$。可得到：

$$F_1 = \frac{R_{01}}{R_w}, \quad F_2 = \frac{R_{02}}{R_w}, \quad \cdots, \quad F_n = \frac{R_{0n}}{R_w}$$

且 $F_1 \neq F_2 \neq \cdots \neq F_n$。

将上述实验数据，点在以 F 为纵坐标，以 ϕ 为横坐标的双对数坐标纸上，如图 1-2-4 所示。可以发现，所有点基本上是在一条直线上。因此，可归纳出关系式为：

$$F = \frac{R_0}{R_w} = \frac{a}{\phi^m} \tag{1-2-2}$$

式中：a 为与岩性有关的系数，变化范围为 0.6~1.5，常取 $a=1$；m 为胶结指数，与岩石胶结程度和孔隙结构有关，变化范围为 1.5~3，常取 $m=2$。

应根据各地区、各种地层的实验统计结果确定式（1-2-2）中的 a、m。几种常见岩石的 a、m 见表 1-2-3。在勘探初期没有条件确定系数 a、m 时，可根据岩性在"地层因素与孔隙度关系图版"（图 1-2-5）中选择 $F—\phi$ 关系曲线。

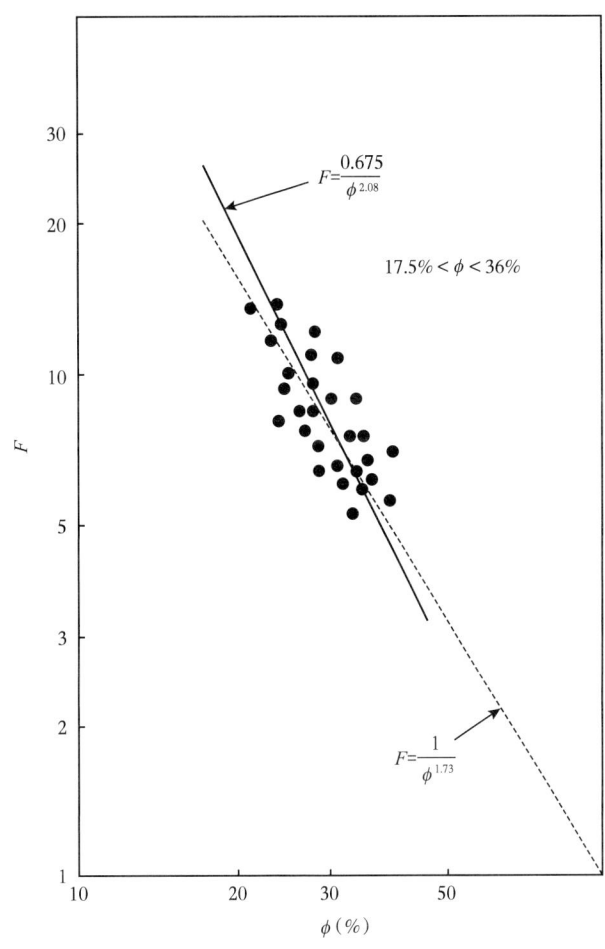

图 1-2-4　$F—\phi$ 关系曲线实例

表 1-2-3　胶结指数和岩性系数数值表

岩石种类	固结砂岩	疏松砂岩	普通砂岩	泥质砂岩	纯颗粒状岩石	中等—致密石灰岩及白云岩
a	0.81	0.62	1.45	1.65	1.0	0.6~0.8
m	2.0	2.15	1.54	1.33	2.05-ϕ	2.3~2.5

总之，对于含水砂岩来说，岩石的孔隙度越大，所含地层水电阻率越低，胶结程度越差，则岩石电阻率就越低，反之结论亦反。

碳酸盐岩储层的孔隙类型比较复杂。按其孔隙的生成时间可分为两类。一类为原生孔隙，是在成岩过程中形成的，如生物灰岩中生物遗骸之间的孔隙和鲕状灰岩中鲕粒之间的孔隙等。这类岩石一般比较致密，原生孔隙性和渗透性均很差。另一类是次生孔隙，是在成岩后由于溶蚀作用等原因形成的溶洞和裂缝，缝洞比较发育的岩石储集性质较好。碳酸盐岩的孔隙体积大小（缝洞孔隙度）可描述储集性质的优劣。一般认为包括缝洞在内的有效孔隙度在5%以上的碳酸盐岩石就具有储集性。

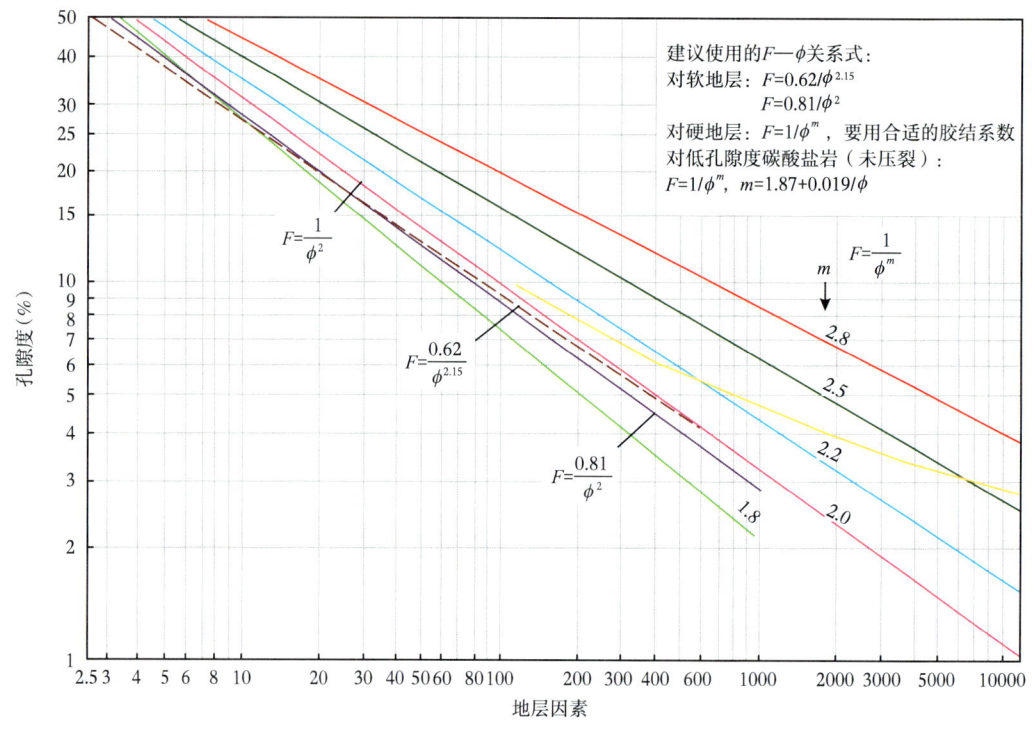

图 1-2-5　地层因素与孔隙度关系图版

4. 岩石电阻率与含油气饱和度的关系

为了定量描述岩石孔隙中所含某种流体的数量，引入饱和度的概念。

含水饱和度 S_w 指含水孔隙体积 V_w 占全部孔隙体积的百分数。当岩石孔隙内完全充满水时，其含水饱和度为 100%。

含油饱和度 S_o 指含油孔隙体积 V_o 占全部孔隙体积的百分数。

一般岩石孔隙中不是完全含水就是含有油气和水的混合物。因此，上述两个饱和度有下列关系：

$$S_w + S_o = 1 \quad (1-2-3)$$

含气饱和度 S_g 指含气孔隙体积 V_g 占全部孔隙体积的百分数。对于纯气层才采用含气饱和度概念，纯气层中有下列关系：

$$S_g + S_w = 1$$

在油气共存的情况下，可以用含烃饱和度 S_h 表示。

岩石孔隙中的水一部分是可以流动的，另一部分被束缚在岩石颗粒表面。在可动的地层水中一部分可以自由流动，另一部分在一定条件下才能流动。束缚水一般包括黏土束缚水和毛管束缚水，束缚水体积占孔隙体积的百分数称为束缚水饱和度 S_{wr}。同样，对含油岩层来说，所含的油由可动油和束缚油（又称残余油）两部分组成，可动油包括可自由流动的和有条件才能流动的两部分。可动油体积占孔隙体积的百分数称为可动油饱和度 S_{om}。

在亲水岩石中，孔隙含有水和石油时，油水在孔隙中的分布特点是：水包围在岩石颗粒的表面，孔隙的中央部分充填着石油，如图 1-2-6 所示。由于石油电阻率很高，可看作是不导电的，所以含油岩石电阻率比该岩石完全含水时的电阻率高。含油岩石电阻率 R_t 取决于含油饱和度 S_o、地层水电阻率 R_w 和孔隙度 ϕ，可看成 $R_t=f(S_o, R_w, \phi)$。

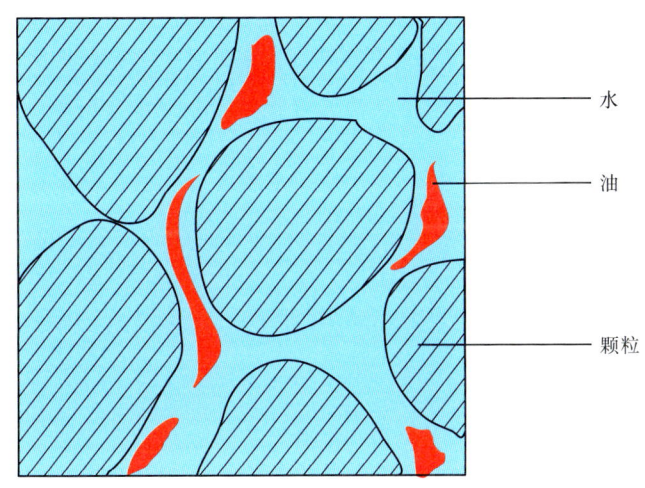

图 1-2-6 含油岩石结构示意图

为了发现含油岩石电阻率 R_t 和含油饱和度 S_o 之间的定量关系，假设给定的岩样中，其孔隙度 ϕ 是确定的，其所含地层水电阻率 R_w 为已知不变值。在这种条件下改变 S_o，同时测量出对应的 R_t，可以研究岩石电阻率与含油饱和度的关系。

实验证明，岩样的含油饱和度越高，岩石电阻率越高；反之，含油饱和度越低，岩石电阻率亦越低。在自然界中，地层水电阻率和岩样的孔隙度都是变化的，并且对 R_t 有影响。为了消除（更确切地说是"隐含"）地层水电阻率和孔隙度的影响，引入"电阻增大系数"概念，或称电阻率指数，即含油岩石电阻率 R_t 与岩石完全含水时的电阻率 R_0 之比，用 I 表示：

$$I = \frac{R_t}{R_0} \tag{1-2-4}$$

在同一岩石中，I 只与 S_o 有关，而与地层水电阻率、岩石孔隙度和孔隙形状等因素无关。这给研究岩石电阻率和含油饱和度的定量关系提供了可能。

岩石电阻率和含油饱和度的定量关系可以通过实验得到。通常选择某地区有代表性的岩样，先测出 R_0，然后向岩样中逐步压入石油，改变岩样的含油饱和度，并对应测出 R_t，可以得到一组数据。用这些实验结果，在双对数坐标纸上，以 I 为纵坐标，以 S_w 为横坐标，作出 $I=f(S_w)$ 关系曲线。图 1-2-7 是这种关系曲线的实例。

根据数理统计方法可以得到实验公式：

$$I = \frac{R_t}{R_0} = \frac{0.74955}{S_w^{2.2843}}$$

由式（1-2-3）得到：

$$I = \frac{R_t}{R_0} = \frac{0.74955}{(1-S_o)^{2.2843}}$$

对不同的岩样进行上述实验，结果表明得到的曲线变化规律相同，因此得到通式如下：

$$I = \frac{R_t}{R_0} = \frac{b}{S_w^n} = \frac{b}{(1-S_o)^n} \quad (1-2-5)$$

式中：b 为与岩性有关的系数，一般 b 接近于 1，常取 $b=1$；n 为饱和度指数，与油、气和水在孔隙中的分布状况有关，变化范围为 1.5~2.5，常取 $n=2$。

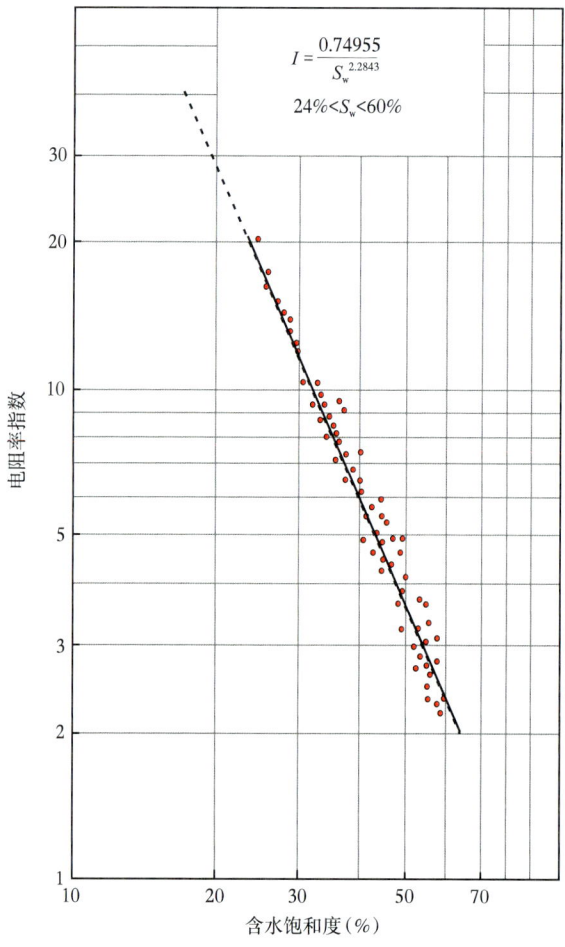

图 1-2-7　I 与 S_w 关系曲线实例

通常把式（1-2-2）和式（1-2-5）称为阿奇公式，由 Shell 公司的 G. E. Archie 于 1942 年首先提出并得到应用。当然，阿奇公式可以表达为如下形式：

$$R_t = IR_0 = IFR_w = \frac{ab}{\phi^m S_w^n} R_w \quad （1\text{-}2\text{-}6a）$$

或

$$S_w = \sqrt[n]{\frac{abR_w}{\phi^m R_t}} \quad （1\text{-}2\text{-}6b）$$

习惯上，a、m、b 和 n 被称为岩电参数。F 与 ϕ 的关系，I 与 S_o 的关系，都与岩性密切相关，因此，不同地区应该选择有代表性的岩样开展实验工作，得到该地区的岩电参数，从而得到适合该地区的具体关系式。

根据式（1-2-6a）、式（1-2-6b）可以明确影响地层电阻率大小的因素，也可以明确求取地层流体饱和度需要知道的测井及岩石物理实验信息，因此阿奇公式被认为是测井油气识别与定量评价最重要的理论基础。

阿奇公式是连接孔隙度测井和电阻率测井两大类测井方法的一座桥梁，是测井资料综合定量解释的最基本关系式。阿奇公式的出现使得测井在储层评价领域成为不可替代的重要方法，对于石油测井的发展具有里程碑意义。值得注意的是，阿奇公式是针对纯地层得到的，其理想应用条件是具有粒间孔隙的纯地层。对于含泥质较多的地层和裂缝性地层，应用阿奇公式需要特别处理。

二、岩石介电常数及其影响因素

介电常数是岩石的重要电性参数。不同岩石的介电常数不同，岩石介电常数的大小与含水饱和度、矿化度、泥质含量、比表面积、阳离子交换容量等有关。

掌握了岩石介电常数与上述因素的关系，可以通过对介电常数测井曲线的解释，结合其他测井资料，得到含油饱和度等参数，为评价油气层提供重要依据。

介电常数是（高频）介电测井的主要测量参数，后文中进行介电测井方法介绍时，将对岩石的介电特性及应用进行具体说明。

第三节　电法测井环境影响因素及储层电阻率模型

电法测井的测量结果称为电测井响应。在电阻率测井中，电测井响应主要指视电阻率或视电导率。在实际测井时，测井仪器周围的介质非常复杂，因此涉及的环境因素非常复杂。考虑到实际井眼和地层条件，以及电法测井的特征，下面简要给出地层模型、环境影响因素及常用的储层电阻率模型。

一、地层模型及环境影响因素

石油勘探中，直井、大斜度井和水平井应用较多，如图 1-3-1、图 1-3-2 所示。

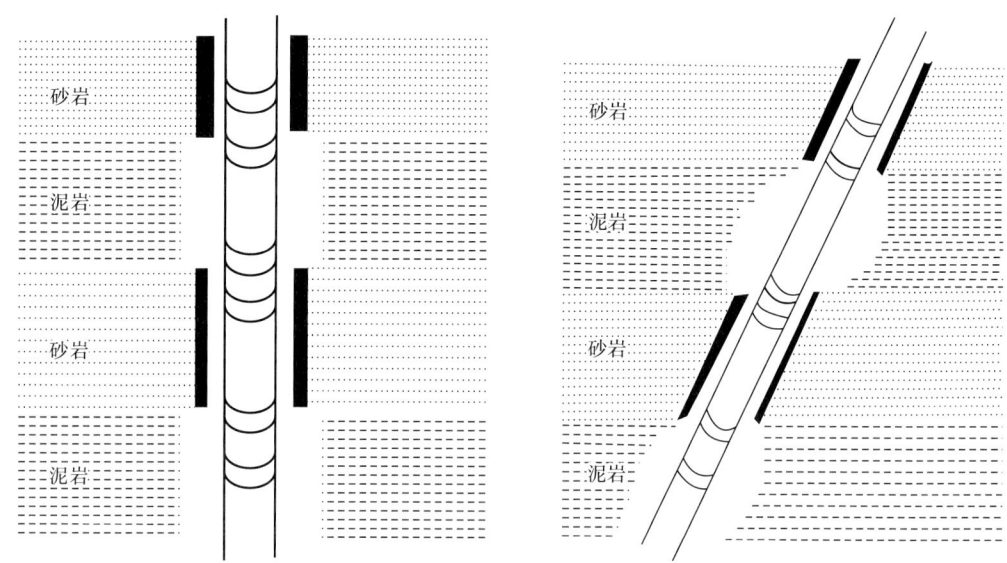

图 1-3-1　砂泥岩剖面直井及地层模型　　　　图 1-3-2　砂泥岩剖面倾斜井及地层模型

电法测井主要在裸眼井中应用。就裸眼井条件下,影响电法测井响应的主要因素说明如下。

1. 井眼影响

井眼尺寸和形状、钻井液及井眼倾斜对电法测井响应存在影响。井眼越大,测井仪器周围的钻井液越多,影响测井读数。对贴井壁仪器,井径扩大及形状不规则可造成极板贴不上井壁,导致读数误差。井内钻井液的性质对电法测井有较大影响。目前大斜度井和水平井应用较多,相对直井条件,井斜对电阻率测井影响明显,需要重点考虑。

2. 层厚—围岩影响

不同电法测井仪器的分辨率存在差别,地层厚度不同,受围岩影响不同,测井响应有差异,因此,在应用电法测井资料时,层厚—围岩是需要考虑的重要影响因素。

3. 侵入影响

由于井内压力与地层压力不一致,造成一部分钻井液滤液侵入地层,驱替一部分地层流体(油、气、地层水),形成钻井液侵入。钻井液侵入使井壁周围的岩石性质发生变化,必然造成测量结果的差异。因此,通常需要进行侵入校正才能获得正确的地层电阻率参数。

此外,井下仪器的状态(如仪器偏心和转动)和测井速度也可能对电法测井响应造成影响,这可以归为测井质量控制的范畴。

二、储层的侵入特性

在钻井过程中,一般井眼中钻井液柱压力大于地层压力,在此压力差作用下,钻井液滤液向渗透性地层中渗入,并部分或全部置换了原渗透层孔隙中的流体,这就是钻井液侵入现象。钻井液侵入渗透性地层通常是一种不可避免的现象。

受钻井液侵入的渗透层是测井仪器测量和测井分析的基本对象。渗透层的钻井液侵入特性是选择测井系列的基本依据之一；由于钻井液侵入，井眼附近介质电阻率在径向上将发生明显变化，从而可能形成对电法测井响应的显著影响，进而影响测井评价的结果，这是研究钻井液侵入的另一个重要原因。

侵入剖面通常主要针对渗透层的流体和电学特性讨论：

（1）在钻井液滤液向地层中渗入的同时，钻井液中的固体颗粒会附着在井壁上形成滤饼。

（2）钻井液侵入后，井壁附近受到钻井液滤液强烈冲刷的部分称为冲洗带，大致为与井轴同心的环带，孔隙流体主要是钻井液滤液，其他还有束缚水和残余油气。

（3）冲洗带后面为过渡带，是储层受钻井液侵入由强到弱的过渡部分。其特点为原来地层流体逐渐增多，直到没有钻井液滤液的原状地层，过渡带的径向厚度与钻井条件和储层性质有关。

（4）未侵入带即原状地层，是储层未受钻井液侵入影响部分。

（5）通常所说的侵入带包括冲洗带和过渡带。

图 1-3-3 为渗透层及井眼附近介质电阻率分布示意图，为了方便本书后续内容应用的方便，对其中的内容进行约定和说明：

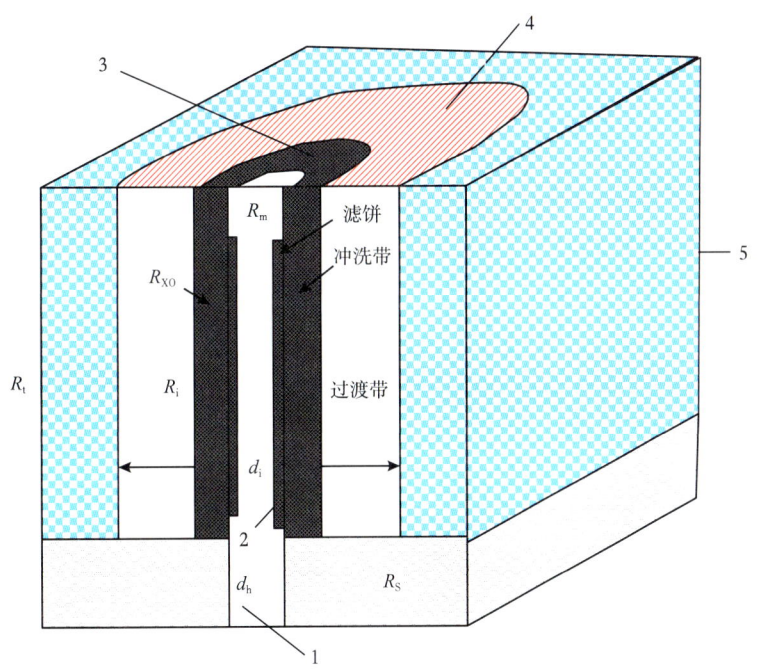

图 1-3-3　渗透层及井眼附近介质电阻率分布示意图

1—钻井液，其电阻率为 R_m；2—滤饼，其电阻率为 R_{mc}；3—冲洗带，其电阻率为 R_{xo}；
4—过渡带，其电阻率为 R_i；5—原状地层，其电阻率为 R_t

（1）井眼流体，通常称为钻井液，常见的有水基钻井液和油基钻井液，前者又常分为淡水钻井液和盐水钻井液。钻井液电阻率为 R_m。

（2）滤饼：电阻率为 R_{mc}。

（3）冲洗带：孔隙流体主要是钻井液滤液，还有束缚水（水层）和残余油气（油气层）；电阻率为 R_{xo}，含水饱和度为 S_{xo}。

（4）过渡带：过渡带的径向厚度、电阻率、钻井条件和渗透层性质有关。

（5）原状地层：储层未受钻井液侵入影响部分，孔隙流体为原生水和油气，电阻率为地层真电阻率 R_t，含水饱和度为 S_w。

（6）侵入带：包括冲洗带和过渡带，外径用侵入带直径 d_i 表示，电阻率为 R_i。R_i 和 d_i 大小与地层的孔隙度和渗透率、钻井液性能、钻井液柱压力与地层压力之差，以及地层被钻开后的时间等有关。

（7）围岩：渗透层的上部和下部地层称为围岩；通常认为围岩地层是致密地层，没有侵入，电阻率为 R_s。

通常，钻井液侵入可以分为两种类型：

（1）当地层孔隙中原来含有的流体电阻率较低时，电阻率较高的钻井液滤液侵入后，侵入带岩石电阻率升高（$R_t < R_{xo}$），这种钻井液侵入称为增阻侵入或钻井液高侵，多出现在水层。其侵入带结构及径向电阻率变化见图1-3-4a。

（2）当地层孔隙中原来含有的流体电阻率比渗入地层的钻井液滤液电阻率高时，钻井液滤液侵入后，侵入带岩石电阻率降低（$R_t > R_{xo}$），这种钻井液侵入称为减阻侵入或钻井液低侵，一般出现在地层水矿化度不很高的油层。其侵入带结构及径向电阻率变化见图1-3-4b。

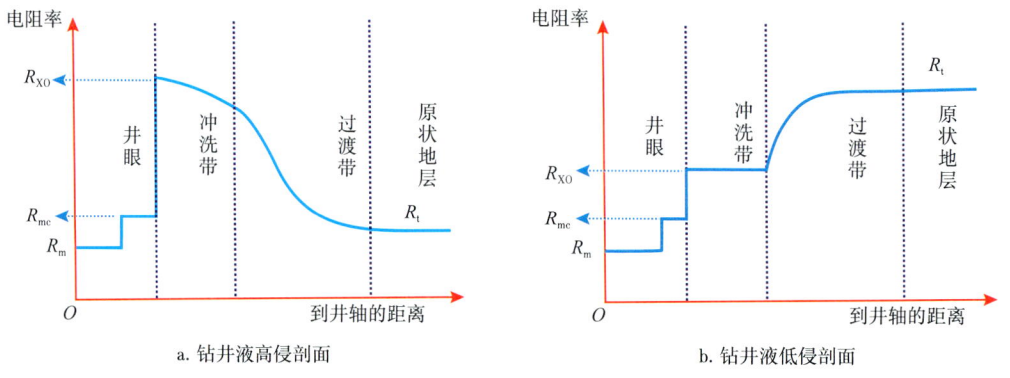

图1-3-4 渗透层径向电阻率分布示意图

钻井液侵入对于测量和确定岩层的真电阻率是一种干扰因素，但也可以根据侵入类型粗略地估计渗透性地层含油、水的情况。

三、储层电阻率简化模型及视电阻率概念

前文已经说明了电法测井的环境影响因素以及侵入的类型。在实际应用时，通常会对渗透层电阻率模型进行简化。井眼尺寸、钻井液电阻率和滤饼电阻率是容易得到的，因此，储层参数才是获得的重点。

从电阻率测井角度，图1-3-5a和图1-3-5b称为储层四参数模型，分别对应钻井液低侵和钻井液高侵。此种模型包括冲洗带电阻率、冲洗带直径（或半径）、过渡带直径（或半径）及原状地层电阻率等四个参数，认为过渡带电阻率是从 R_{xo} 到 R_t 线性变化。

图 1-3-5c 称为储层三参数模型，是上述四参数模型的进一步简化，只包括冲洗带电阻率、冲洗带直径（或半径）及原状地层电阻率等三个参数。显然该模型忽略了过渡带的存在，或者可以认为，侵入带只包括冲洗带。该模型又常称为储层台阶状模型。

图 1-3-6d 称为低阻环带模型，包括冲洗带、低阻环带和原状地层，因此对应的参数为冲洗带电阻率、冲洗带直径（或半径）、低阻环带电阻率 R_{ann}、低阻环带直径（或半径）及原状地层电阻率等五个参数。在油田勘探开发实践中，低阻环带模型是客观存在的，而且对储层流体性质的判别有现实意义。

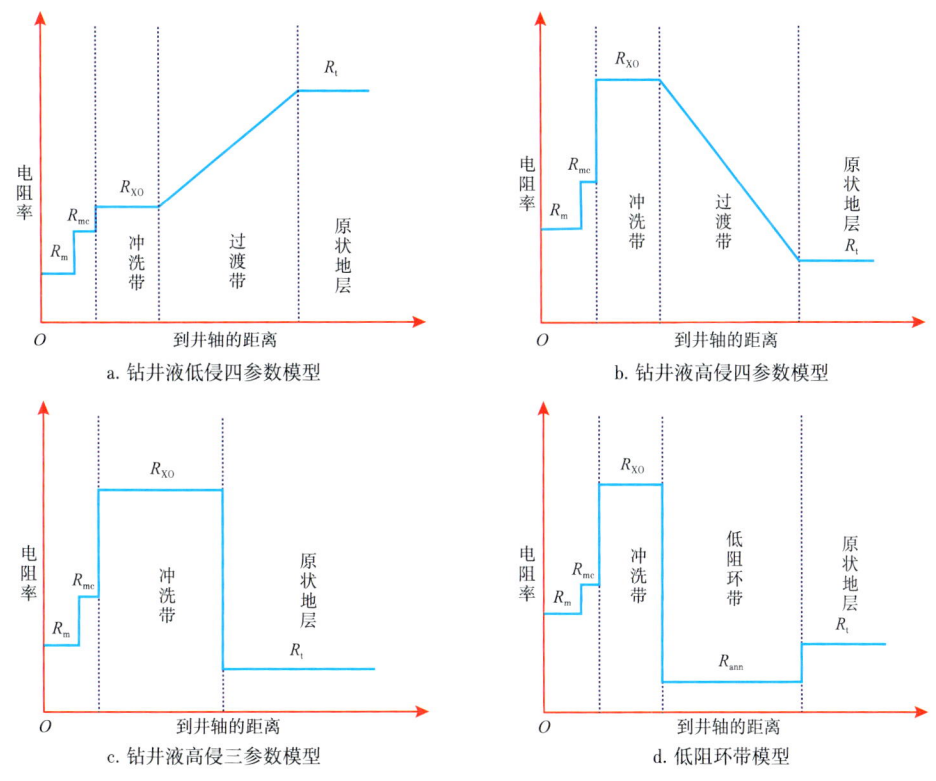

图 1-3-5 渗透层电阻率简化模型

测井仪器周围的介质是非常复杂的。井眼中有钻井液，渗透层中通常有钻井液侵入，同时有上、下围岩的存在，而且各部分介质的性质都不相同。在这种非均匀介质中，电阻率测井仪器测量得到的电阻率显然和上述几种介质的电阻率都有关系，但通常并不是实际测量位置对应地层的真实电阻率，称为视电阻率，用 R_a 表示。有些测井方法中习惯用视电导率，用 σ_a 表示，R_a 和 σ_a 互为倒数关系。显然，R_a 是井眼、层厚—围岩和钻井液侵入等条件下的综合结果，各部分介质对测量结果都有贡献。R_a 和岩石真电阻率有直接关系，但通常并不是岩石真电阻率。在计算储层物理参数，需要岩石真电阻率时，需要对 R_a 进行井眼、层厚—围岩和侵入等方面的校正，从而求出岩层的真电阻率。

第二章 自然电位测井

自然电位测井（Spontaneous potential logging，简称 SP）是在裸眼井中测量井轴上自然产生的电位变化，以研究井剖面地层性质的一种测量方法。自然电位测井是世界上最早使用的测井方法之一，是一种简便、实用的测井方法，至今仍是砂泥岩剖面淡水钻井液裸眼井必测的项目之一。

在早期的电阻率测井过程中，常发现在供电电极不供电时，仍可在井内测量到电位变化。研究表明这个电位是在钻开岩层时，在井壁附近产生一系列电化学活动的结果，为了与人为供电造成的人工电场相区别，称其为自然电场。自然电场的分布和岩性有密切关系，特别是在砂泥岩剖面中能以明显的曲线异常变化显示出渗透性地层。因此，通过研究井眼内自然电场中的电位变化即可反映井周地层岩性，这种测井方法称为自然电位测井。1929 年，斯伦贝谢兄弟获得了用自然电位确定渗透性地层的专利；1931 年，出现了自然电位测井仪器，与电位电极系和梯度电极系一起测量，提供连续曲线。

自然电位测井可用于划分岩性和研究储层性质、求取测井参数及其他地质应用。本章将分别介绍自然电场的产生机理，其与岩性的关系及自然电位测井资料的主要应用。

第一节 自然电场产生原因

为了安全钻进和获取全面测井资料，一般钻井时均使钻井液柱压力稍大于地层压力，并且常使用淡水钻井液，即钻井液矿化度 C_m（溶液中的电解质浓度）小于地层水矿化度 C_w。当钻头钻开岩层时，在井壁附近两种矿化度不同的溶液（钻井液和地层水）接触，于是发生各种电化学活动过程，形成自然电场。油气井中的自然电场主要是由扩散、扩散吸附等电化学活动形成的。

一、扩散电动势的产生

实验装置如图 2-1-1 所示。在玻璃缸内，放入一个渗透性隔膜把玻璃缸分隔成两部分，并分别装入矿化度为 C_w 和 C_m 的 NaCl 溶液，且 $C_w > C_m$。然后在两种溶液中各插入一只电极，并用导线将两个电极和电压表串联起来，可以观察到电压表指针偏转。这是由于两种不同浓度的 NaCl 溶液接触时形成一个液体—液体结，像半导体中的 PN 结一样，产生一个电动势。其电化学活动过程是当两种浓度不同的溶液接触时，存在着一种企图使两种溶液浓度达到平衡的自然趋势，即高浓度溶液中的离子受渗透压的作用要穿过渗透性隔膜迁移到低浓度溶液中去，这种现象称为扩散现象。在扩散过程中，各种离子的迁移速度不同（表 2-1-1），如 NaCl 溶液中的 Cl^- 迁移速度大于 Na^+ 迁移速度。随着扩散过程的延续，在液体接触面附近低浓度溶液中 Cl^- 相对增多，形成负电荷富集，

而高浓度溶液中 Na^+ 相对增多，形成正电荷富集，在两种不同浓度的溶液间产生了电位差异。此时，Cl^-、Na^+ 虽然仍然继续扩散，但 Cl^- 由于受到高浓度溶液中的正电荷吸引和低浓度溶液中的负电荷的排斥，使其迁移速度减慢；相反 Na^+ 的迁移速度加快，从而使接触面两侧的电荷富集速度减慢。当接触面两侧富集的电荷形成的电动势增加到使正、负离子迁移速度相同时，电荷富集便停止了，但离子扩散仍在继续，这种状态称为动态平衡。这时接触面处的电动势保持一定值，称为扩散电动势，用 E_d 表示。

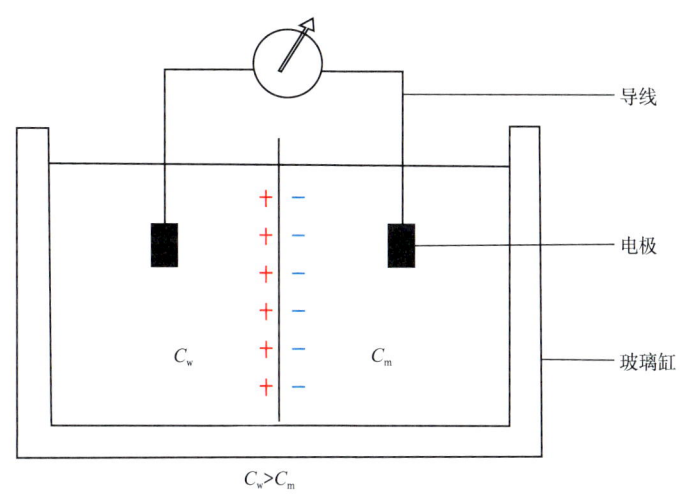

图 2-1-1 扩散电动势产生示意图

表 2-1-1 18℃时在无限稀释溶液中常见离子迁移率及电解质溶液的 K_d

溶质化学成分	正离子	迁移率 l_+（S·m²/mol）	负离子	迁移率 l_-（S·m²/mol）	溶液的扩散电动势系数（mV）
NaCl	Na^+	4.35	Cl^-	6.55	-11.6
KCl	K^+	6.46	Cl^-	6.55	-0.4
$CaCl_2$	Ca^{2+}	5.16	Cl^-	6.55	-19.6
$MgCl_2$	Mg^{2+}	4.50	Cl^-	6.55	-22.5
$CaSO_4$	Ca^{2+}	5.16	SO_4^{2-}	6.79	-7.9
$MgSO_4$	Mg^{2+}	4.50	SO_4^{2-}	6.79	-11.7
$CaCO_3$	Ca^{2+}	5.16	CO_3^{2-}	6.00	-4.4
$Ca(HCO_3)_2$	Ca^{2+}	5.16	HCO_3^-	4.67	-12.3
H_2CO_3	H^+	3.15	HCO_3^-	4.67	46.6
NaOH	Na^+	4.35	OH^-	17.4	34.7

扩散电动势可由 Nernst（能斯特）方程求出。假设 C_w 和 C_m 相当小，分子全部电离。在浓度不同的两溶液接触面附近的区域内渗透压力 p 和浓度 C 沿 x 轴方向变化（图 2-1-2）。现在研究这一区域内面积为 S、厚度为 dx 的一块体积元。这个体积元包括

有 $NCSdx$ 个溶质分子（N 的含义见后文），每个分子分成 v_+ 个正离子和 v_- 个负离子。对于正离子，作用于该体积元左、右两壁上的力分别为 Sp_+ 和 $-S(p_++dp_+)$，因此这个体积元所受的力为 $-Sdp_+$。作用于每个正离子的力为：

$$f_+ = -\frac{Sdp_+}{v_+NCSdx} = -\frac{1}{v_+NC}\frac{dp_+}{dx} \quad (2\text{-}1\text{-}1)$$

同理，作用在每个负离子上的力为：

$$f_- = -\frac{Sdp_-}{v_-NCSdx} = -\frac{1}{v_-NC}\frac{dp_-}{dx} \quad (2\text{-}1\text{-}2)$$

式中：N 为 Avogadro 常数，$N=6.02\times10^{23}$/mol。

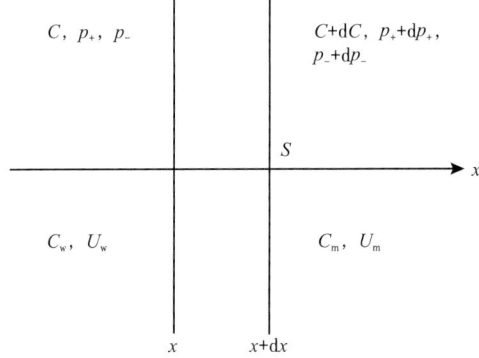

图 2-1-2 扩散电动势产生的机理示意图

在这个力的作用下，在 dt 时间内，通过截面 S 的正、负离子个数 n^+ 和 n^- 分别是：

$$\begin{aligned}n^+ &= Nv_+U_+SCf_+dt = -u_+S\frac{dp_+}{dx}dt \\ n^- &= Nv_-U_-SCf_-dt = -u_-S\frac{dp_-}{dx}dt\end{aligned} \quad (2\text{-}1\text{-}3)$$

式中：u_+ 为正离子迁移率，代表在单位力作用下，正离子的平均迁移速度；u_- 为负离子迁移率，代表在单位力作用下，负离子的平均迁移速度。

当 $u_+\neq u_-$ 时，则产生电场。该电场对离子造成附加作用。当电位梯度为 du/dx 时，具有 z_+ 和 z_- 价的正、负离子所受的力分别为 $-z_+e\dfrac{du}{dx}$ 和 $+z_-e\dfrac{du}{dx}$。在这个力的作用下，在 dt 时间内，通过 S 截面的正、负离子数分别为：

$$\begin{aligned}n_E^+ &= -u_+SCNv_+z_+e\frac{du}{dx}dt = -u_+SCv_+z_+F\frac{du}{dx}dt \\ n_E^- &= u_-SCNv_-z_-e\frac{du}{dx}dt = u_-SCv_-z_-F\frac{du}{dx}dt\end{aligned} \quad (2\text{-}1\text{-}4)$$

式中：F 为 1mol 离子的电量，即 Faraday 常数，$F=Ne=96500$C/mol。

当达到动态平衡时，在渗透压和附加电场的作用下，在 dt 时间内通过截面 S 的正、负离子所携带的电荷应当相等：

$$z_+\left(n^+ + n_E^+\right) = z_-\left(n^- + n_E^-\right)$$

即：

$$-z_+ u_+ S dt\left(\frac{dp_+}{dx} + z_+ v_+ CF\frac{du}{dx}\right) = -z_- u_- S dt\left(\frac{dp_-}{dx} - z_- v_- CF\frac{du}{dx}\right)$$

经整理得：

$$\frac{du}{dx} = \frac{z_- u_- \dfrac{dp_-}{dx} - z_+ u_+ \dfrac{dp_+}{dx}}{\left(z_+^2 v_+ u_+ + z_-^2 v_- u_-\right)CF} \tag{2-1-5}$$

假设溶液浓度不高，渗透压应满足理想气体公式：

$$p_+ = \frac{v_+ RT}{V} = v_+ RTC$$
$$p_- = \frac{v_- RT}{V} = v_- RTC \tag{2-1-6}$$

式中：R 为摩尔气体常数，R=8.314J/(mol·K)；T 为绝对温度，K；V 为 1mol 理想气体体积。

则，有：

$$dp_+ = v_+ RT dC$$
$$dp_- = v_- RT dC \tag{2-1-7}$$

将式（2-1-6）、式（2-1-7）代入式（2-1-5），整理得：

$$\frac{du}{dx}dx = -\frac{z_+ v_+ u_+ - z_- v_- u_-}{z_+^2 v_+ u_+ + z_-^2 v_- u_-}\frac{RT}{F}\frac{dC}{C} \tag{2-1-8}$$

经积分得：

$$E_d \stackrel{def}{==} U(x_m) - U(x_w) = -\frac{z_+ v_+ u_+ - z_- v_- u_-}{z_+^2 v_+ u_+ + z_-^2 v_- u_-}\frac{RT}{F}\ln\frac{C_m}{C_w} \tag{2-1-9a}$$

式（2-1-9a）另 2 个等号左端是达到平衡时两溶液的电势差，称为扩散电动势 E_d。右端的迁移率 u_+ 和 u_- 的定义是：在单位渗透压力作用下粒子的平均迁移速度，单位为 m²/(S·mol)。对于正、负离子这样的带电粒子，定义一种"电化学迁移率" u'_+ 和 u'_-，表示正负离子在单位场强作用下的平均迁移速度。$u'_\pm$ 和 $u_\pm$ 之间有下列关系：

$$u'_\pm = z_\pm e u_\pm$$

$u'_\pm$ 的单位是 m²/(S·V)。$u'_\pm$ 和正负离子对电导率的贡献有密切关系。令 $l_\pm$ 为每 1mol

的正负离子对电导率的贡献，则有：

$$l_\pm = Fu'_\pm = Fz_\pm eu_\pm$$

$l_\pm$ 的单位是 S·m²/mol，有时 $l_\pm$ 也称为迁移率。表 2-1-1 给出的就是这种迁移率。将 E_d 表达式（2-1-9a）中的 $u_\pm$ 改为 $l_\pm$ 可得：

$$E_d = -2.3 \frac{v_+ l_+ - v_- l_-}{z_+ v_+ l_+ + z_- v_- l_-} \frac{RT}{F} \lg \frac{C_m}{C_w} \quad (2\text{-}1\text{-}9b)$$

实验用的溶质为 NaCl，有：

$$v_+ = v_- = 1,\ z_+ = z_- = z = 1$$

则 E_d 的表达式简化为：

$$E_d = -2.3 \frac{l_+ - l_-}{l_+ + l_-} \frac{RT}{zF} \lg \frac{C_m}{C_w} \quad (2\text{-}1\text{-}9c)$$

式（2-1-9a）至式（2-1-9c）适用于低浓度和中等浓度溶液的自由接触面附近产生的电动势。自然界中地层水和钻井使用的钻井液中所含电解质主要是 NaCl，所以在砂岩井段所测的扩散电动势与公式计算值差别很小。其表达式可写为：

$$E_d = -2.3 \frac{l_+ - l_-}{l_+ + l_-} \frac{RT}{zF} \lg \frac{C_{mf}}{C_w} \quad (2\text{-}1\text{-}10a)$$

式中：C_{mf} 为钻井液滤液矿化度。

当溶液浓度很大时，则不能满足理想气体方程，如仍用式（2-1-9a）至式（2-1-9c）计算 E_d，将比实际值偏高。

式（2-1-10a）可改写为：

$$E_d = K_d \lg \frac{C_w}{C_{mf}} \quad (2\text{-}1\text{-}10b)$$

其中：

$$K_d = 2.3 \frac{l_+ - l_-}{l_+ + l_-} \frac{RT}{zF} \quad (2\text{-}1\text{-}11)$$

式中：K_d 为扩散电动势系数。

由于低浓度溶液的电阻率和溶液的浓度呈线性反比关系，根据式（2-1-10b）可得：

$$E_d = K_d \lg \frac{R_{mf}}{R_w} \quad (2\text{-}1\text{-}12)$$

式中：R_{mf} 为钻井液滤液电阻率，Ω·m。

当温度为 18℃ 时，对于 NaCl 溶液，$K_d = -11.6$mV。其他温度下的扩散电动势系数可以根据式（2-1-11）推算出来。

在井内纯砂岩井段所测量的自然电位即是扩散电动势造成的，这是由于地层水和钻井液滤液在井壁附近接触产生扩散现象的结果。通常 $C_w > C_{mf}$，所以一般扩散结果是地层水内富集正电荷，钻井液中富集负电荷。

二、扩散吸附电动势的产生

按照图 2-1-3 所示装置，将两种不同浓度（$C_w > C_m$）的 NaCl 溶液用泥岩隔膜分开。实验结果证明：浓度大的一方富集负电荷，浓度小的一方富集正电荷。这种现象起因于泥岩的一种特殊性质。泥质颗粒基本上是由含有硅或铝的晶体组成。由于晶格中的硅或铝离子被低价的离子所取代，泥质颗粒表面带负电。为了达到电平衡，必须吸附正离子。这部分被吸附的正离子称为平衡离子。有水时，在外电场作用下平衡离子也会移动。平衡离子的多少常用 Q_v 来表示，代表单位孔隙空间中平衡离子数，单位是 mmol/cm³ 或 mol/L。Q_v 也称为阳离子交换容量。在泥岩的孔隙中，孔隙壁带负电，而溶液则主要是带正电的平衡离子。如果正离子数超过负离子数，扩散的结果使得浓度低的一侧带正电而浓度高的一侧带负电。由上述过程产生的电动势称为扩散吸附电动势 E_{da}，或称为薄膜电势。提出薄膜电势的名称是因为泥岩选择性地让正离子通过，其作用如同化学中的半透膜。将扩散吸附电动势表示为：

$$E_{da} = K_{da} \lg \frac{C_w}{C_m} \qquad (2\text{-}1\text{-}13)$$

也可写为：

$$E_{da} = K_{da} \lg \frac{R_m}{R_w} \qquad (2\text{-}1\text{-}13')$$

式中：K_{da} 为扩散吸附电动势系数。

与 K_d 不同，K_{da} 不是常数，随 C_w 和 C_m 不同而改变。

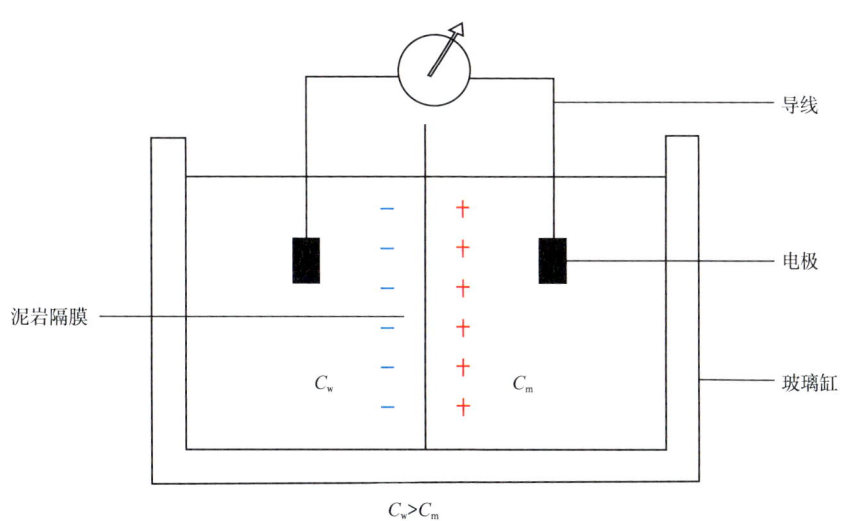

图 2-1-3　扩散吸附电动势产生示意图

在 $Q_v \to \infty$ 的极端情况下，岩石孔隙中全部是正离子，因此参加扩散的也只有正离子。令式（2-1-11）中的 $l_-=0$，就得到在此极端情况下的 K_{da}：

$$K_{da} = 2.3 \frac{RT}{zF} \qquad (2-1-14)$$

这是 K_{da} 的上限，在温度为 18℃ 时，其数值为 58mV。在一般情况下 K_{da} 在 -11.6mV（$Q_v=0$）到 58mV（$Q_v \to \infty$）之间变化。

在相同条件下，对于不同岩石，扩散吸附电动势和溶液浓度的关系曲线如图 2-1-4 所示。

在砂泥岩剖面的井内，在泥岩井壁附近，如果用溶液电阻率代替溶液浓度（低矿化度范围内），扩散吸附电动势可表示为：

$$E_{da} = K_{da} \lg \frac{R_{mf}}{R_w} \qquad (2-1-15)$$

三、过滤电动势（动电电动势）

在钻井压力差的作用下，钻井液滤液向地层中渗入。由于在岩石孔隙中的滤液带有相当多的正离子向压力低的地层一方移动并聚集，而在压力大的一端聚集较多的负电荷，产生电位差，这就是过滤电动势，又称为动电电动势，用 E_k 表示。为了定量的估计过滤电动势，应用 Helmholtz 理论得到 E_k 的表达式：

$$E_k = A_k \frac{R_{mf}}{\mu} \Delta p \qquad (2-1-16)$$

$$A_k = \frac{\varepsilon \zeta}{4\pi}$$

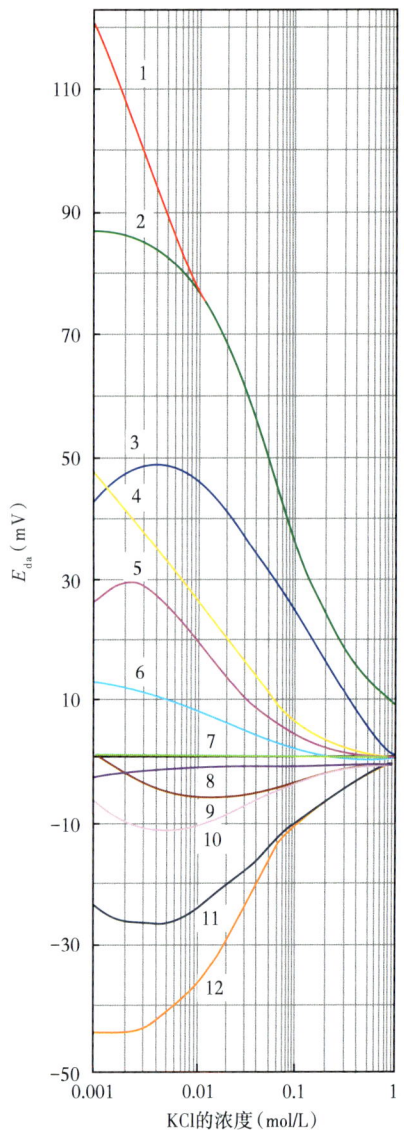

图 2-1-4 不同岩石中 E_{da} 与 KCl 溶液浓度的关系曲线

1—泥质页岩；2—黏土；3、11—泥质含量不同的砂岩；4—石灰岩；5—砂岩；6—无烟煤；7—泥灰岩；8—铝土矿；9—石英砂；10—白云岩；12—高岭土

式中：R_{mf} 为钻井液滤液电阻率，$\Omega \cdot m$；μ 为钻井液滤液的黏度，$mPa \cdot s$；Δp 为钻井液柱与地层之间的压力差，atm（1atm=1.013kPa）；A_k 为过滤电动势系数，mV；ε 为渗透液体（此处即钻井液滤液）的介电常数，F/m；ζ 为与岩石的物理化学性质有关的参数。

渗透性岩石的 A_k 平均值为 0.77mV。E_k 只有在钻井液柱压力和地层压力差 Δp 很大的情况下，才能造成自然电场中不可忽略的部分。一般在石油井中 Δp 不能很大，故 E_k 通常可忽略不计。

第二节 自然电位测井原理及特征曲线

以砂泥岩剖面的油气井为例说明自然电位测井原理。钻井时，一般采用淡水钻井液钻进，所以在测井时遇到的多为 $C_w > C_{mf}$ 情况，在砂岩层段井内富集负电荷，而在泥岩层段井内富集正电荷。由扩散电动势和扩散吸附电动势形成的自然电场分布特点如图 2-2-1 所示。

进行自然电位测井时，将参考电极 N 放在地面，测量电极 M 用电缆送至井下，沿井轴提升电极 M 测量自然电位随井深的变化，所记录的自然电位随井深的变化曲线称为自然电位测井曲线（SP 曲线），如图 2-2-2 所示。

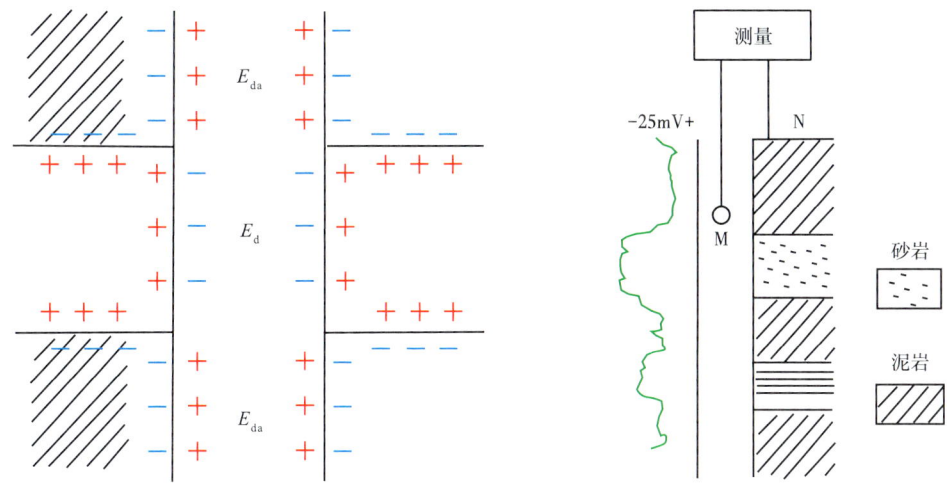

图 2-2-1 井内自然电场分布示意图　　　　图 2-2-2 自然电位测井原理示意图

实际测井时，单独进行自然电位测井是极少见的。测井发展初期，自然电位测井与普通电阻率测井同时测量，其测量原理电路如图 2-2-3 所示。此时，电极 M 是普通电阻率测井和自然电位测井的共用测量电极。也就是说电极 M 同时接收两个电场的电位信号，既接收普通电阻率测井时由供电电极 A、B 供电所造成的低频脉动电场中的电位 U_M，同时也接收自然电场的直流电位 U_{SP}，通常需要在视电阻率 R_a 测量道加一个隔离直流元件——电容 C，阻隔自然电位进入该道；同时，在自然电位测量道上加一个隔离交流元件——电感线圈 L，只允许自然电场中的直流电位信号通过，而阻断普通电阻率测井的脉动电场的信号干扰。从而使电极 M 同时接收到的两个电场的电位信号彼此分离，记录得到两条不同的测井曲线。

由自然电场分布特征可以看出，在实际测井中，夹在泥岩中的砂岩层的自然电位幅度，不仅与砂岩本身的 E_d 有关，而且与其围岩——泥岩处的 E_{da} 有关。井内砂岩和泥岩接触面附近的自然电位幅度 ΔU_{sp} 可由图 2-2-4a 的等效电路求得。在此等效电路中，E_d 和 E_{da} 是相互叠加的，这就是在相当厚的砂岩和泥岩接触面处的自然电位幅度基本上是产生自然电场的总电动势 SSP 的原因：

$$SSP = E_d - E_{da} \quad (2\text{-}2\text{-}1a)$$

将式（2-1-10b）和式（2-1-13）代入式（2-2-1a），可得：

$$SSP = (K_d - K_{da})\lg\frac{C_w}{C_{mf}} = -K\lg\frac{C_w}{C_{mf}} \quad (2\text{-}2\text{-}1b)$$

将式（2-1-12）和式（2-1-15）代入式（2-2-1a），可得：

$$SSP = (K_d - K_{da})\lg\frac{R_{mf}}{R_w} = -K\lg\frac{R_{mf}}{R_w} \quad (2\text{-}2\text{-}1c)$$

其中，SSP 也称为静自然电位。

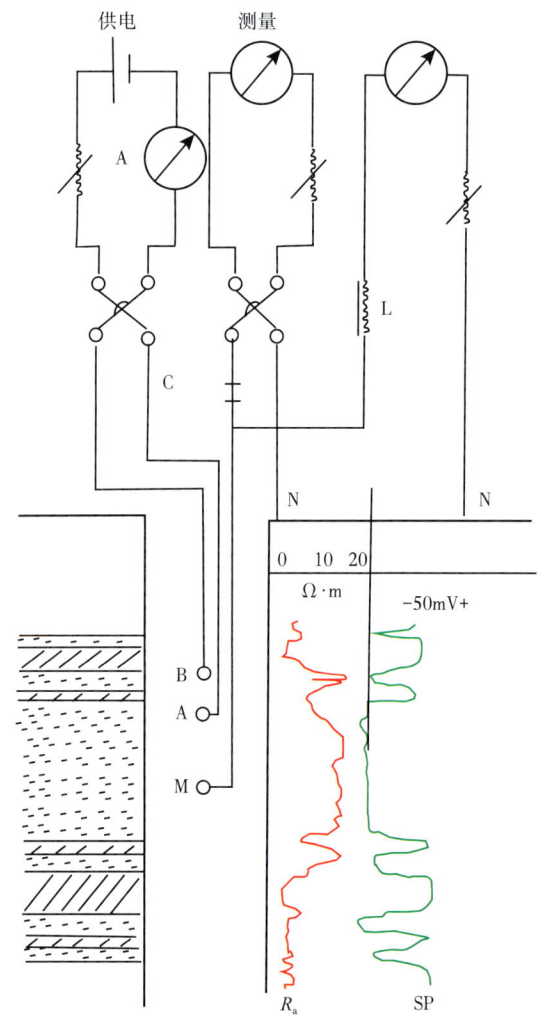

图 2-2-3　自然电位与视电阻率同时测量原理示意图

令：
$$K = -(K_d - K_{da}) = 70.7 \times (273 + T)/298 \quad (2\text{-}2\text{-}2)$$

式中，K 称为自然电位系数，T 的单位为 ℃。可以发现，在温度为 18℃ 时，K 等于 69.6mV。

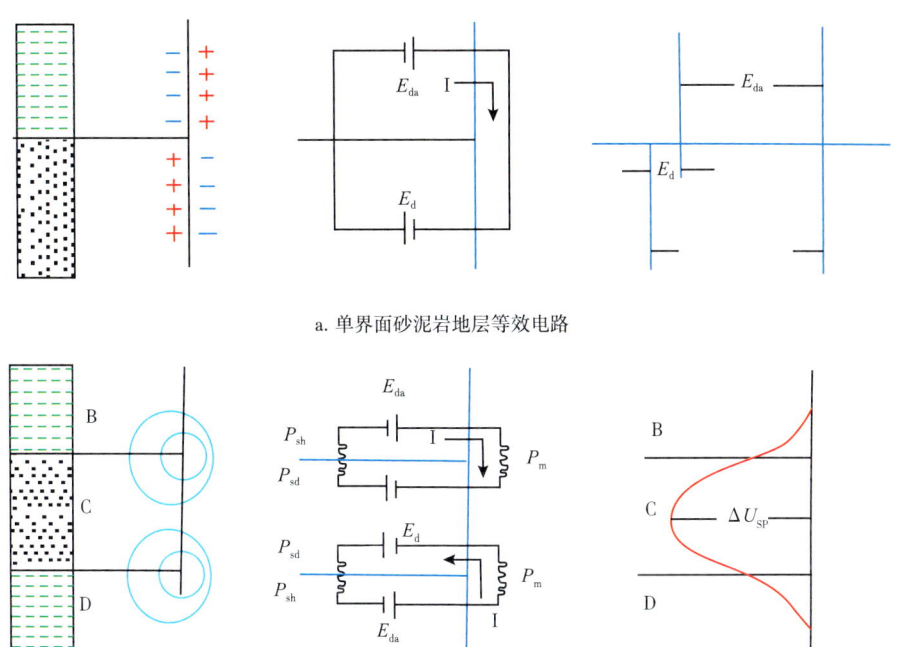

a. 单界面砂泥岩地层等效电路

b. 双界面砂泥岩地层等效电路

图 2-2-4　计算 SSP、ΔU_{SP} 的等效电路示意图

为使用方便，实际 SP 曲线上不设绝对零线，而是以大段泥岩对应的自然电位曲线作为 SP 曲线的相对基线，称为泥岩基线。这样，巨厚的纯砂岩部分的自然电位幅度就是静自然电位 SSP。SSP 的变化范围，由含淡水岩层的 +50mV 到含高矿化度盐水层的 -200mV。而实际上，沿井眼剖面中的砂岩储层大部分是夹在泥岩层中的有限厚的砂岩，如图 2-2-4b 所示。此时，砂岩层处的自然电位异常幅度不等于 SSP，用 ΔU_{SP} 表示，一般 ΔU_{SP} < SSP。若自然电流 I 所流经的井眼、砂岩和泥岩各段电阻分别是 P_m、P_{sd} 和 P_{sh}，按图 2-2-4b 中等效电路，由 Kirchhoff（基尔霍夫）定律得：

$$SSP = IP_m + IP_{sd} + IP_{sh}$$

则自然电流为：

$$I = \frac{SSP}{P_m + P_{sd} + P_{sh}} \quad (2\text{-}2\text{-}3)$$

在有限厚的砂岩井段的 ΔU_{SP} 定义为 I 在流经井眼钻井液柱的 P_m 上的电位降，即 $\Delta U_{SP} = IP_m$，将式（2-2-3）代入得：

$$\Delta U_{SP} = IP_m = \frac{SSP \cdot P_m}{P_m + P_{sd} + P_{sh}} \quad (2\text{-}2\text{-}4)$$

整理得：

$$\frac{\Delta U_{SP}}{SSP} = \frac{1}{1 + \dfrac{P_{sd} + P_{sh}}{P_m}} \quad (2\text{-}2\text{-}5)$$

对于厚层，砂岩和泥岩层的截面积比井眼的截面积大得多，所以 $P_m \gg P_{sd}$、$P_m \gg P_{sh}$。则 $\Delta U_{SP} \approx SSP$。而对于薄层，$\Delta U_{SP}$ 比 SSP 小得多。

自然界中的岩层大部分不是纯净的。对泥质含量不同的岩层，Q_v 不同，所产生的 E_{da} 也各不相同。具有不同 Q_v 的岩层的 E_{da} 和 R_{mf}/R_w 的定量关系如图 2-2-5 所示。制作这两张图版时，选用了不同地层水电阻率，可供不同地区选择使用。可以看出，具有不同 Q_v 的地层，即使 R_{mf}/R_w 是常数，E_{da} 也不同。

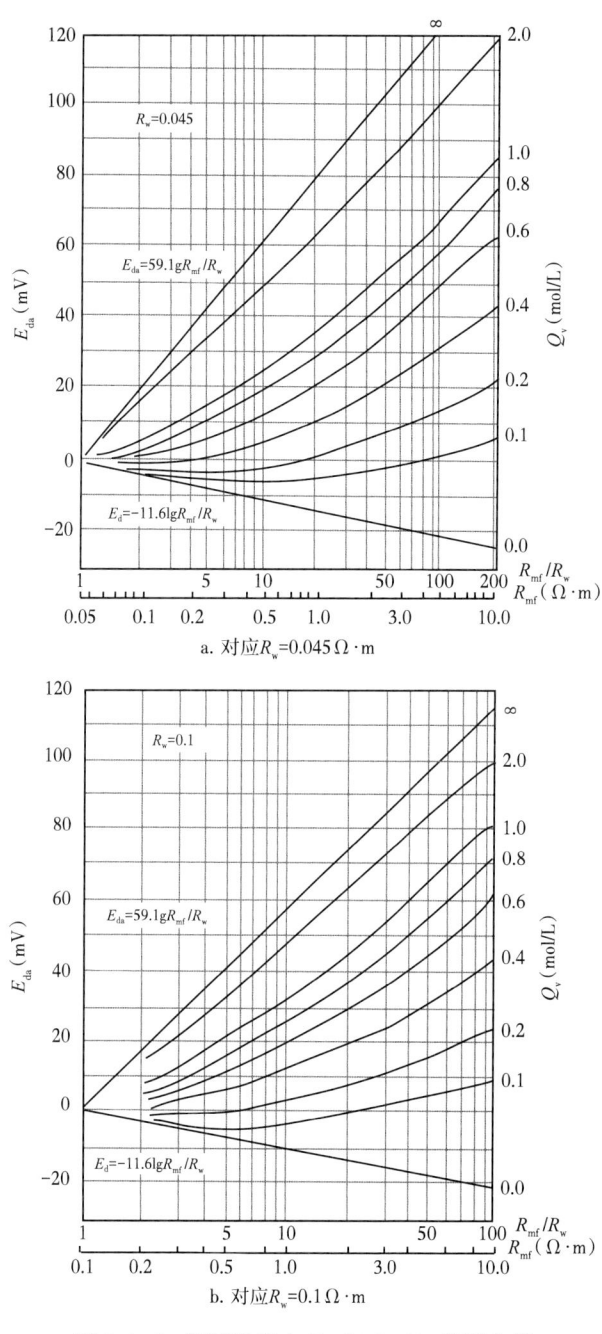

图 2-2-5　泥质砂岩中 E_{da} 与 R_{mf}/R_w 关系曲线

如果在井眼内有两个相邻的岩层，其阳离子交换能力分别用 Q_{v1} 和 Q_{v2} 表示，两种岩层内地层水电阻率相同，这两个岩层附近产生的扩散吸附电动势分别为 E_{da1} 和 E_{da2}。在这两岩层交界面处的自然电位 ΔU_{SP} 为：

$$\Delta U_{SP} = E_{da1} - E_{da2} = (K_{da1} - K_{da2})\lg\frac{R_{mf}}{R_w} \qquad (2\text{-}2\text{-}6)$$

当在巨厚地层时，ΔU_{SP} 称为静自然电位。

如图 2-2-6 所示，当 R_{mf}/R_w 为某一大于 1 的常数时，Q_{v1}=0.1mol/L 的 E_{da1} 为负值，而 Q_{v2}=0.2mol/L 的 E_{da2} 为正值。这时，SSP 就是 E_{da1} 和 E_{da2} 之差。

如果 $Q_{v2}\to\infty$、$Q_{v1}=0$，则得到纯泥岩和纯砂岩交界处的静自然电位，即静自然电位的最大值 SSP_{max}。当温度在 18℃ 时，得到：

$$SSP_{max} = [-58+(-11.6)]\lg\frac{R_{mf}}{R_w} = -69.6\lg\frac{R_{mf}}{R_w} \qquad (2\text{-}2\text{-}7)$$

如果 $Q_{v1}=Q_{v2}$，则 $E_{da1}=E_{da2}$，静自然电位得到最小值：$SSP_{min}=0$。

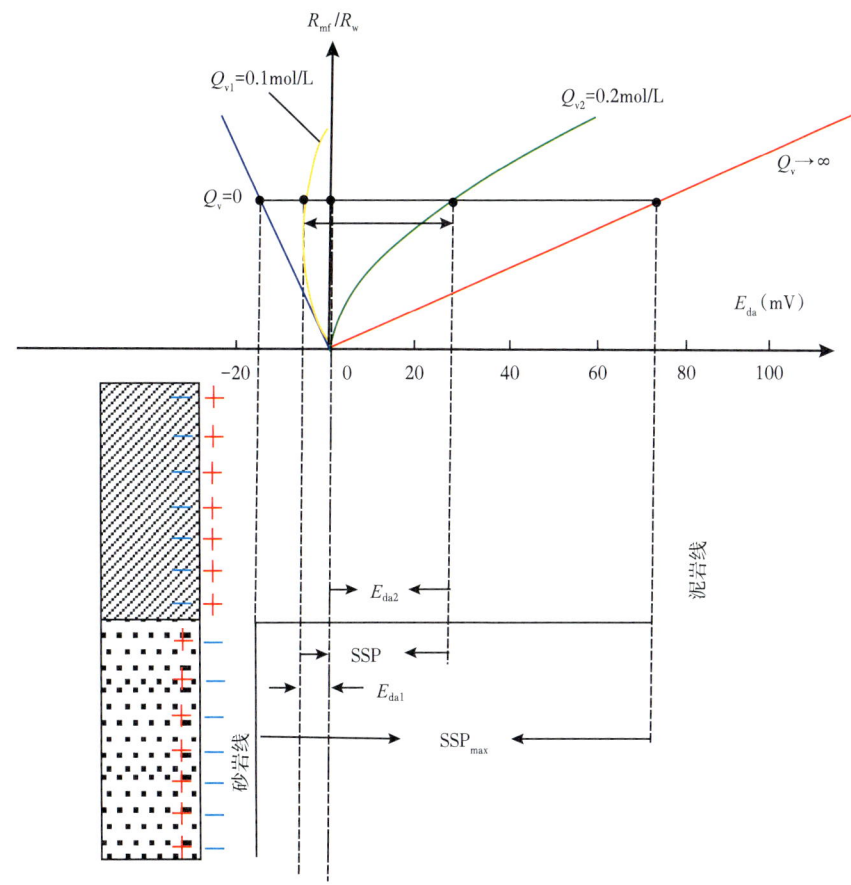

图 2-2-6　不同 Q_v 岩层的自然电位幅度示意图

在砂泥岩剖面上，相当厚的纯砂岩井段的自然电位幅度与用式（2-2-7）计算值相差很小。一般认为井内自然电场主要是由扩散吸附活动造成的。不同性质的岩层所造成的自然电场不同，通过测量井中自然电位变化可判断砂泥岩剖面中地层的岩性。

根据纯砂岩地层模型，上、下围岩（泥岩）足够厚，对6种厚度不同的砂岩目的层进行理论计算得到一组自然电位理论曲线，如图2-2-7所示，右侧是一组曲线号码为 h/d（地层厚度/井径）的 $\Delta U_{SP}/|SSP|$ 随深度变化的关系曲线。可以发现：曲线对地层中点对称；厚地层（$h > 4d$，d 为井径）的自然电位曲线幅度值近似等于静自然电位，且曲线的半幅点深度正对着地层界面深度。如曲线号码 $h/d=5$ 的曲线，与 $\Delta U_{SP}/|SSP|=0.5$ 的直线相交的两点（即半幅点）正好和对应地层的界面深度一致。同时可以发现：随着地层厚度的变薄，对应界面和自然电位幅度值离开半幅点向曲线的峰值移动；地层中点取得曲线幅度的最大值，并且随着地层变薄，极大值随之减小（$\Delta U_{SP}/|SSP|$ 接近零），且曲线变得平缓。

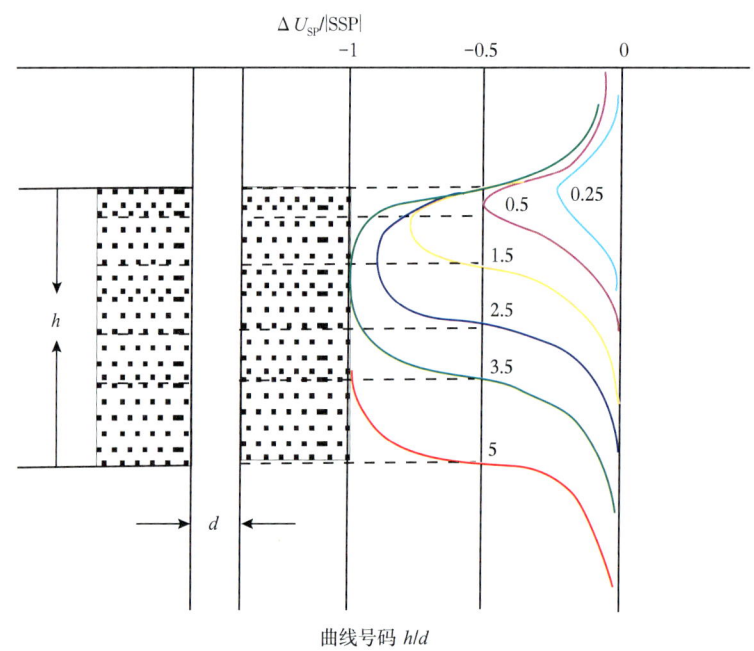

图 2-2-7　自然电位测井理论曲线

SP 实测曲线与理论曲线的特点基本相同，但由于测井时受井眼环境及其他因素的影响，SP 实测曲线不如理论曲线变化那么规则，如图 2-2-8 所示。使用 SP 曲线时应注意：其没有绝对零点，而是以大段泥岩处的 SP 曲线作基线；曲线上方标有带极性符号（+、-）的横向比例尺，其与曲线的相对位置不影响 ΔU_{SP} 的读数。ΔU_{SP} 的读数是基线到曲线异常极大值之间差值，单位为 mV。

在砂泥岩剖面中，钻井一般用淡水钻井液（$C_w > C_{mf}$），在砂岩渗透层井段，SP 曲线出现明显的负异常，即离开基线向横向比例尺标有"-"号的方向偏移变化；如果在盐水钻井液井（$C_w < C_{mf}$）中，则渗透层井段会出现正异常，即从基线向横向比例尺上标有"+"号的方向偏移变化。SP 曲线是识别渗透层的重要测井资料之一。

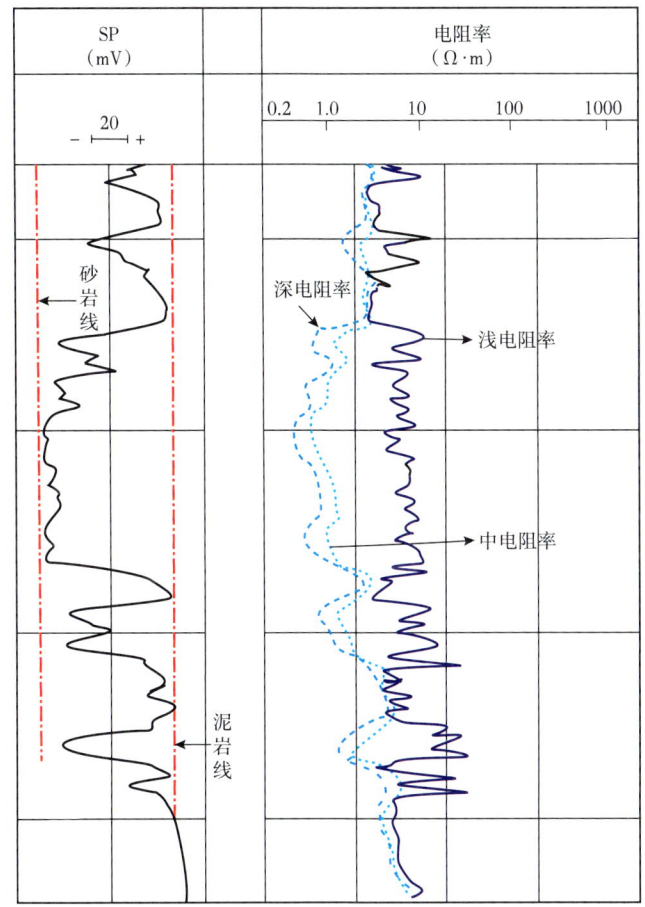

图 2-2-8　自然电位测井曲线实例

第三节　自然电位影响因素

在砂泥岩剖面中，自然电位的幅度和特点主要决定于造成自然电场的 SSP，并且受 I 分布的影响。SSP 的大小取决于岩性、地层温度、地层水和钻井液中所含离子成分和钻井液滤液电阻率与地层水电阻率之比。而自然电场中 I 的分布则取决于流经路径中介质的电阻率及地层的厚度和井径的大小。这些因素对 ΔU_{SP} 及曲线形状均有影响，但影响的主次存在差异。

一、地层水和钻井液滤液矿化度比值（C_w/C_{mf}）的影响

地层水和钻井液滤液矿化度的差异是造成 E_d 和 E_{da} 的基本原因。这两个电动势的大小取决于 C_w/C_{mf}，见式（2-1-10）和式（2-1-13）。以泥岩作基线，当 $C_w > C_{mf}$ 时，砂岩层段则出现自然电位负异常；当 $C_w < C_{mf}$ 时，则砂岩层段出现自然电位的正异常；当 $C_w = C_{mf}$ 时，没有造成自然电场的电动势产生，则没有自然电位异常出现。C_w 与 C_{mf} 的差别越大，造成自然电场的电动势越大。

二、岩性的影响

在砂泥岩剖面井中,通常以大段泥岩处的SP曲线作基线,在自然电位曲线上出现异常变化的多为砂质岩层。当目的层为纯砂岩时,其与围岩交界处的SSP达到最大值SSP_{max}。如果地层水和钻井液中只含有NaCl,并且$C_w > C_{mf}$,在18℃时,$SSP=SSP_{max}=-69.6\lg C_{mf}/C_w$,SP曲线上出现最大的异常。当目的层含有泥质(其他条件不变)时,SSP降低,曲线异常的幅度也减小。此外,当剖面上有部分泥岩的阳离子交换能力减弱时,渗透层的自然电位异常幅度也会相对降低。

三、温度的影响

从式(2-1-11)和式(2-1-14)可以看出,K_d和K_{da}都和绝对温度T成正比,同样岩性的岩层,由于埋藏深度不同,其温度不同,所以K_d(或K_{da})有差别。这就导致不同埋藏深度的相同岩性的岩层的SP曲线上异常幅度有差异。

四、地层水和钻井液滤液中所含电解质性质的影响

井内钻井液滤液和地层水中所含电解质不同,则溶液中所含离子不同,不同离子的离子价和迁移率均不同,直接影响K_d和K_{da},由此影响E_d和E_{da}。

如果在纯砂岩中,地层水内所含电解质改变时,K_d也随之改变,见表2-3-1。因此,不同电解质的溶液,即使在其他条件都相同的情况下,所产生的E_d也有差异。

表2-3-1　18℃时几种电解质溶液的K_d

电解质	NaCl	NaHCO$_3$	CaCl$_2$	MgCl$_2$	Na$_2$SO$_4$	KCl
K_d(mV)	-11.6	+2.2	-19.7	-22.5	+5	-0.4

五、地层电阻率的影响

自然电场产生后,在地层界面附近有自然电流在介质中流动,式(2-2-5)可改写为:

$$\Delta U_{SP} = \frac{SSP}{1+\dfrac{P_{sd}+P_{sh}}{P_m}} \quad (2-3-1)$$

当地层较厚并且各部分介质的电阻率差别不大时,由于岩层的截面比井眼截面大得多,则砂岩和泥岩对自然电流的等效电阻P_{sd}和P_{sh}与钻井液柱的等效电阻P_m相比小得多,此时对于纯砂岩来说ΔU_{SP}=SSP。当地层电阻率增高时,P_{sd}、P_{sh}与P_m比较,则不能忽略,则ΔU_{SP}<SSP。地层电阻率越高,ΔU_{SP}越低。根据这个特点可以分辨油、水层。

六、地层厚度的影响

图2-2-7是对含水砂岩计算出的一组自然电位理论曲线,可以看出自然电位幅度ΔU_{SP}随地层厚度的变薄(曲线号码h/d变小)而降低,而且曲线变得平缓。这是由于地层变薄后,自然电流经过地层的截面变小,P_{sd}增加,使ΔU_{SP}与SSP差别增大的缘故[式(2-2-5)]。

七、井径扩大和钻井液侵入的影响

井径扩大使井眼截面加大，自然电流流经井眼的 P_m 相应减小，则 ΔU_{SP} 降低。在有钻井液侵入的渗透层井段，ΔU_{SP} 比同样的渗透层没有钻井液侵入时所测的 ΔU_{SP} 要低。这是由于钻井液侵入的结果使地层水和钻井液滤液的接触面向地层内部推移。这相当于产生自然电场的场源与测量电极 M 之间的距离加大，而测量的自然电位下降。侵入越深，所测的 ΔU_{SP} 越低。

在实测的 SP 曲线上，渗透层井段的 ΔU_{SP} 的大小受多种因素的影响而小于 SSP。在使用自然电位曲线进行地质解释时，要借助其他测井曲线确定出使 ΔU_{SP} 降低的原因，以便得到符合实际的解释结果。如果使用 SP 曲线进行定量解释，需要对目的层的 ΔU_{SP} 进行校正，求出其 SSP 后，再用于计算，以改善解释结果。

第四节 自然电位曲线应用

在地球物理测井领域，SP 曲线使用十分普遍。在判断岩性，特别在识别渗透层中，SP 曲线是很重要的资料。估计渗透层厚度、定性评估油水层、进行地层剖面对比等，SP 曲线均是常用的测井资料。而且，在求取 R_w 和在泥质砂岩解释中确定泥质含量 V_{sh} 等工作中 SP 曲线都是不可缺少的资料。下面就 SP 曲线的几种应用作概要介绍。

一、判断地层岩性和渗透层的含流体特性

自然电位的产生与岩层性质有密切的关系，可以根据 SP 曲线的变化判断岩性。

一般在砂泥岩剖面中，当 $C_w < C_{mf}$ 时，在 SP 曲线上，以泥岩为基线，在渗透性的纯砂岩井段出现最大的负异常；含泥质砂岩层具有较低的负异常，而且泥质含量越多，负异常幅度越低。在同一井中含水砂岩的自然电位幅度比含油砂岩的自然电位幅度高。如图 2-4-1 所示，2161~2179m 井段是油层，最下面一个渗透层是含水层。当同一砂岩层同时含有油和水时，SP 曲线有图 2-4-2 中所示的特征。

二、估计渗透性岩层厚度

由于渗透性地层在 SP 曲线上具有明显的异常，常用 SP 曲线与微电极或短电极距的视电阻率配合划分渗透层的界面。

单独用 SP 曲线划分渗透层的界面位置可用"半幅点"法，以图 2-4-3 来说明用"半幅点"法确定渗透层界面的方法。首先确定 SP 曲线的基线位置，然后找出基线与目的层的自然电位幅度极大值之间的二等分点 P，过点 P 作一条平行于井轴的直线与 SP 曲线相交于 a、b 两点，点 a 为渗透层顶界面的深度，记作 H_a；点 b 为渗透层底界面的深度，记作 H_b。用两个界面深度差可计算出渗透层的厚度 $h=H_b-H_a$。当渗透层厚度满足 $h/d > 4$ 时，用"半幅点"法确定的地层厚度是可信的，地层越厚精度越高。如用"半幅点"法划分薄渗透层界面，所求的地层厚度比实际厚度大，地层越薄，误差越大。故不宜用此法划分薄层。

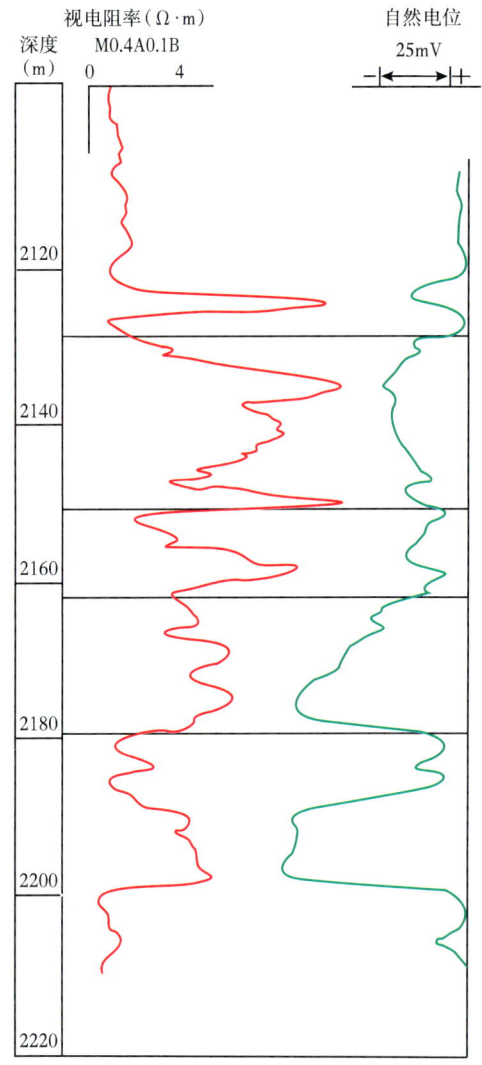
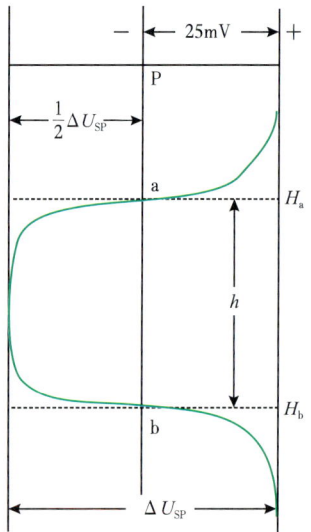

图 2-4-1 用 SP 曲线识别含油、水渗透层实例

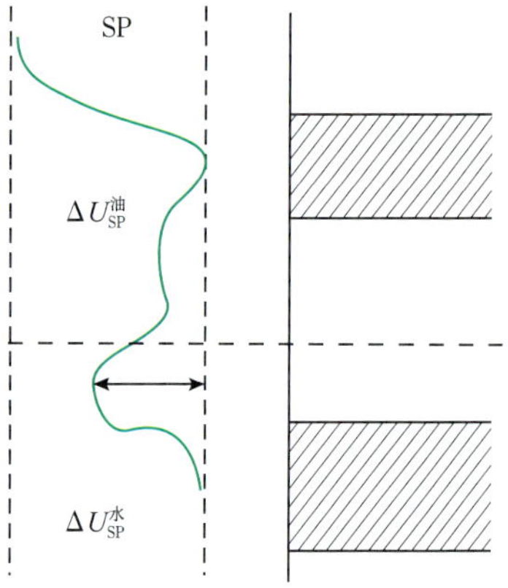

图 2-4-2 上含油下含水的巨厚砂岩层的 SP 曲线特点

图 2-4-3 "半幅点"法确定界面示意图

三、估算泥质含量

把泥质砂岩中的细粉砂和湿黏土的混合物称为泥质。泥质在砂岩中存在状态有三种：（1）分散泥质：泥质分散在砂岩颗粒间孔隙的表面；（2）层状泥质：泥质在砂岩中呈条带状；（3）结构泥质：泥质颗粒代替了某些砂岩颗粒的位置。泥质含量和存在状态对砂岩产生的扩散吸附电动势有直接影响，因而利用 SP 曲线可以估算泥质含量。一个地区欲使用这种方法，必须进行大量的试验工作，通过试验建立起 SP 曲线幅度和泥质含量间的定量关系，才能利用 SP 曲线估算岩层的泥质含量。现在介绍两种估计方法。

一种方法是把目标地区存在的各种含泥质的砂岩经过取样测定,直接建立起经过岩层厚度校正和电阻率校正的自然电位幅度 $\Delta U_{SP}^{c \cdot c}$ 与泥质含量 V_{sh} 的关系曲线 $\Delta U_{SP}^{c \cdot c} = f(V_{sh})$。有了这条曲线,就可以根据 $\Delta U_{SP}^{c \cdot c}$ 求出解释层的泥质含量 V_{sh}。或者把岩样测定的资料绘制成自然电位相对值 T_{SP} 与泥质含量 V_{sh} 的关系曲线,即:

$$T_{SP} = \Delta U_{SP}^{c \cdot c} / SP_{max} = f(V_{sh})$$

式中,SP_{max} 为目标地区所选标准层的自然电位幅度,一般可选厚的纯砂岩层或在本地区内泥质含量稳定的厚地层为标准层。

另一种方法是利用经验公式估算。当砂岩中所含泥质呈层状分布形成砂泥质交互层,且泥质层和砂质层的电阻率相等或差别不大时,这时地层的泥质含量可用下列经验公式估算:

$$V_{sh} = 1 - PSP/SSP \quad (2\text{-}4\text{-}1)$$

式中:SSP 为目标地区含水纯砂岩的静自然电位,mV;PSP 为含泥质砂岩的静自然电位,mV。

四、确定地层水电阻率 R_w

在评价油气储层时,通常要用到含油饱和度等参数。而利用电阻率确定饱和度参数时,均需要地层水电阻率资料。用自然电位测井资料确定地层水电阻率是常用的方法之一。

在求地层水电阻率时,要选择较厚的饱和水的纯砂岩层。根据该层的侵入情况,用井径、地层厚度等资料把 ΔU_{SP} 校正成静自然电位 SSP,并根据钻井液资料确定 R_{mf},再根据式(2-2-1c)可求出 R_w。这对于含低浓度 NaCl 的地层水和钻井液滤液是正确的。在浓度高的情况下,地层水浓度和其电阻率不能保持线性反比关系,因此用"等效电阻率"概念,即不论溶液浓度如何变化,其溶液等效电阻率与溶液浓度之间总保持反比关系。此时式(2-2-1c)可写为:

$$SSP = (K_d - K_{da}) \lg \frac{R_{mfe}}{R_{we}} = -K \lg \frac{R_{mfe}}{R_{we}} \quad (2\text{-}4\text{-}2)$$

式中:R_{mfe} 为钻井液滤液等效电阻率;R_{we} 为地层水等效电阻率。

式(2-4-2)适用于任何浓度的溶液。当利用自然电位资料和钻井液资料求出 SSP、R_{mfe} 后,根据此式可求出 R_{we},再利用图版 SP-2,求出 R_w。这是求 R_w 的理论依据,具体分为三步。

1. 确定水层的静自然电位 SSP

在井内找出纯含水砂岩层,并在 SP 曲线上读出该层的 ΔU_{SP}。

如果含水砂岩层的厚度相当大,无侵入,且 $R_t \approx R_m \approx R_s$ 时,则可直接用该水层的 ΔU_{SP} 作为 SSP。

如果水层厚度不大,则必须对该层的 ΔU_{SP} 进行厚度、电阻率和侵入情况的校正,把 ΔU_{SP} 换算成静自然电位 SSP。这项工作应使用 SP 校正图版(或称 SP-3 图版)完成。

SP 校正图版（图 2-4-4）是由 12 块图版组合成的复合图版。其中最左边一列是在无钻井液侵入条件下绘制的；右边三列均为在有钻井液侵入，且侵入带直径 d_i 与井径 d 比值均为 5（$d_i/d=5$）的条件下绘制的。每块图版都是在 R_{xo}/R_t（R_{xo} 是冲洗带电阻率，R_t 是原状地层电阻率）和 R_s/R_m（R_s 是围岩电阻率，R_m 是钻井液电阻率）取不同固定值时，所作的 $\Delta U_{SP}/SSP$ 与 h/d 的关系曲线族。每块图版中的曲线号码为 R_t/R_m（无侵入）或 R_{xo}/R_m（有侵入）。

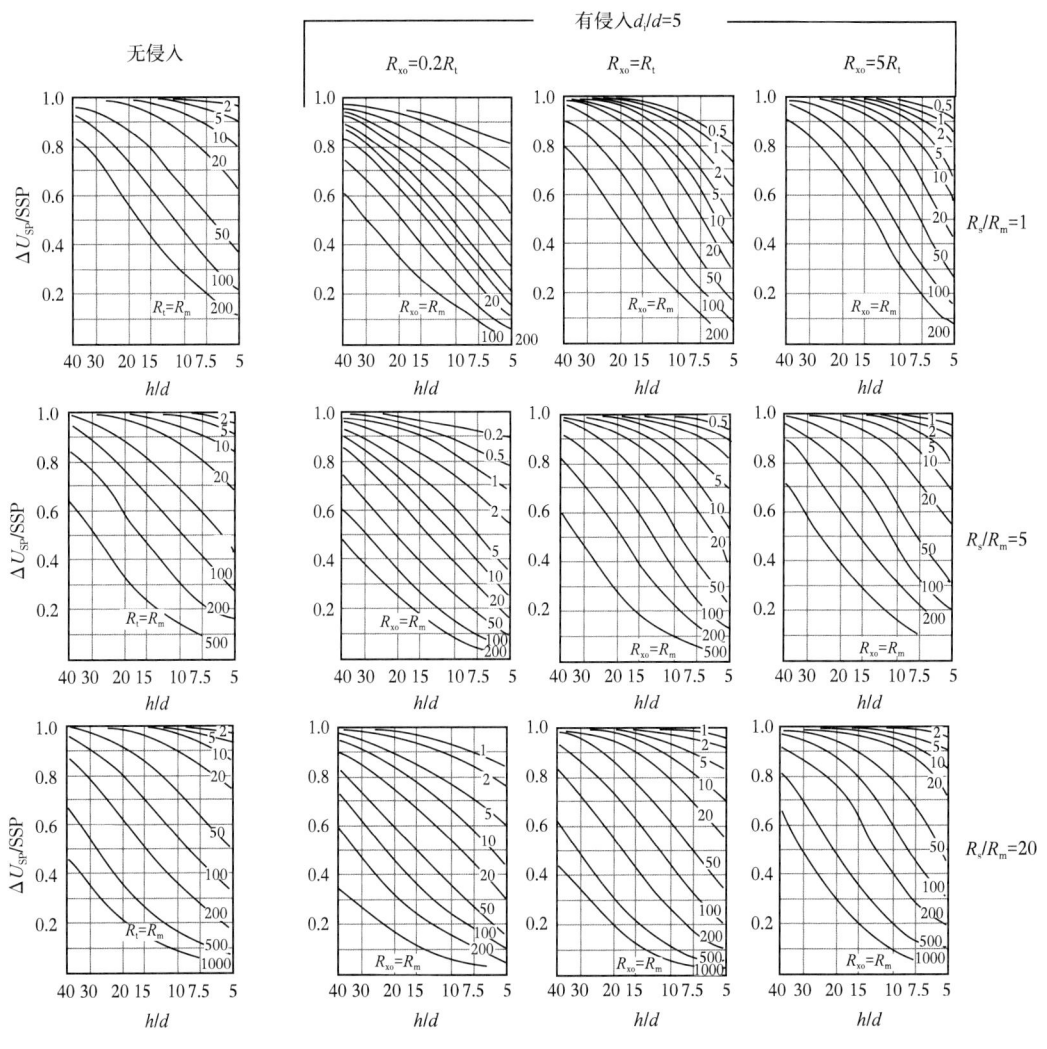

图 2-4-4　SP 校正图版（SP-3 图版）

使用 SP 校正图版时，首先按实际侵入情况及测井资料提供的 R_s/R_m 和 R_{xo}/R_t 选出与这些条件最接近的一块图版；然后在选出的图版中，用 R_t/R_m（或 R_{xo}/R_m）选择一条曲线；再根据计算出的所解释地层的厚度 h 与该地层处的井径 d 的比值 h/d，在选定的图版的横坐标上找到 h/d 点，过此点作横轴的垂线，此垂线与实际选择出的曲线号码为 R_t/R_m（无侵入）或 R_{xo}/R_m（有侵入）曲线之交点的纵坐标 v 就是校正系数。该水层的 $SSP=\Delta U_{SP}/v$。

2. 确定钻井液滤液等效电阻率 R_{mfe}

欲确定 R_{mfe}，必须有地层温度 T 和地层温度下的钻井液电阻率 R_m^T。

确定 T，可以从地温曲线上查出地层所在深度的温度，这是最直接的一种方法；或者根据地表温度和井底温度以及井眼深度，换算得到地层所在深度的温度。

确定地层温度下的 R_{mfe} 分为以下三步：

（1）确定 R_m^T。

首先在测井曲线图头上查出温度为18℃时的钻井液电阻率 $R_m^{18℃}$，然后利用图1-2-1求出地层温度下的钻井液电阻率 R_m^T。

一般情况下，把地层水和钻井液都看作是NaCl溶液。在图版上投点A（$R_m^{18℃}$，18℃），若点A落到某条斜线上，该斜线曲线号码即是所用钻井液矿化度 C，不论温度如何变化测井时的 C 是常数。沿该斜线下滑到温度为地层温度 T 的水平线与其相交，交点的横坐标轴上的读数即为 R_m^T。

通常还可以在测井曲线图头上查出地面温度或井口温度下的钻井液电阻率，用近似公式换算地层温度下的钻井液电阻率。若地面温度 T_1 下的钻井液电阻率为 $R_m^{T_1}$，则在地层温度 T_2 下的钻井液电阻率 $R_m^{T_2}$ 为：

$$\begin{cases} R_m^{T_2} = \dfrac{T_1 + 21.5}{T_2 + 21.5} R_m^{T_1} \quad , \quad (℃) \\ R_m^{T_2} = \dfrac{T_1 + 6.77}{T_2 + 6.77} R_m^{T_1} \quad , \quad (℉) \end{cases} \qquad (2-4-3)$$

（2）确定 R_{mf}。

根据 R_{mf}^T 和钻井液密度（此数据可在测井图头上查得）用"估计 R_{mf} 与 R_{mc} 图版"求出 R_{mf}。该图版如图2-4-5中所示，图版内有两族曲线，细实线族为不同钻井液密度条件下 R_m 与 R_{mf} 的关系曲线，粗实线族为 R_m 与 R_{mc} 的关系曲线。

现举例说明其使用方法，如已知钻井液密度为1.32g/cm³（11 lb/gal）、R_m^T=0.45Ω·m 时，求 R_{mf}。首先认定用："估计 R_{mf} 与 R_{mc} 图版"中的细实线族，在这族曲线中选出曲线号码为1.32g/cm³的曲线；然后在纵坐标轴上找到 R_m^T 为0.45Ω·m的点。过该点作一条平行于横轴的直线与选定的曲线相交，交点的横坐标读数为0.3Ω·m（参见图版内虚线所示），即为 R_{mf}。

（3）确定钻井液滤液等效电阻率 R_{mfe}。

当钻井液中的电解质为NaCl，如果温度为75℉（24℃），此时，如果 $R_{mf}>0.1$Ω·m，则 $R_{mfe}=R_{mf}$；如果 $R_{mf}<0.1$Ω·m时，则应当用SP-2图版（图2-4-6）求出 R_{mfe} 值。

SP-2图版是一族不同温度条件下，溶液电阻率（R_w 或 R_{mf}）与溶液等效电阻率（R_{we} 或 R_{mfe}）的关系曲线。使用该图版时，首先以地层温度 T 选择一条温度相同（或相近）的曲线，然后在纵坐标轴上找到 R_{mf} 点，过此点作水平线与选定的曲线相交，交点的横坐标读数即为所求的 R_{mfe}。

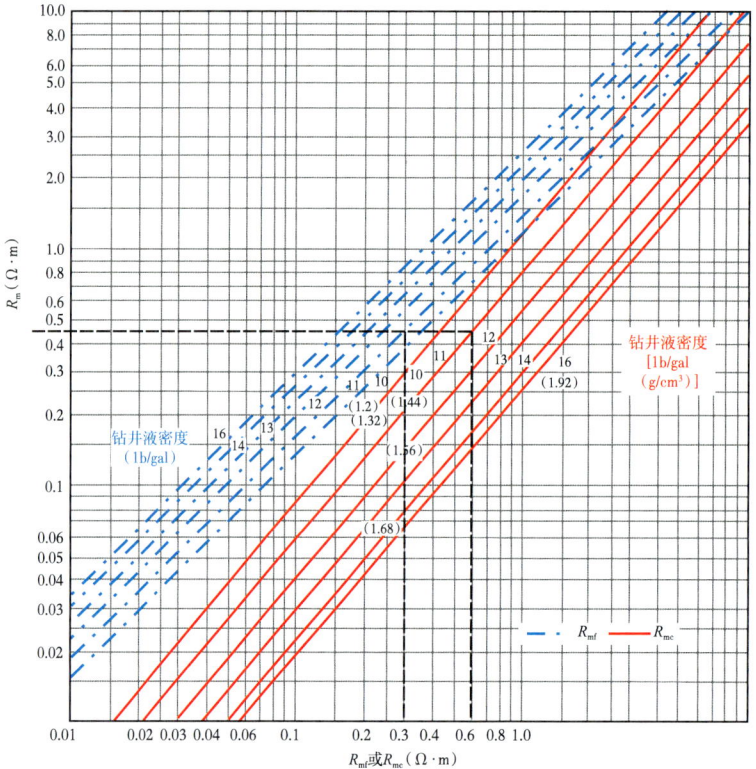

图 2-4-5 估计 R_{mf} 与 R_{mc} 图版

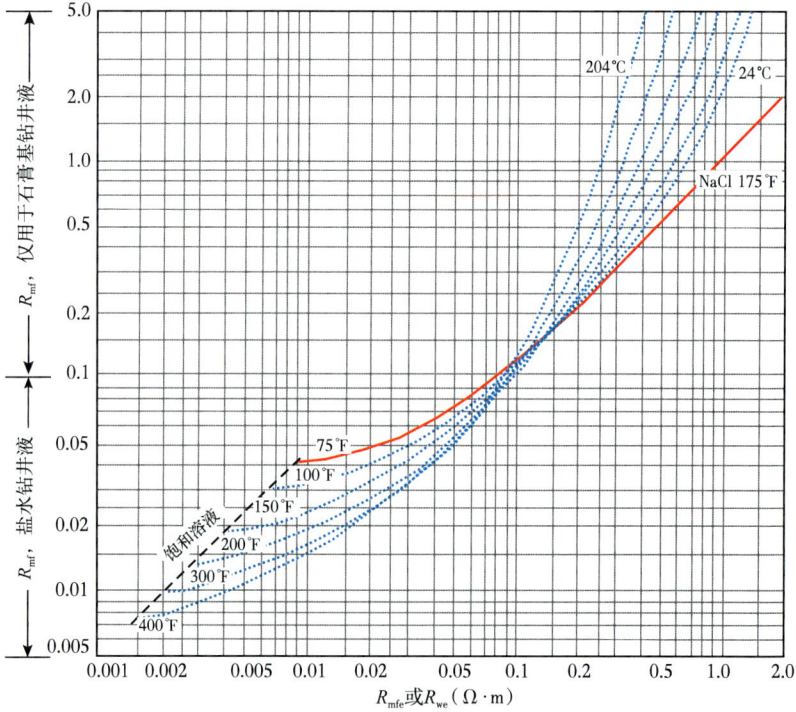

图 2-4-6 R_w—R_{we} 或 R_{mf}—R_{mfe} 关系曲线（SP-2 图版）

3. 求 R_w

为求 R_w，首先应根据前边所确定的 SSP 和 R_{mfe} 及 T，用 SP-1 图版（图 2-4-7）求出地层水的等效电阻率 R_{we}。SP-1 图版是一族在不同温度条件下作出的 R_{mfe}/R_{we} 与 SSP 的关系曲线。因此，在使用时应先用 T 选择一条曲线，然后在横坐标轴上找到 SSP 值对应的点，过此点作横坐标轴的垂线与选定的曲线相交，交点的纵坐标读数即系数 $\mu=R_{mfe}/R_{we}$，将前面求出的 R_{mfe} 代入，即得 $R_{we}=R_{mfe}/\mu$；然后，用 SP-2 图版（图 2-4-6）确定 R_w。

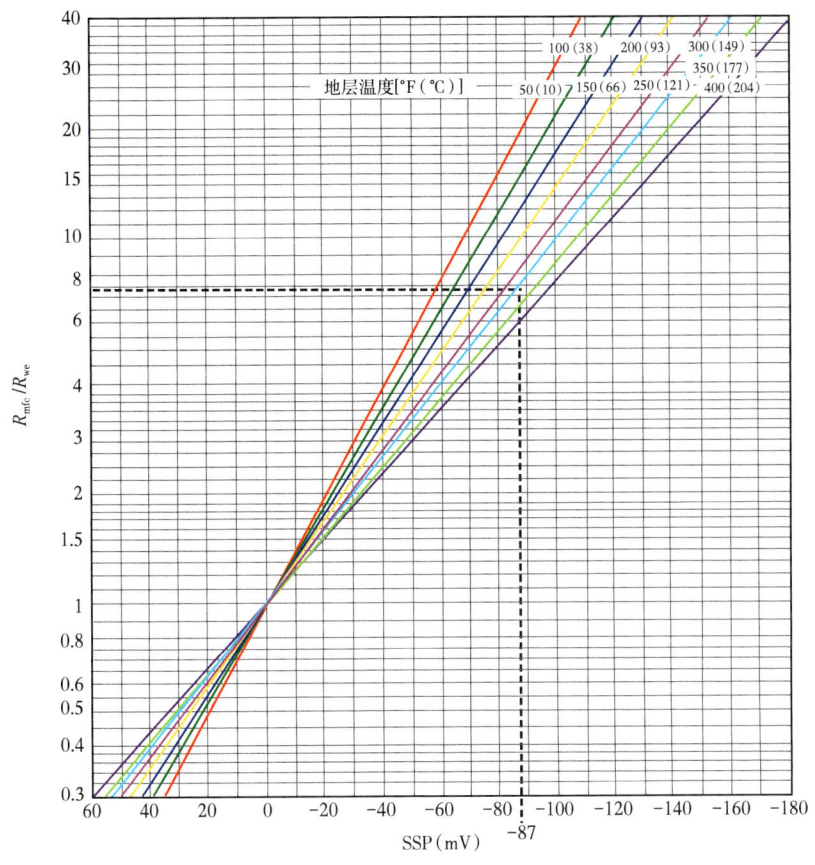

图 2-4-7　SP-1 图版

利用自然电位资料求地层水电阻率，通常限于地层有一定的渗透率，地层水内的溶质的主要化学成分是 NaCl，钻井液电阻率不高，自然电位中过滤电位可以忽略不计的情况下使用。此方法在无侵入的情况下能得到较好的近似值。当自然电位基线偏移、地层水电阻率变化大、地层水中含有非 NaCl 电解质较多，以及有明显的过滤电位存在时，不宜用此方法求地层水电阻率。

五、判断水淹层

在油田开发过程中，常采用注水的方法提高采收率，如果储层孔隙中有注入水存在则该储层称为水淹层。储层哪部分被水淹取决于岩层各部分的渗透性，一般规律是渗透性好的部分容易被水淹，利用测井资料判断水淹层位及估计水淹程度是检查注水效果的重要课题。目前，利用 SP 曲线上出现基线偏移来确定水淹层位是一种简单有效的方法。而且，可以根据 SP 曲线的基线偏移量 ΔE_{SP}（原基线与偏移后的基线之间距离所代表的毫伏数）大小估计水淹程度。由统计资料表明，当 $\Delta E_{SP} > 8mV$ 时，则该水淹层为高含水层；当 $5mV < \Delta E_{SP} < 8mV$ 时，则为中含水层；当 $\Delta E_{SP} < 5mV$ 时，则可能是低含水的水淹层，亦可能是由于岩性变化引起的基线偏移，需借助于其他资料予以确定。

图 2-4-8 中展示了水淹层井段实际测井曲线，从 SP 曲线上可以看出，上部和下部的基线不在一条直线上，即有基线偏移，其偏移量 $\Delta ESP \approx 30mV$，应属高含水层，经射孔后证明其含水率达到 99%。水淹层段在 SP 曲线上出现基线偏移，是因为注入水矿化度 $C_{注}$ 的大小介于 C_w 和 C_{mf} 之间（$C_w > C_{注} > C_{mf}$）。

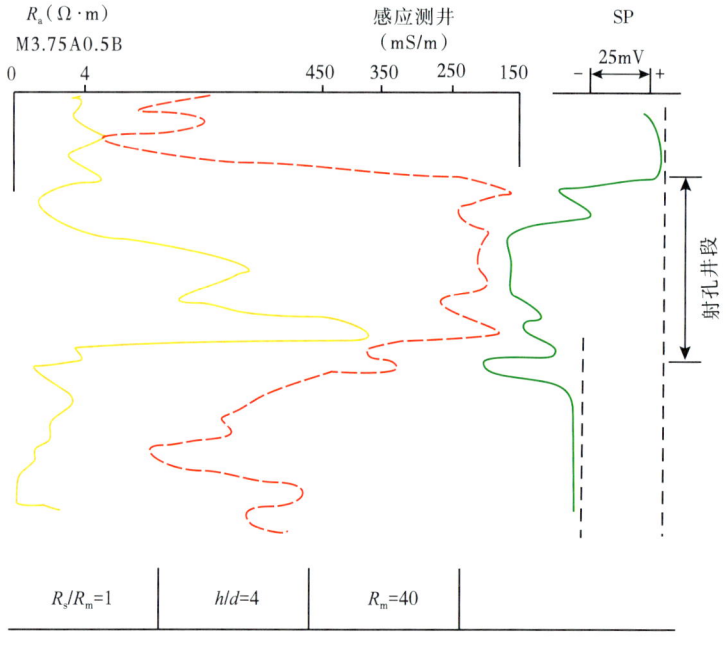

图 2-4-8　水淹层测井曲线

按照图 2-4-9 中所示的均匀纯砂泥岩地层模型，当 $C_w > C_{注} > C_{mf}$ 时，可以证明在水淹的水平面Ⅱ处 SP 曲线上无异常变化，而只发生基线偏移现象，并可计算出基线的偏移量 ΔE_{SP}。现在根据自然电位测井基本理论公式证明如下：

假设在未被水淹的上部砂岩和泥岩交界面Ⅰ处的电动势为 $E_{Ⅰ}$，根据式（2-2-1b）得：

$$E_{Ⅰ} = -K \lg \frac{C_w}{C_{mf}} = K_d \lg \frac{C_w}{C_{mf}} - K_{da} \lg \frac{C_w}{C_{mf}}$$

在砂岩层内水淹部分和未被水淹部分交界面Ⅱ处的总电动势为 $E_{Ⅱ}$ 可用下式计算：

$$E_{Ⅱ} = E_d - E_d^{注界} - E_d^{注} = K_d \lg \frac{C_w}{C_{mf}} - K_d \lg \frac{C_w}{C_{注}} - K_d \lg \frac{C_{注}}{C_{mf}}$$

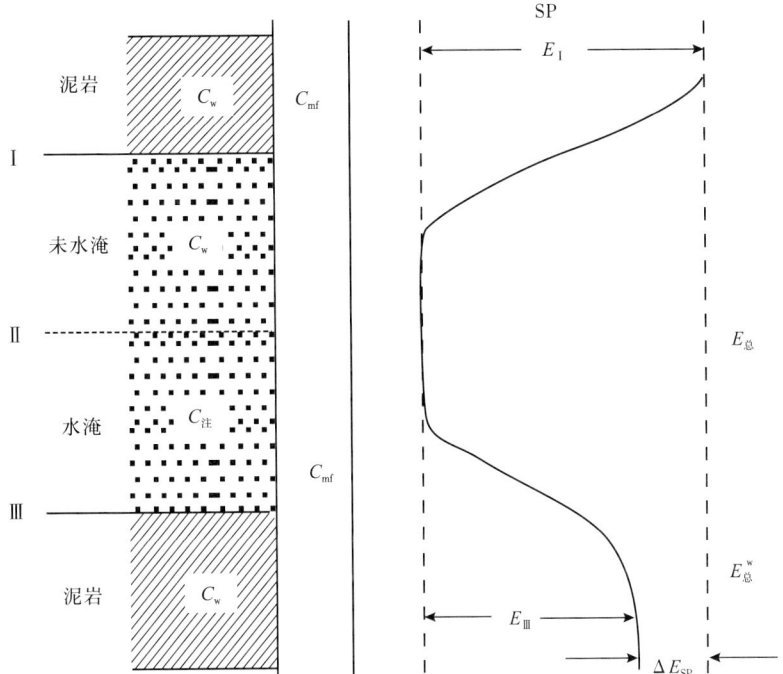

图 2-4-9 水淹层的 SP 曲线基线偏移示意图

展开上式得：

$$E_{II} = K_d \left(\lg C_w - \lg C_{mf} - \lg C_w + \lg C_{注} - \lg C_{注} + \lg C_{mf} \right) = 0 \quad (2\text{-}4\text{-}4)$$

式中：$E_d^{注界}$ 为在界面Ⅱ上产生的扩散电动势；$E_d^{注}$ 为已被水淹砂岩层段井壁附近的扩散电动势；E_d 为未被水淹砂岩层段井壁附近的扩散电动势。

式（2-4-4）的结果证明在砂岩层内水淹界面Ⅱ处 SP 曲线上没有异常变化。

在被水淹了的砂岩和泥岩交界面Ⅲ处的总电动势 E_{III} 用表示，其表达式为：

$$E_{III} = E_d^{注} - E_{da} = K_d \lg \frac{C_{注}}{C_{mf}} - K_{da} \lg \frac{C_w}{C_{mf}}$$

其基线偏移量 ΔE_{SP} 应为：

$$\Delta E_{SP} = E_I - E_{III} = K_d \lg \frac{C_w}{C_{注}} \quad (2\text{-}4\text{-}5)$$

当矿化度比较低时，溶液的电阻率和其矿化度呈线性反比关系，则式（2-4-5）可改写为：

$$\Delta E_{SP} = K_d \lg \frac{R_{注}}{R_w} \quad (2\text{-}4\text{-}6)$$

式中：$R_{注}$ 为注入水的电阻率。

应当指出，由于我国地域辽阔，各地区的储层特点各异，故水淹层在 SP 曲线上的特点不尽相同，应当密切结合本地区的曲线变化规律判断水淹层，才能取得良好效果。

SP 曲线除上述几方面应用外，还是标准测井图、综合测井图、地层剖面对比图、钻井综合柱状剖面图等的重要组成部分；此外，利用 SP 曲线的幅度、形态特征及组合模式等划分沉积相和微相，也是自然电位测井的重要应用。

目前，自然电位测井资料在砂泥岩剖面井中使用十分普遍和有效。但在碳酸盐岩剖面和膏岩剖面的井中，由于 SP 曲线的基线漂移等不规则的变化，与其他测井曲线相比，SP 曲线在解释中的作用相形见绌，一般不作为主要解释资料，而只能起参考作用。

第三章　普通电阻率测井

　　普通电阻率测井是最早使用的测井方法，也是现在仍然在部分使用的常规测井方法，主要包括电位电极系测井、梯度电极系测井和在它们基础上发展的微电极测井。普通电阻率测井在划分钻井地质剖面和判断岩性等工作中曾经起着重要作用。

　　为了解决生产中遇到的各种问题，在测井发展早期，在普通电阻率测井基础上，相继开发了标准测井和横向测井等测井组合。利用这些测井曲线可以划分岩性、确定渗透层及侵入带电阻率、确定地层厚度、进行剖面对比、确定地层的真电阻率和定性地判断油、气、水层等。尽管这些方法的具体特点和所要解决的问题各不相同，但其实质都是进行电阻率测量。

第一节　普通电阻率测井原理

　　电阻率测井是根据自然界中各种不同岩石的电阻率不同之特点，来区别钻井剖面上的岩石性质的一种测井方法。岩石电阻率 R_t 是反映岩石在外加电场中导电能力强弱的物理量，所以，通常需要在外加电场的条件下才能测定出来。由普通物理学可知，由均匀材料制成的规则形状的导体，其电阻 P 与导体的横截面积 S 成反比，与导体的长度 L 成正比，其表达式为：

$$P = R\frac{L}{S}$$

式中：R 为比例系数，称为电阻率，只与导体的材料性质有关而与导体的几何形状无关，可表达式为：

$$R = P\frac{S}{L} \quad (3-1-1)$$

　　由式（3-1-1）可以导出岩石电阻率的单位为 $\Omega \cdot m$（欧姆·米），在数值上相当于横截面积为 $1m^2$，长度为 $1m$ 的单位体积岩石的电阻值。岩石的电阻率越高说明其导电能力越差，反之说明其导电能力越好。

　　在实验室内常用"四电极法"测定岩石的电阻率。取一块钻井取心岩样，磨成规则的圆柱体，在岩样的两端接上金属板状电极 A 和 B，在岩样的中间部分接上两个环状电极 M 和 N，二者之间的距离为 L（以 m 为单位），将岩样按图 3-1-1 所示接入电路。接通电源开关 K 后，通过电极 A、B 给岩样供电，电流强度为 I，由电压表 G 测出电极 M、N 之间的电位差 ΔU_{MN}，根据欧姆定律，M、N 之间的介质电阻应为 $P=\Delta U_{MN}/I$，根据式（3-1-1）得到：

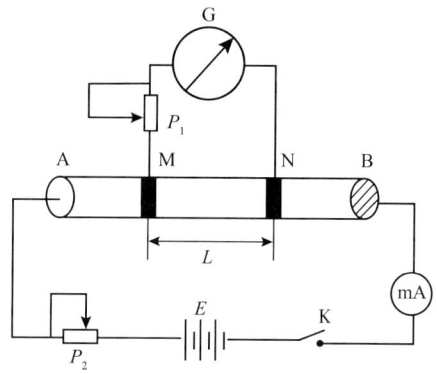

图 3-1-1 岩样电阻率测量原理示意图

$$R = \frac{\Delta U_{MN}}{I} \frac{S}{L}$$

一般 L 和 S 均取固定值，令 $K=S/L$，则有：

$$R = K \frac{\Delta U_{MN}}{I} \qquad (3-1-2)$$

式中：K 为装置系数。

岩样电阻率测定的实现，给在井内进行电阻率测井提供了实施的可能。

一、普通电阻率测井测量原理

在进行电阻率测井时，都设有供电线路，通过供电电极 A 供给电流 I，通过电极 B 供给电流 $-I$，在井内建立电场。然后用测量电极 M、N 进行电位差测量。这个电位差反映了电场分布特点，电场分布特点决定于周围介质的电阻率。电阻率测井的理论实质是研究各种不同介质中电场分布问题。借鉴岩样电阻率测量的方法，普通电阻率测井的测量原理线路图如图 3-1-2 所示。

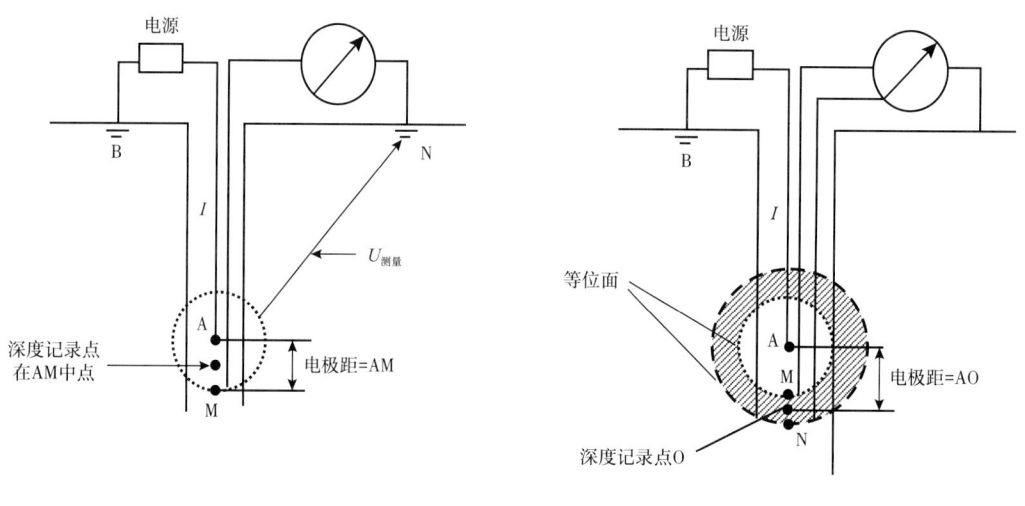

图 3-1-2 普通电阻率测井测量原理示意图

A、B、M 和 N 四个电极中的三个形成一个相对位置不变的体系，称为电极系。测量时将电极系放入井中，而另外一个电极（B 或 N）留在地面上。在提升过程中进行测量，同时在地面仪器的记录部分记录出沿井身的电位差变化曲线。这个电位差经过适当刻度后，变成量纲与电阻率相同的量，称为视电阻率 R_a。由于井内存在的自然电位是直流电位，而视电阻率测井供电线路供给低频（<15Hz）矩形波交流电，以便区别。在实际测井中为提高工效，常采用视电阻率和自然电位同时测量的方法进行测井，即在用普通电极系测量视电阻率的同时，用一个测量电极"代测"出一条自然电位曲线。其原理路线如图 2-2-3 所示。

测井时，测量电极 M 和 N 之间的电位差 ΔU_{MN}，并按式（3-1-3）求视电阻率 R_a：

$$R_a = K \frac{\Delta U_{MN}}{I} \qquad (3\text{-}1\text{-}3)$$

式中：K 称为电极系系数，只与电极系的尺寸类型有关。

为了求出 K，假设介质是均匀各向同性的，其电阻率是 R。在介质中放入点电源 A，发出电流 I，造成一个点电源电场，其电场分布可参见图 3-1-2 井下部分。

因为普通电阻率测井研究的是似稳电场，属于有源无旋场，描述这种场的物理量是电场强度 $\boldsymbol{E}$、电位 U 和电流密度 $\boldsymbol{J}$。在该场内，场源 A 发出电流 I，造成的电场之等位面是以 A 为圆心的球面（参见图 3-1-2 井下部分），其面积为 $S=4\pi r^2$。在该场中任何一点的电流密度大小为：

$$J = \frac{I}{4\pi r^2} \qquad (3\text{-}1\text{-}4)$$

根据微分形式欧姆定律式（1-1-2）和式（3-1-4）可得到 $\boldsymbol{E}$ 表达式：

$$\boldsymbol{E} = \frac{RI}{4\pi r^2} \qquad (3\text{-}1\text{-}5)$$

式中：r 为距电源点 A 任意距离处的等位面的半径。

在稳恒电场或似稳电场中，有 $\boldsymbol{E} = -\dfrac{dU}{dr}$ 关系，经积分可得：

$$U = \frac{RI}{4\pi r} + c \qquad (3\text{-}1\text{-}6)$$

用稳恒电场或似稳电场的无穷远边界条件确定积分常数 c。当 $r \to \infty$，则 $U_r=0$，此时 $c=0$，故可得该场的电位分布表达式：

$$U = \frac{RI}{4\pi r} \qquad (3\text{-}1\text{-}7)$$

根据式（3-1-7）导出介质电阻率表达式为：

$$R = 4\pi r \frac{U}{I} \qquad (3\text{-}1\text{-}8)$$

如果电极系是由电极 A、M 和 N 组成［图 3-1-2b 的井下部分］，有：

$$U_\mathrm{M} = \frac{RI}{4\pi\overline{\mathrm{AM}}} \quad U_\mathrm{N} = \frac{RI}{4\pi\overline{\mathrm{AN}}} \quad (3\text{-}1\text{-}9)$$

式中：U_M 为测量电极 M 处的电位值；U_N 为测量电极 N 处的电位值。
从而有：

$$\Delta U_\mathrm{MN} = U_\mathrm{M} - U_\mathrm{N} = \frac{RI}{4\pi}\left(\frac{1}{\overline{\mathrm{AM}}} - \frac{1}{\overline{\mathrm{AN}}}\right) = \frac{\overline{\mathrm{MN}}}{4\pi\overline{\mathrm{AM}}\cdot\overline{\mathrm{AN}}}RI \quad (3\text{-}1\text{-}10)$$

变换式（3-1-10）得：

$$R = \frac{4\pi\overline{\mathrm{AM}}\cdot\overline{\mathrm{AN}}}{\overline{\mathrm{MN}}}\frac{\Delta U_\mathrm{MN}}{I} \quad (3\text{-}1\text{-}11)$$

将式（3-1-11）和式（3-1-3）比较，为了使在均匀各向同性介质中测得的视电阻率等于真电阻率，令：

$$K = \frac{4\pi\overline{\mathrm{AM}}\cdot\overline{\mathrm{AN}}}{\overline{\mathrm{MN}}} \quad (3\text{-}1\text{-}12)$$

如果电极系由电极 A、B 和 M 组成，则电极 A 的电流 I 和电极 B 的电流 $-I$ 对测量电极 M 处的电位均有贡献。根据电位叠加原理：

$$U_\mathrm{M} = \frac{RI}{4\pi}\frac{1}{\overline{\mathrm{AM}}} - \frac{RI}{4\pi}\frac{1}{\overline{\mathrm{BM}}} \quad (3\text{-}1\text{-}9'\mathrm{a})$$

电极 N 放在地面上，距离电极 A 和 B 都很远，即：

$$U_\mathrm{N}=0 \quad (3\text{-}1\text{-}9'\mathrm{b})$$

则有：

$$\Delta U_\mathrm{MN} = \frac{RI}{4\pi}\left(\frac{1}{\overline{\mathrm{AM}}} - \frac{1}{\overline{\mathrm{BM}}}\right) = \frac{RI}{4\pi}\frac{\overline{\mathrm{AB}}}{\overline{\mathrm{AM}}\cdot\overline{\mathrm{BM}}} \quad (3\text{-}1\text{-}10')$$

由此得出：

$$R = \frac{4\pi\overline{\mathrm{AM}}\cdot\overline{\mathrm{BM}}}{\overline{\mathrm{AB}}}\frac{\Delta U_\mathrm{MN}}{I} \quad (3\text{-}1\text{-}11')$$

为使均匀介质的 $R_\mathrm{a}=R$，取：

$$K = \frac{4\pi\overline{\mathrm{AM}}\cdot\overline{\mathrm{BM}}}{\overline{\mathrm{AB}}} \quad (3\text{-}1\text{-}12')$$

只要测井时所用的电极系中的电极之相对位置确定，且各电极之间的尺寸固定下来，则 K 可根据式（3-1-12）或式（3-1-12′）计算得到。并且在测井时 I 是人为选定的恒定值，在同一口井的测量中通常保持不变。所以沿井身提升电极系连续测量并记录一

条 ΔU_{MN}（或 ΔU_M）随井深变化的曲线，经过横向比例刻度，即可得到一条电阻率 R 随井深变化的曲线，称为电阻率曲线。这就是普通电阻率测井获得井眼剖面上地层电阻率资料的基本原理。根据前面的假设，在均匀各向同性无限大介质中，沿井身测量的电阻率曲线是幅度为 R 的平行于纵轴的直线。在自然界中多为非均匀介质，根据本书第一章的论述，在这种介质中按上述办法测出的电阻率不是介质的真电阻率，而是视电阻率。

二、普通电阻率测井电极系

电极系是由供电电极 A、B 和测量电极 M、N 中的三个电极按一定相对位置，并固定在一个绝缘体上构成的下井装置，另一个电极放在地面。在电极系中按照成对电极和不成对电极的距离的不同，可把电极系分为电位电极系和梯度电极系两大类，见表 3-1-1。由于两类电极系所测视电阻率曲线形状差别很大，为了正确应用视电阻率曲线，必须分清是用什么类型电极系测量得到的曲线。为了便于叙述，把电极系中接在同一个线路（指地面仪器中的供电线路或测量线路）中的井下电极如 A、B（或 M、N）称为成对电极，而把在地面上的电极 N（或 B）接在同一个线路中的电极称为不成对电极或单电极。

表 3-1-1 电极系分类

类型	电位电极系				梯度电极系			
	单极供电		双极供电		单极供电		双极供电	
	正装	倒装	正装	倒装	正装	倒装	正装	倒装
示意图	O—A M · N	· N O—M · A	O—M A · B	· B O—A M · N	· B O—M A · N	· N O—A M · N	· M O—A B · M	· B O—A M · A
电极距	$\overline{AM}$	$\overline{AM}$	$\overline{AM}$	$\overline{AM}$	$\overline{AO}$	$\overline{AO}$	$\overline{MO}$	$\overline{MO}$
电极系全名	单极供电正装电位电极系	单极供电倒装电位电极系	双极供电正装电位电极系	双极供电倒装电位电极系	单极供电正装（底部）梯度电极系	单极供电倒装（顶部）梯度电极系	双极供电正装（底部）梯度电极系	双极供电倒装（顶部）梯度电极系

1. 电位电极系

不成对电极到靠近它的成对电极之间的距离小于成对电极间的距离（如 $\overline{AM} \ll \overline{AB}$）的电极系称为电位电极系，见表 3-1-1 中左边的电极系。

电位电极系的电极距 L，是不成对电极到靠近它的成对电极之间的距离，即 $L = \overline{AM}$。$\overline{AM}$ 的中点 O 为电位电极系的深度记录点。在某一位置上测到的视电阻率算作深度记录点上的视电阻率。其电极系系数可用式（3-1-12）或式（3-1-12′）计算。

当成对电极之间的距离相当大时，可认为远离的那个成对电极对测量结果没有影响，如图 3-1-2a 的电极系所示，此时只有 A、M 电极对测量有意义，这种电极系称为理想电位电极系。

对于理想电位电极系，式（3-1-11）中，$\Delta U_{MN}=U_M-U_N=U_M$，$\overline{AN}=\overline{MN}$，其视电阻率可表达为：

$$R_a = 4\pi\overline{AM}\frac{U_M}{I} \qquad (3\text{-}1\text{-}13)$$

从式（3-1-13）中看出，视电阻率和电位电极系中测量电极 M 处的电位成正比，这是电位电极系名称的来历，其 K 为 $4\pi\overline{AM}$。

2. 梯度电极系

不成对电极到靠近它的成对电极之间的距离大于成对电极间的距离（如 $\overline{AM} \gg \overline{MN}$），这种电极系称为梯度电极系，见表 3-1-1。

梯度电极系的成对电极 M、N（或 A、B）的中点为梯度电极系的深度记录点，用 O 表示。不成对电极 A（或 M）到记录点 O 的距离称为梯度电极系的电极距，记作 $L=\overline{AO}$（或 $L=\overline{MO}$）。其电极系系数可用式（3-1-12）或式（3-1-12'）计算。

当电极系中 $\overline{MN}$（或 $\overline{AB}$）接近于零时，这个电极系称为理想梯度电极系。此时成对电极 M、N 和记录点 O 可看作一点。其视电阻率表达式依照式（3-1-11）可写成：

$$R_a = 4\pi\overline{AO}^2\frac{\frac{\Delta U_{MN}}{\overline{MN}}}{I} = 4\pi\overline{AO}^2\frac{E_o}{I} \qquad (3\text{-}1\text{-}14)$$

从式（3-1-14）可以看出，R_a 与记录点 O 处沿井轴（z 轴）方向的电位梯度（E_o）成正比。这是梯度电极系得名的理由。

根据成对电极和不成对电极的相对位置不同可把梯度电极系分成两类：

（1）成对电极在不成对电极下方的称为正装电极系。用正装梯度电极系测出的视电阻率曲线，以明显的极大值显示出高阻地层的底界面，所以这种电极系又称为底部梯度电极系。

（2）成对电极在不成对电极上方的称为倒装电极系。用倒装梯度电极系所测出的视电阻率曲线，其明显的极大值显示出高阻地层的顶界面，所以这种电极系又称为顶部梯度电极系。

根据电极系中供电电极的个数又可以将电极系分成两类：

（1）若电极系中只有一个供电电极，称为单极供电电极系，如由电极 A、M、N 组成的电极系。

（2）若电极系中有两个供电电极，称为双极供电电极系，如由电极 B、A、M 组成的电极系。

综上所述，根据梯度或电位，正装或倒装，单极供电或双极供电，可以分为八种不同的电极系，各种电极系的全名列于表 3-1-1。

用不同电极系对同一地层剖面所测出的电阻率曲线划分剖面时，必须首先弄清楚曲线是用那种类型的电极系测出来的,在每条电阻率曲线上端都标有所使用电极系的书写符号。普通电阻率测井电极系的书写方法,是按照电极在井内自上而下的顺序写出电极的名称和电极之间的距离(以 m 为单位)。例如 M2.25A0.5B 表示双极供电正装(底部)梯度电极系,$L = \overline{MO} = 2.5\text{m}$。

3. 电极系互换原理

把电极系中的电极的功能互换(原供电电极改为测量电极;原测量电极改为供电电极),而各电极的相对位置不变,并且保持测量条件不变时,则所得到的视电阻率曲线和原来的完全相同,这称为电极系的互换原理。

根据互换原理,表 3-1-1 右边四种梯度电极系实质上为两种类型,而左边四种电位电极系实质上是一种类型。这是因为电位电极系所测的视电阻率曲线对地层中点是对称的,如成对电极间的距离足够大时,正装和倒装的差别也没有了。

4. 电极系的探测深度

为了定性地判断测量的视电阻率主要反映的介质范围,引用了电极系探测深度(或探测半径)概念。在均匀介质中,以供电电极为中心,以某一半径作一球面,如果球面内包括的介质对电极系测量结果的贡献占总结果的 50% 时,则此半径就定义为该电极系的探测深度(或探测半径)。经计算,电位电极系的探测半径为 $2L$(即 $2\overline{AM}$);梯度电极系的探测半径为 $1.4L$(=$1.4\overline{AO}$ 或 $1.4\overline{MO}$)。在一般情况下,随着电极距的加大,电极系的探测深度将加大。但当介质分布情况改变时,探测半径也会有所改变。所以,在不同地层,电极系的探测半径不完全一致。应根据所测对象合理地选择,以利于解释中进行地层对比,准确地划分油、气、水层。

第二节 普通电阻率测井曲线特征分析

了解测井曲线特征是应用测井曲线的基础和前提。本书附录 A 给出了在几种特殊地层条件下的普通电阻率测井响应的解析解,重点给出了电位电极系和梯度电极系视电阻率表达式,可以认为是普通电阻率测井的理论结果。本节结合普通电阻率测井在几种地层条件下的理论曲线,分析电位电极系率和梯度电极系率测井曲线特征,并给出实际测井曲线示例。

一、电位电极系理论测井曲线

图 3-2-1 为双水平界面三层地层模型的理想电位电极系视电阻率理论曲线,不考虑井眼影响,电极距为 $\overline{AM}$。图中虚线表示不同厚度高阻层(分别为 $8\overline{AM}$、$2\overline{AM}$、$0.4\overline{AM}$)的真电阻率曲线,实线表示厚度不同的视电阻率曲线。根据曲线 1 可以看出,由于中间层地层厚度较大($h_1 = 8\overline{AM}$),中间层的视电阻率与地层真实电阻率非常接近,基本反映了地层电阻率的真实数值。

若地层厚度发生变化,参见图 3-2-1 中的视电阻率曲线 2 和 3。假设 $R_1 = R_3$、$R_2/R_1 = 50$,从图中可以得到以下结论:

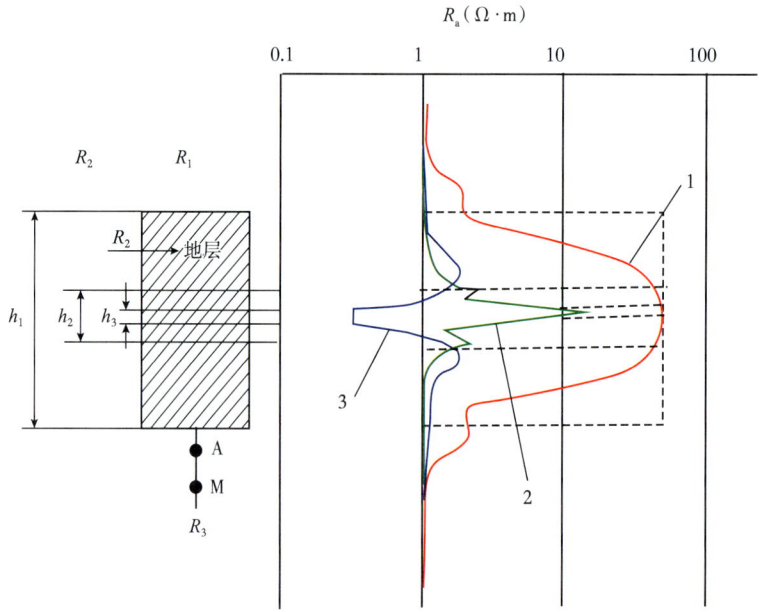

图 3-2-1　电位电极系视电阻率测井曲线示意图

$h_1 = 8\overline{AM}$；$h_2 = 2\overline{AM}$；$h_3 = 0.4\overline{AM}$；曲线序号 1、2、3 与 h_1、h_2、h_3 对应

（1）如果 $R_1 = R_3$，电位电极系视电阻率曲线对地层中点对称，并在地层中点取得极大（或极小）值；地层界面在曲线上没有明显的特征。

（2）电位电极系曲线的极大值是视电阻率代表值，视电阻率极大值随着电极距 $\overline{AM}$ 的增加而减小；国内常用的 0.5m 电位电极系的探测半径为 1m，若侵入不明显或侵入不深时，其测量结果可以反映地层真实电阻率。

（3）地层厚度小于电极距（$h < \overline{AM}$）时，曲线上对着高阻地层的中心出现视电阻率极小值，完全扭曲了真实情况。因此，当选用电位电极距时，应以划分的储层最小厚度为标准。

二、梯度电极系理论测井曲线

图 3-2-2 为双水平界面三层地层模型的梯度电极系视电阻率理论曲线，不考虑井眼影响，中间层为高阻厚层。根据该图可以看出，典型的梯度电极系视电阻率曲线有如下特点：

（1）梯度电极系视电阻率曲线的形态，相比于岩层中心是不对称的。

（2）底部梯度电极系的视电阻率曲线在高阻岩层的底界面处出现一个明显的极大值，而在顶界面出现一个明显的极小值。顶部梯度电极系的视电阻率曲线则与此相反。

（3）利用底部梯度电极系视电阻率曲线上的极大值、极小值能很好地划分高阻层的底界面和顶界面；利用顶部梯度电极系视电阻率曲线上的极大值和极小值能划分高阻层的顶界面和底界面。

为了深刻地认识曲线变化规律，并在曲线解释时全面考虑各种因素对视电阻率曲线的影响，从而作出正确的判断，现在以底部梯度电极系为例，介绍一种定性说明梯度电极系视电阻率测井曲线变化规律的方法，以便灵活分析实测曲线。

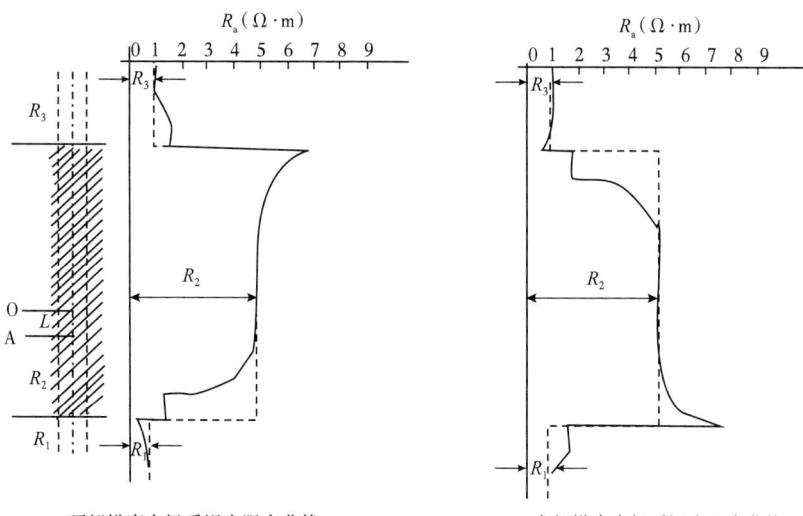

a. 顶部梯度电极系视电阻率曲线　　　b. 底部梯度电极系视电阻率曲线

图 3-2-2　梯度电极系视电阻率测井曲线示意图

在相当厚的高阻层附近，用理想底部梯度电极系进行电阻率测量，得到的视电阻率曲线如图 3-2-3 所示。由于忽略井的影响，并使用理想的梯度电极系（$\overline{MN} \to 0$），根据式（3-1-14），视电阻率公式可写为：

$$R_a = \frac{4\pi \overline{AO}^2}{I} E_o = \frac{E_o}{\dfrac{I}{4\pi \overline{AO}^2}}$$

式中：E_o 为记录点 O 处的电场强度。

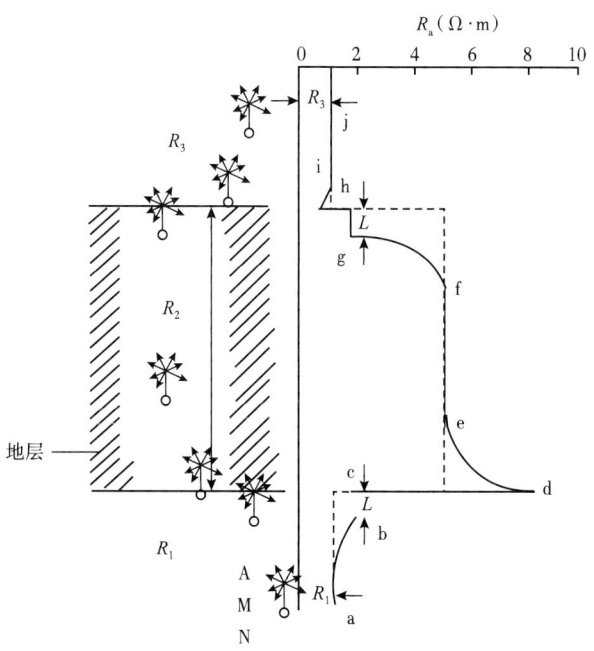

图 3-2-3　理想底部梯度电极系视电阻率测井曲线示意图

根据欧姆定律微分形式 $E_o=J_oR_o$，令 $J_{oH}=\dfrac{I}{4\pi\overline{AO}^2}$ 为在均匀介质中记录点 O 处的电流密度，则得到：

$$R_a=\dfrac{E_o}{J_{oH}}=\dfrac{J_o}{J_{oH}}R_o \qquad (3-2-1)$$

式中：J_o 为记录点 O 处的实际电流密度；R_o 为记录点 O 处介质的真电阻率。

由式（3-2-1）看出，在测量条件不变时（I 及 $\overline{AO}$ 不变），在某一深度上的视电阻率值与记录点 O 所在介质的电阻率 R_o 成正比，与记录点处的电流密度 J_o 成正比。

现在用式（3-2-1）解释图 3-2-3 中的底部梯度电极系视电阻率测井曲线特征：

为了叙述方便，令 $R_1=R_3=1\Omega\cdot m$，$R_2=5\Omega\cdot m$。当电极系在下部围岩中，远离高阻层底界面时，相当于电极系处于电阻率为 R_1 的均匀介质中。此时，$J_o=J_{oH}$，故 $R_a=R_1$。视电阻率曲线上为 $R_a=1\Omega\cdot m$ 的直线段，到点 a 为止。提升电极系，电极 A 逐渐接近高阻层。高阻层对电流的排斥作用，使记录点处的电流密度 J_o 增加，此时 $J_o>J_{oH}$，故 $R_a>R_1$。所以曲线自点 a 起 R_a 逐渐增高，直到电极 A 到达高阻层底界面时，曲线升高到点 b 处的值。

再提升电极系，电极 A 进入 R_2 高阻层中，而记录点还处于下部低阻围岩中。随着电极 A 接近顶界面，由电极 A 流出的电流将越来越多地流向上面，使 J_o 略有降低，直到记录点移到高阻层底界面为止，曲线上的 bc 段长度为 $\overline{AO}$。当记录点进入高阻层时，点 O 所在介质电阻率 R_o 突然从 R_1 上升为 R_2，因此根据式（3-2-1）计算的视电阻率也成比例地变化。即 R_a 曲线由点 c 跃变至点 d，点 d 是 R_a 的最大值。

当电极系继续提升时，电极 A 逐渐远离下部低阻围岩地层，R_1 低阻层对电流的"吸引"作用逐渐减弱，从而使 J_o 逐渐减小，R_a 曲线由点 d 开始下降，直到电极系离开下部围岩一个相当距离，使下部低阻层对电流的"吸引"作用消失为止，R_a 曲线到达 e 点。因为地层相当厚，当电极 A 离开了高阻层的底界面而又未靠近高阻层的顶界面时，电极 A 造成的电场可看作是其周围全是 R_2 介质时的电场，此时 $J_o=J_{oH}$，故 $R_a=R_2$，因此对着 R_2 地层中部在 R_a 曲线上有 ef 直线段。当再提升电极系时，电极 A 接近上部低阻围岩地层，由于上部围岩对电流的"吸引"作用，使电流密度在电极 A 的上方增大，致使处于电极 A 下方的记录点 O 处的 J_o 减小，而 R_o 仍然是 R_2，R_a 变小。直到电极 A 到达高阻地层顶界面时，此下降趋势终止于点 g。

当电极 A 进入上部围岩时，记录点 O 仍在 R_2 介质中，R_a 略有下降，这段曲线纵向长度为 $\overline{AO}$。当记录点 O 也进入上部围岩 R_3 中时，由于 R_o 突然从 R_2 降到，R_a 也成比例地变化下降到达点 i，它是视电阻率极小值。

电极系全部进入上围岩中，且逐渐远离高阻层的顶界面时，高阻层对电极 A 的电流的"排斥"作用逐渐减小，故 J_o 随之增加，R_a 曲线上对应出现逐渐升高的 ij 线段。当电极系远离高阻层时，电极 A 的电流分布不受界面影响，相当于电极系处于电阻率为 R_3 的均匀介质中，故 $R_a=R_3$。点 j 以上的 R_a 曲线为平行于纵轴的直线。

根据上述分析，可用底部梯度电极系视电阻率曲线上的极大特征值和极小特征值确定高阻层的底界面和顶界面的深度位置。

在不同地层厚度地层，梯度电极系视电阻率曲线如图 3-2-4 所示。中等厚度高阻层中，底部梯度电极系理论曲线如图 3-2-4a、图 3-2-4b 所示。曲线在界面附近的变化特点和原地层视电阻率曲线基本相同。在地层中部差别较大，随地层厚度的减小，曲线的异常变陡直，而曲线幅度变低。

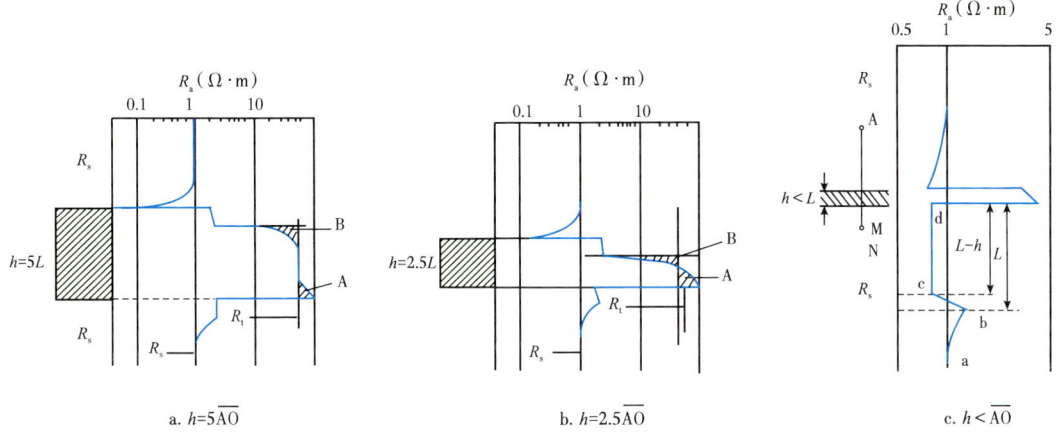

a. $h=5\overline{AO}$　　　　b. $h=2.5\overline{AO}$　　　　c. $h<\overline{AO}$

图 3-2-4　中等厚度和薄层底部梯度电极系视电阻率测井曲线示意图

高阻薄层（$h<\overline{AO}$）的底部梯度电极系视电阻率曲线，如图 3-2-4c 所示。在高阻层的下方（成对电极一方）距高阻层底界面一个电极距的地方出现"假极大"。随电极系的提升 R_a 逐渐下降，曲线上出现 bc 段，这是由于高阻层很薄。当电极 A 进入高阻层底界面时，立即受上部围岩的"吸引"作用使 J_o 减小的结果。直线段 cd 是电极 A 已进入上部围岩，而记录点 O 仍在下部围岩中。当记录点 O 穿过高阻层底界面时，R_a 有一个跳跃取得视电阻率极大值。

三、实际普通电阻率测井曲线

理论曲线是在地层界面是水平的，并且地层是均匀的、阶跃变化的，采用理想电极系且不考虑井眼影响的理想条件下作出来的。而实际普通电阻率测井曲线，因受井眼环境和介质非均匀等因素的影响，曲线比较光滑，不像理论曲线变化那样规则，但曲线的基本特征和理论曲线基本相同。图 3-2-5 为一实测普通电阻率测井曲线，包括一条电位电极系曲线和一条底部梯度电极系曲线，也可参见图 3-5-1 标准测井图中的实测 R_a 曲线。

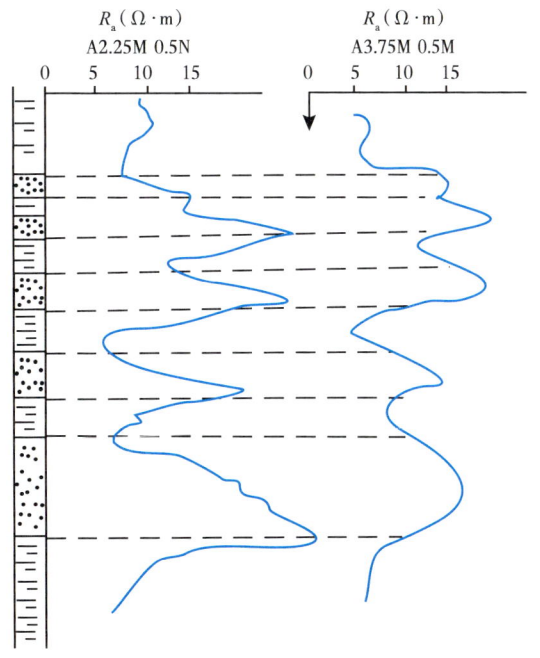

图 3-2-5　实测普通电阻率测井曲线

第三节　普通电阻率测井影响因素及其应用

为了正确使用普通电阻率测井曲线，下面介绍几个主要影响因素，并对其影响进行分析。

一、普通电阻率测井影响因素

为了能够正确地使用普通电阻率测井曲线，去伪存真地作出正确判断，现介绍各种因素对视电阻率的影响。

1. 井眼影响

在实际测井中，井眼影响是无法避免的，主要是井径和井眼内钻井液电阻率的变化造成的。图 3-3-1 为用数值模拟方法得到的视电阻率曲线的结果。其地层模型为：井径为 d；地层厚度 $h=16d$；钻井液电阻率为 R_m，且 $R_m=R_s$（围岩电阻率）；目的层电阻率为 $R_t=10R_m$；无钻井液侵入。利用三种电极距不同的底部梯度电极系进行模拟，得到三条视电阻率曲线。将这组实测曲线和无井眼影响的理论曲线对比发现，曲线形状基本相同，底界面极大值特征点仍然明显，而顶界面的极小值不易分辨，曲线由于有井眼存在而变得平缓。这是由于钻井液电阻率较地层电阻率低，使测量结果比无井眼影响时要低。井径越大，钻井液对测量结果贡献越大，在同样条件下目的层视电阻率就越低。

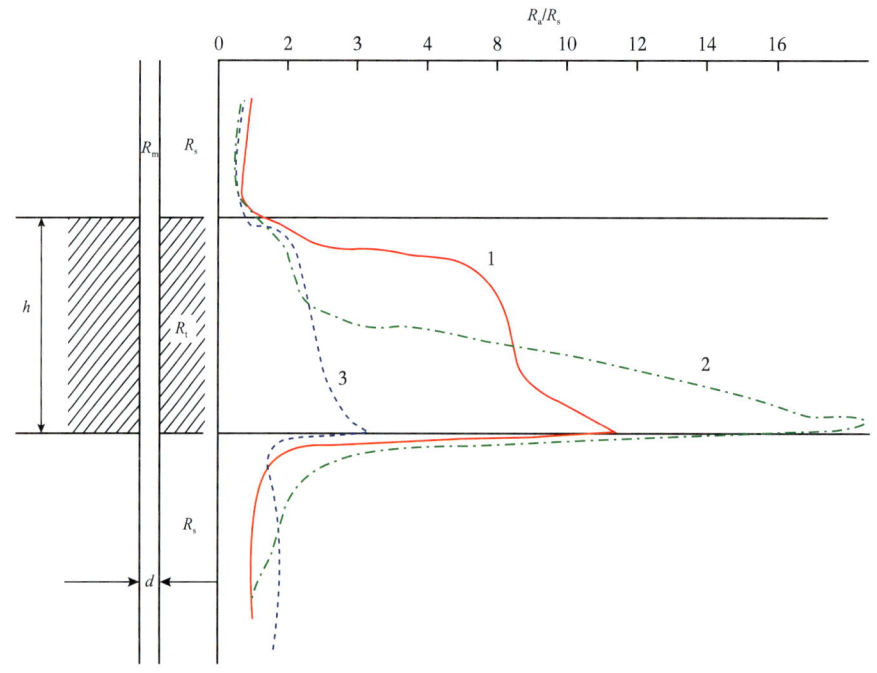

图 3-3-1　有井条件下的视电阻率曲线示意图

1—$\overline{AO}=2d$ 的底部梯度电极系所测视电阻率曲线；2—$\overline{AO}=8d$ 的底部梯度电极系所测视电阻率曲线；
3—$\overline{AO}=16d$ 的底部梯度电极系所测视电阻率曲线

此外，R_m 变化对视电阻率曲线的测量也有影响。图 3-3-2 中的两条视电阻率曲线是在同一地层模型中，用同一电极系在同样的测量条件下，而井内分别充满电阻率 $R_m=0.1R_t$ 和 $R_m=0.01R_t$ 两种钻井液时测出的。从图中可以看出，当 R_m 较高（$R_m=0.1R_t$）时，所测视电阻率曲线以明显的高异常显示出高阻层（R_t 层），而当 R_m 较低（$R_m=0.01R_t$）时，所测视电阻率曲线上，高阻层（R_t 层）处的极大值急剧下降，且曲线变化平缓，纵向分辨能力下降。这是因为井内钻井液电阻率太低，井内分流作用加大导致的。因此，为确保视电阻率曲线能真实地反映井眼剖面上地层电阻率的变化，要求 R_m 应大于该地区 R_w 的 5 倍以上（$R_m > 5R_w$）。所以在盐水钻井液（$R_m < R_w$）井中或高阻剖面井中，只能借助于其他测井曲线划分岩性剖面。

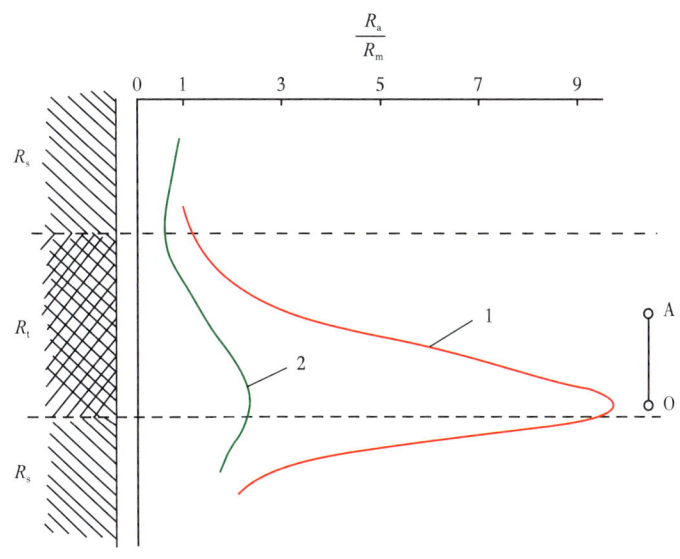

图 3-3-2　改变钻井液电阻率所测视电阻率曲线示意图

1—$R_m=0.1R_t$；2—$R_m=0.01R_t$；$R_s=0.1R_t$；$h=4d$；$\overline{AO}=2d$

2. 电极系的影响

从理论曲线分析可知，不同类型的电极系所测视电阻率曲线形状不同。即使同一类型的电极系在同样的测量条件下，电极系的尺寸不同，所测的视电阻率曲线的形状及幅度也不一样。图 3-3-1 中是电极距不同的三条底部梯度电极系所测视电阻率曲线。尽管地层和测量条件均相同，但曲线的形状、幅度相差很大。这是因为 $\overline{AO}$ 不同，则探测深度不同，钻井液电阻率和围岩电阻率对测量结果贡献不同。当电极距较小时（$\overline{AO}=2d$），由于井眼影响较突出，视电阻率曲线幅度不是很高。当电极距增大（$\overline{AO}=8d$）时，其探测深度加大，使井眼贡献相对减小，而使地层的贡献占主要地位，视电阻率曲线幅度变高。当电极距增加到一定程度时，反而会使视电阻率幅度变低，这是由于低阻围岩影响突出造成的。这是在解释电阻率测井曲线中应注意的一个方面。

3. 钻井液侵入的影响

由于渗透层井段常有钻井液侵入形成的侵入带，其径向电阻率分布特点取决于侵入类型（图 1-3-4）。淡水钻井液井中，含水层往往出现"高侵"（$R_t < R_{xo}$），表示由 R_{xo} 渐变

到 R_t，但均大于 R_t，如图 1-3-4a 所示。因为有这样的侵入带存在，所测的视电阻率曲线幅度必然比无侵入时所测的视电阻率曲线幅度要大。相反，在油层井段常出现"钻井液低侵"（$R_t > R_{xo}$），如图 1-3-4b 所示。有这样的侵入带存在，所测的视电阻率曲线幅度比没有侵入时的测量幅度要低。利用该影响因素可以判断油、水层。

4. 高阻邻层的屏蔽影响

前面分析的视电阻率曲线都是在单一的高阻地层中测出的。实际上经常遇到的是在电极系探测范围以内有几个高阻薄层的层组，测量时由于相邻高阻层对供电电极 A 的电流产生屏蔽影响，使视电阻率曲线发生畸变（图 3-3-3）。图 3-3-3a 中的地层模型是两个电阻率及层厚都相同的高阻层。在夹层厚度 h_e 不同（$h_{e1} < h_{e2} < h_{e3} < h_{e4}$）的情况下，用相同电极距的底部梯度电极系测量所得到的视电阻率曲线特点各异。当 $h_e \ll \overline{AO}$ 时，两个高阻层很难用视电阻率曲线划分开，如图 3-3-3a 中的 a 部分所示。随着 h_e 增加，两个高阻层可以从曲线上明显分作两层，当 $h_e < \overline{AO}$ 时，如图 3-3-3a 中的 b、c 部分所示。这时，下方高阻层的视电阻率却降低了，这是由于电极系的记录点 O 在高电阻层底界面时，电极 A 已穿过了上方高阻层，因而受该层的屏蔽影响，记录点 O 处的电流密度 J_o 要比单一地层时的 J_o 小，所以所测的视电阻率曲线比单一地层时所测曲线幅度低，这种现象称为减阻屏蔽影响。当 h_e 接近或稍大于 $\overline{AO}$ 时，如图 3-3-3a 中的 d 部分所示。所测曲线情况就大不相同了，下方高阻层处的曲线幅度明显地增高了，这是由于当记录点 O 处于下部高阻层的底界面，受该层的屏蔽影响使 J_o 增加，致使所测量的视电阻率曲线幅度增高，这种现象称为增阻屏蔽影响。

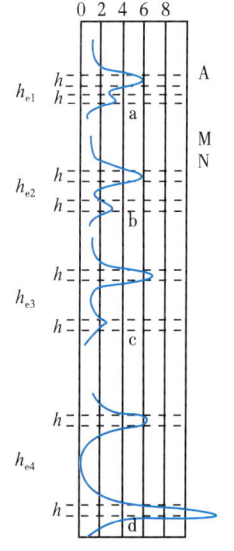
a. 相邻高阻层之间夹层厚度不同的视电阻率曲线
（$\overline{AO}$=8d，h_{e1}=1d，h_{e2}=2d，h_{e3}=4d，h_{e4}=8d）

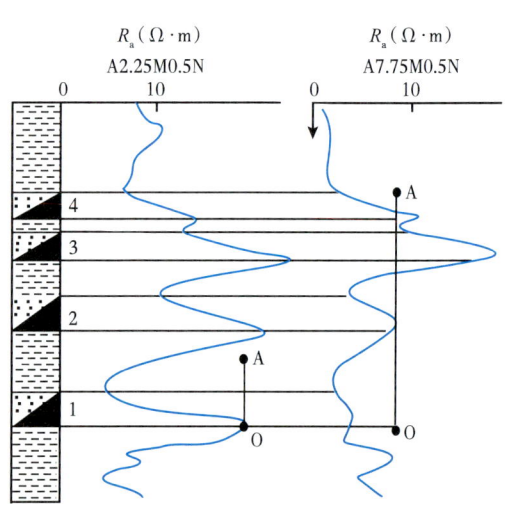
b. 用不同电极距的底部梯度电极系在油层组中的实测视电阻率曲线

图 3-3-3 相邻高阻层屏蔽影响示意图

实际上，在井眼内各地层厚度是固定的，如果用电极距不同（$L = \overline{AO}$）的两个电极系在同一剖面上进行视电阻率测井，则所得出的两条视电阻率曲线因受屏蔽影响不同而曲线各异，如图 3-3-3b 所示，1 号油层在 $\overline{AO}$ =2.5m 的底部梯度电极系所测视电阻率曲线上由于增阻屏蔽影响，其视电阻率曲线幅度很高；在$\overline{AO}$ =8m的底部梯度电极系所测视电阻率曲线上则视电阻率曲线幅度很低，这是因为邻层减阻屏蔽影响造成的。

在解释油层组时，应对屏蔽影响给予足够重视，即在解释时应注意所用电极距和h_e的相对关系得出正确的结论。否则将受增阻屏蔽影响的水层误认为油层，或将受减阻屏蔽影响的油层误认为水层而漏掉，影响解释的准确性。

5. 层厚—围岩影响

在测井时，选定使用的电极系后，其电极距L就固定不变。但在井眼剖面上电阻率相同的渗透层的厚度不一定相同，如果不同，其视电阻率曲线幅度就出现差异。一般随h变薄，视电阻率降低，这是由于随地层厚度变薄低阻围岩对测量结果贡献增大的缘故。在解释薄油层时应当注意这种影响。h是客观存在的，但h一定的地层是厚层还是薄层，在视电阻率测井中应根据其与L的相对大小而定。不同地层厚度对视电阻率的影响可参看图3-2-1和图3-2-4给出的模拟算例及相应的分析。

二、视电阻率曲线的应用

1. 划分地层

在砂泥岩剖面的视电阻率曲线上，利用岩石电阻率的差异将有利的高阻层分辨出来；再参考SP曲线，把在SP曲线上具有异常的高阻层井段，即解释的目的层——储层划分出来；最后确定其层面深度。

用视电阻率曲线划分地层时，要利用曲线的突出特点。在实测的梯度电极系视电阻率曲线上，极小值已失去划分储层的价值，而极大值仍很突出。所以通常采用顶部和底部梯度电极系视电阻率曲线上的极大值分别确定高阻地层的顶界面和底界面的深度，即

$$顶界面深度\ z_顶 = z_{\max}^{顶梯}（顶部梯度电极系视电阻率极大值对应深度）$$
$$底界面深度\ z_底 = z_{\max}^{底梯}（底部梯度电极系视电阻率极大值对应深度）$$

则：
$$高阻地层的厚度\ h = z_底 - z_顶$$

2. 求地层的真电阻率 R_t

地层的储集参数—孔隙度和含油饱和度都和地层的真电阻率有密切关系，所以求R_t是电法测井的重要目的之一。在侧向测井和感应测井投入应用之前，国内主要采用"横向测井"曲线，经过图版对比求出R_t；在欧美国家，则曾经采取长、短电位电极系测井（电极距分别为64in[❶]和16in）及长梯度电极系测井（电极距为18ft[❷]，8in）结合的方法求解R_t。

横向测井是建立在普通电阻率测井基础上的一种组合测井，通常使用一套电极距不同的同类型电极系，在同一口井的目的层井段进行视电阻率的组合测量，目的是求出R_t。横向测井曾经在石油勘探和开发中起过重要作用，目前，已经普遍被侧向测井和感应测井取代。

横向测井所测出的资料如图3-3-4所示。在进行横向测井曲线解释时，根据多条视电阻率曲线划分出有希望的地层，并对每一个层读取视电阻率值，在双对数坐标纸上作出R_a与电极距的关系曲线，称为电探曲线，即$R_a=f(L)$关系曲线；再将每一层的电探

---

❶ 1in=0.0254m=2.54cm。

❷ 1ft=12in=0.3048m。

曲线与条件相当的横向测井解释图版进行对比，求出 R_t 和侵入带电阻率，为确定含油气地层提供重要的参数。

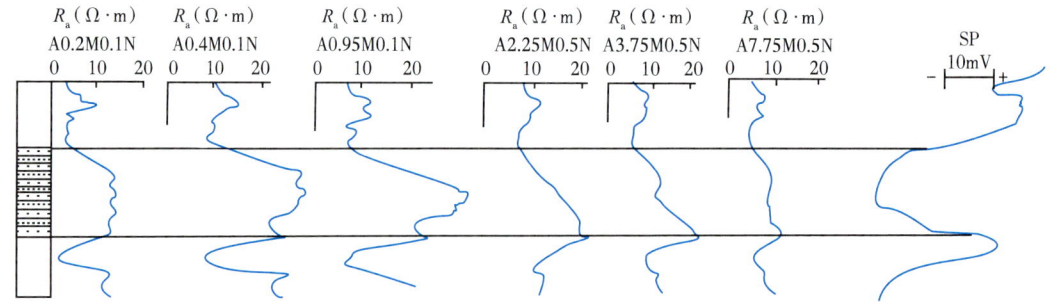

图 3-3-4　横向测井曲线实例

横向测井解释图版是把 $R_a=f(R_t, R_w, R_i, R_s, d, L, h)$ 的复杂函数关系，通过物理模拟法或数值模拟法模拟出各种已知参数地层模型的视电阻率，然后绘制出已知参数和视电阻率之间的关系曲线族。横向测井解释图版由近百张地层模型不同、参数各异的图版组成。图 3-3-5 是其中之一——"梯度电极系二层理论图版"（$R_t > R_m$）。由于该方法需用一系列不同电极距的电极系测量曲线及井径和钻井液等资料，对比工作繁琐，工作量大，求出的地层真电阻率也不够准确，目前已较少使用。若对早期开发的油田进行老井复查，用到横向测井资料时，可查有关专著了解横向测井解释图版的用法，并可以考虑借助于电阻率反演方法进行重新处理。

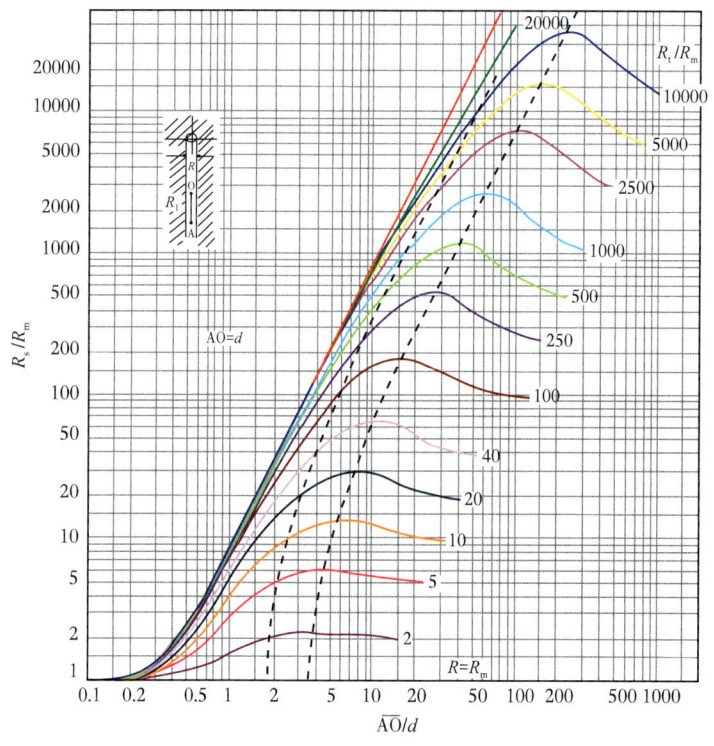

图 3-3-5　梯度电极系二层理论图版（$R_t > R_m$）

3. 求含油饱和度 S_o。

根据实验室岩石物理实验得到岩电参数 a、m、b 和 n，通过孔隙度测井资料确定地层孔隙度，再求出 R_w 后，可以根据阿奇公式［式（1-2-6）］确定地层的 S_o。

普通电阻率测井的视电阻率曲线是标准测井图和岩性柱状剖面图的重要组成部分，也是测井资料综合解释的重要参数之一。

第四节 微电极测井

在普通视电阻率曲线上划分出的高阻层，可能是孔隙性、渗透性很好的油气储层，也可能是非渗透性的致密层。因此，单用普通视电阻率曲线不能分辨出渗透性地层；另外，为了计算石油储量，需要把油层中的泥质或钙质薄夹层划分出来以便计算油层的有效厚度，而普通电阻率曲线解决不了这个问题；并且也无法准确地求出井壁附近的冲洗带电阻率 R_{xo}。从提高纵向分辨能力出发应当采用具有更小的电极距的电极系，但普通电阻率测井电极系的电极距较小时，钻井液的影响随之增大，又无法求准 R_{xo}。为了提高视电阻率曲线的纵向分辨能力，不漏掉薄层和求准目的层的厚度；又能形象直观地判断渗透层；准确地测出冲洗带电阻率等目的，设计出一种电极距很短，贴靠井壁测量的井下装置——微电极系。利用微电极系沿井身贴靠井壁进行视电阻率测量的测井方法，称为微电极测井。

一、微电极测井原理

微电极系结构如图 3-4-1 所示。在微电极系主体上装有三个弹簧片扶正器，相邻弹簧片之间的夹角为 120°（另外还有一种在主体上装有对称两个弹簧片扶正器的微电极系，适用于阻力较大的井眼，或用于有井径测量的组合测井的井下测井系列中），在其中一个弹簧片上装有硬橡胶绝缘板。把供电电极 A 和测量电极 M_1、M_2 按直线排列嵌在绝缘板上。用弹簧片扶正器使电极紧贴在井壁上，克服钻井液对测量结果的影响。

按等距离直线排列嵌在极板上的三个纽扣电极组成两个不同类型的微电极系。其中 $A0.025M_10.025M_2$ 为微梯度电极系，其电极距为 0.0375m；$A0.05M_2$ 组成微电位电极系，其电极距为 0.05m。由于两种微电极系的电极距不同，探测深度也不同。实验证明，微梯度电极系测井的探测深度约为 4cm，微电位电极系的探测深度约为 10cm。因此前者测量结果在渗透层处受滤饼影响较大，而后者主要反映井壁附近的冲洗带电阻率。

微电极系的测量结果虽然受钻井液的影响小了，但仍受滤饼、侵入带和原状地层的影响。所以，测量结果仍然是视

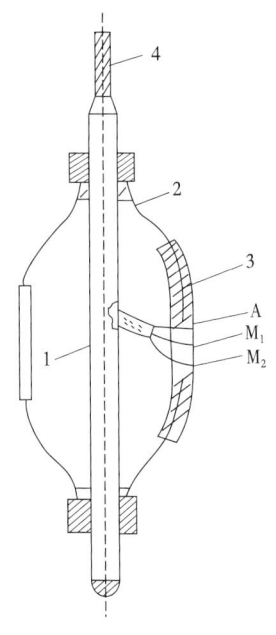

图 3-4-1 微电极系结构示意图

1—仪器主体；2—弹簧片扶正器；3—绝缘极板；4—电缆

电阻率，其表达式为：

$$R_{ML} = K \frac{\Delta U}{I} \tag{3-4-1}$$

式中：ΔU 为电位差，对于微电位测井，$\Delta U = \Delta U_{M_2N}$，对于微梯度测井，$\Delta U = \Delta U_{M_1M_2}$；$K$ 为微电极系系数，与电极距和极板的形状、大小有关。

由于微电极的电极距很小，电极不能认为是点电极，同时绝缘极板的形状、尺寸的影响均不易计算，所以微电极系的 K 通常用实验的方法确定。

测定 K 的值一般在微电极系校验池中进行，池中装满已知电阻率为 R 的 NaCl 溶液，将微电极系浸没在溶液中，极板与池壁应有一定距离。测量装置原理图如图 3-4-2 所示。在供电回路中通入已知电流 I，测出电位差 $\Delta U_{M_1M_2}$ 或 ΔU_{M_2N}（一般用微电极系主体作 N 电极），用视电阻率公式计算出 K：

$$K = R \frac{I}{\Delta U_{M_1M_2}} \quad \text{或} \quad K = R \frac{I}{\Delta U_{M_2N}} \tag{3-4-2}$$

实验证明极板和电极的严重磨损都会使 K 发生变化，因此应经常校验 K，以确保微电极系视电阻率测井曲线的可靠性。

微电极系探测范围很小，曲线容易受极板和井壁接触条件的影响。为了保证微电位电极系和微梯度电极系在相同的接触条件下测量，必须采用微电位和微梯度电极系同时测量的方法进行测井。其原理线路如图 3-4-3 所示。这种测量方法不仅避免了单独测量时难以对比的困难，而且提高了工作效率。为保证纵向分辨能力强，测井时电极系提升速度不宜过快。

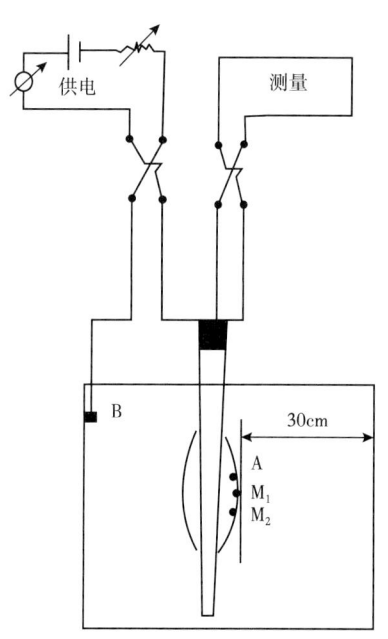

图 3-4-2 测量微电极系 K 原理示意图

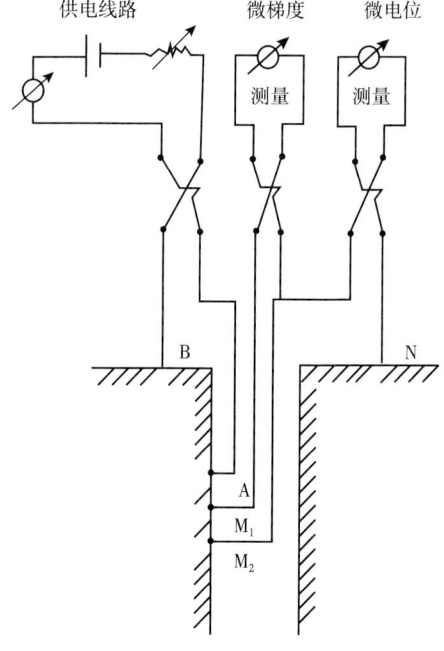

图 3-4-3 微电极测井测量原理电路示意图

二、微电极测井曲线

通常采用重叠法将微电位和微梯度两条视电阻率测井曲线绘制在测井成果图上,如图3-4-4所示,在曲线上可以见到两种微电极系视电阻率测井曲线之间的幅度差异。当微电位电极系测井曲线幅度大于微梯度电极系测井曲线幅度时,称为"正差异";当微梯度电极系测井曲线幅度大于微电位电极系测井曲线幅度时,称为"负差异"。

渗透性地层在微电极测井曲线上的基本特征就是有幅度差异。因为孔隙性好的渗透性地层有钻井液滤液侵入,同时钻井液中的泥质颗粒留在井壁上形成滤饼。滤饼电阻率一般是钻井液电阻率的1~3倍,而冲洗带电阻率比滤饼电阻率要高出5倍以上。在这种渗透层井段进行微电极测井,探测深度较大的微电位电极系所测结果主要受冲洗带电阻率的影响,而探测深度较小的微梯度电极系所测结果主要受滤饼电阻率的影响,所以出现"正差异"。幅度差的大小决定于滤饼电阻率和冲洗带电阻率的比值R_{mc}/R_{xo},以及滤饼的厚度h_{mc}。常见的渗透性砂岩地层在微电极测井曲线上都有幅度差异这一显著特征,可如图3-4-4中1537~1547m井段上微电极测井曲线上的显示。

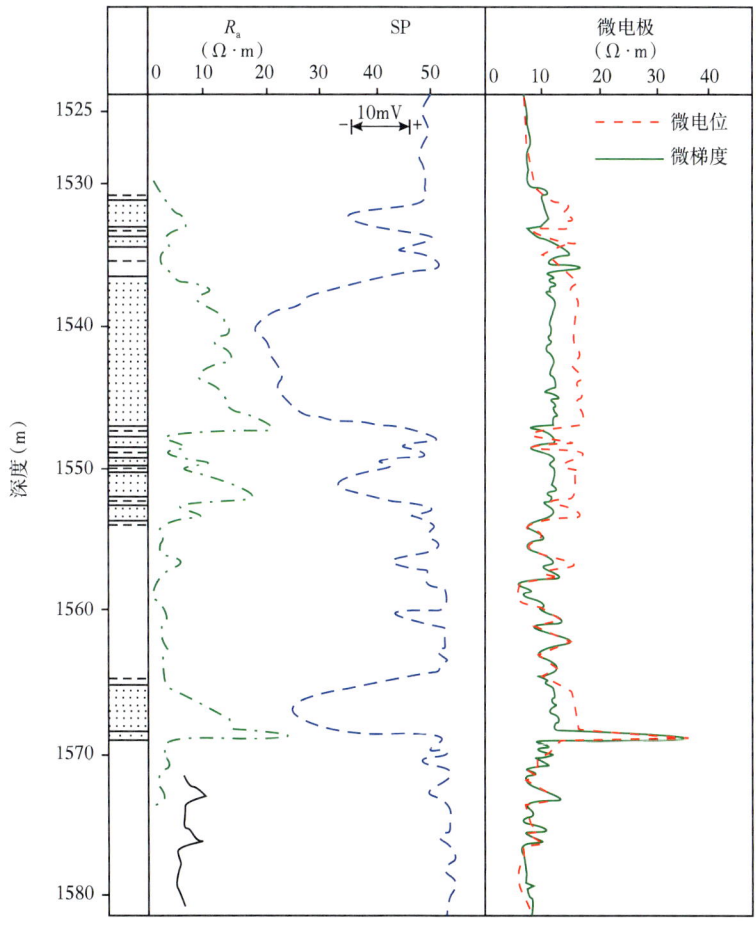

图 3-4-4　微电极系视电阻率测井曲线实例

非渗透性地层处的微电极测井曲线无幅度差异或者有正、负不定的较小的幅度差异。在砂泥岩剖面上，泥岩是常见的非渗透性地层，电阻率值较低，泥岩在微电极测井曲线上的特点如图3-4-4中1525~1531m井段所示。泥质粉砂岩渗透性很差，但其电阻率的值比泥岩要高，如图3-4-4中1555~1560m井段所示，其中夹有泥质粉砂岩，随着泥质含量的增多，微电极测井曲线幅度降低，且幅度差异减小。非渗透性的石灰岩和白云岩薄夹层在微电极测井曲线上视电阻率读数极高，且两条曲线重合或者可见到正负不定的幅度差异，如图3-4-4中1568~1568.7m井段的曲线，是一个石灰岩薄夹层的显示。

三、微电极测井资料应用

1. 确定地层界面

微电极测井曲线的纵向分辨能力较强，划分薄互层组和薄夹层比较可靠。根据曲线的半幅点确定地层界面，或用两条曲线的分歧点划分地层界面亦可。一般0.2m厚的薄层就可以划分出来，在条件好的情况下可以划分出0.1m厚的薄层。

2. 划分岩性和渗透性地层

在重叠绘制的微电极测井曲线上，首先将具有正差异的渗透层和没有幅度差异的非渗透性地层划分出来；再根据微电极测井曲线的幅度大小和幅度差异的大小，详细地划分岩性和判断地层的渗透性。常见的几种地层在微电极测井曲线上的特征分述如下：

（1）含油砂岩和含水砂岩：一般都有明显的幅度差异。如果岩性相同，则含水砂岩的幅度和幅度差异都略低于含油砂岩，砂岩含油性越好，这种差别越明显，这是由于含油砂岩的冲洗带中存在残余油的缘故。如果砂岩含泥质较多，含油性变差，则微电极测井曲线幅度和幅度差异均要降低。

（2）泥岩：微电极测井曲线幅度低，没有幅度差异或很小的正负不定的幅度差异，曲线为平行于深度轴的直线，具有砂泥岩剖面中典型的非渗透地层曲线特征。当泥岩很致密时，曲线幅度升高。

（3）致密灰岩：微电极测井曲线幅度特别高，常呈锯齿状，有幅度较小的正差异或负差异。

（4）灰质砂岩：微电极测井曲线幅度比普通砂岩的高，但幅度差异比普通砂岩的小。

（5）生物灰岩：微电极测井曲线幅度很高，正差异特别大。

（6）孔隙性、裂缝性石灰岩：微电极测井曲线幅度比致密石灰岩的低得多，一般有明显的正差异。

根据上述特征可以判别井剖面地层的岩性，但为了更准确地划分岩性剖面还需要参考其他曲线进行综合研究。

3. 确定含油砂岩的有效厚度

在评价油气层时，需要求出油气层有效厚度。微电极测井曲线具有划分薄层和区分渗透性与非渗透性地层的两大特点，所以利用该曲线将油气层中的非渗透性薄夹层划分出来，并把其厚度从含油气井段的总厚度中扣除，可以得到油气层有效厚度，其结果比较可靠。

此外，理论上，可以利用微电极测井确定R_{xo}和滤饼厚度h_{mc}，但是通常由于渗透层处井壁上的滤饼电阻率比冲洗带电阻率小得多，微电极测井的供电电极 A 电流受滤饼的分流作用影响，所测视电阻率不能真实地反映冲洗带电阻率。为了求准 R_{xo}，目前常用侧向测井系列中的一些测井资料（如微球形聚焦测井结果 $R_{MSFL} \approx R_{xo}$）确定 R_{xo}，详细内容参阅本书第四章有关部分。

微电极测井曾经是砂泥岩剖面组合测井中不可缺少的测井方法，主要用于识别和划分渗透性地层，目前在国内部分油田仍有应用。

第五节　标准测井

在一个油田、一个地区或一个区域内，为了研究地质剖面中的岩性变化、构造形态和进行大段油层组的划分及对比工作，常在全地区的井中使用标准电极系和其他几种测井方法，用相同的深度比例（常用 1∶500）及相同的横向比例，对全井段进行测井，这种测井组合称为标准测井。标准测井包括用标准电极系进行的视电阻率测井、自然电位测井及井径测量。有的地区还包括自然伽马测井，这要视本地区地层性质而定。标准测井的结果是标准测井曲线图，如图 3-5-1 所示。

在新的地区开展测井工作时，应通过试验选出标准电极系进行标准测井。标准电极系的选择原则为：一方面，要求用标准电极系测出的视电阻率曲线能够清楚地划分本地区地质剖面上的各种地层；另一方面，要求标准电极系所测的视电阻率值应尽可能接近地层的真电阻率，以便于判断油、气、水层。

这两个要求是互相矛盾的。为了能够把薄地层划分出来，需要短电极距的电极系，而此时井和侵入带的影响增加，因此视电阻率值与地层真电阻率的差别加大，满足不了另一方面的要求；为了使 R_a 接近 R_t，需要长电极距电极系，而由于电极距加长，围岩和邻层的影响增加，使曲线平缓，降低了划分地层界面的准确程度。权衡两个方面的要求，实际工作中选用中等长度电极距的电极系作为标准电极系。我国大部分砂泥岩剖面的油田多用电极距为 2.5m 的底部梯度电极系（M2.25A0.5B）及电极距为 0.5m 的电位电极系（B2.25A0.5M）作为标准电极系。

标准电极系的选择工作，必须结合本地区的具体情况，采用不同类型的不同电极距的几种电极系，在同一井内进行视电阻率测量。从所测的视电阻率曲线中，选出一条既能清楚地划分地层界面，其视电阻率又接近地层真电阻率的曲线。能够测出这样曲线的电极系，可定为该地区的标准电极系。

标准测井是普通电阻率测井应用的重要方面之一，其应用范围较广。在进行地质剖面对比、编制构造图等工作中，标准测井是重要的参考资料。在钻井中钻探人员常参考邻井的标准测井图，编制施工设计，做到不漏取资料及安全生产。测井解释工作中，可以利用标准测井图中的标准层[1]划分大段油层组，如图 3-5-1 中 2100m 附近的标志层——"鼓包泥岩"是沙二段上部油层组和砂二段下部油层组的分界线。可以根据标准测井曲线确定进行其他组合测井的目的层井段。

---

[1] 标准层：在整个构造区域内分布广泛，厚度变化小，岩性稳定，并在电法测井曲线上有明显变化的地层可选作该地区的标准层。

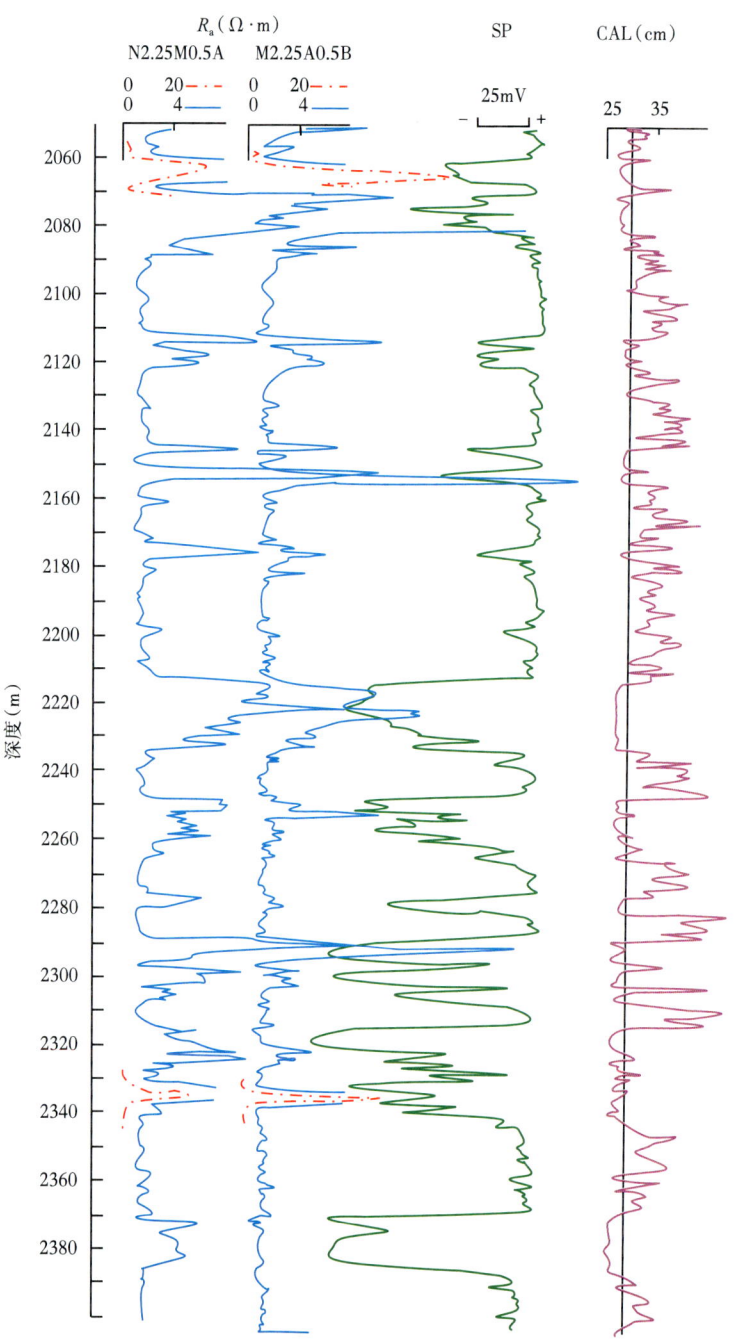

图 3-5-1 胜坨油田某井标准测井曲线

如果地层较稳定，可以利用标准测井资料初步估计油水层。首先，观察在视电阻率曲线上显示高阻的井段，如果对应的 SP 曲线上显示负异常，同时在井径曲线上显示缩径特点，此地层可以判断为渗透性地层；然后，利用两条不同视电阻率曲线分辨含油层和含水层。根据电极系的探测深度可知 0.5m 电位电极系视电阻率测井探测深度（为 $2L$=lm）较小，可认为 0.5m 电位电极系视电阻率测井曲线上的视电阻率值主要反映了侵入带的电率 R_i。相对来说 2.5m 梯度电极系视电阻率测井探测深度（为 $1.4L$=1.4×2.5=3.5m）较深，所测视电阻率主要反映 R_t。在同一地层中，如果前者大于后者，说明在这个地层的井壁附近出现了钻井液高侵，可以判断这一层为水层；如果前者小于后者，说明在这个地层出现钻井液低侵，可判断该层为油层。另外水层的自然电位幅度比油层自然电位幅度高也是区分油、水层的依据之一。

此外，为了解某一剖面上或部分油区的地下地质情况，必须利用多口井的资料进行综合分析。地层对比是综合分析的手段之一，通过地层对比可以了解油田各时代地层的厚度、岩性在纵向和横向上的变化规律，搞清油、气、水层的空间分布和含油层的物理性质的变化情况，以及研究地质构造形态、超覆、断层等地质现象。其中，研究含油气层的岩性、物性、厚度和含油、气、水情况在油田范围内的变化规律，常使用标准测井资料进行地层对比这种手段。这种对比的根据是：在一定范围内，同一时代的相似沉积环境下，形成的地层具有相同的地质特征和地球物理特征，因此同一地层测井曲线形态相似。由于用标准测井资料作地层对比具有形象直观、工作简便等优点，曾经较为广泛地应用。

第四章　侧向测井

在高矿化度钻井液和高阻地层的井中，由普通电极系（梯度电极系或电位电极系）的供电电极流出的电流，几乎全部在井眼内、低阻围岩中流动，很少流入目的地层。因此，普通电阻率测井的视电阻率曲线变化平缓，很难反映地层电阻率的变化，解释应用非常困难。为了减小钻井液的分流作用和低阻围岩的影响，1951年提出了具有聚焦功能的电流聚焦测井。

电流聚焦测井的电流线沿电极轴线的侧向流入地层，又称为侧向测井。侧向测井电极系中，除了主电极之外，上、下各有一个或多个屏蔽电极。从主电极和屏蔽电极流出同一极性的电流。由于电流极性相同，互相之间排斥，主电极流出的电流被"挤压"成近似垂直于井壁的薄板状流入地层。这样可大大降低井眼和低阻围岩对视电阻率测量的影响。

侧向测井是目前在盐水钻井液井、高阻薄层地区或碳酸盐岩地区广泛使用的电阻率测井方法。侧向测井种类较多，双侧向测井是目前主要的常规电阻率测井方法。

本章将重点介绍三电极侧向测井（LL3，简称三侧向测井）、七电极侧向测井（LL7，简称七侧向测井）、双侧向测井（DLL）和方位侧向测井，以及确定冲洗带电阻率的微侧向测井（MLL）和微球形聚焦测井（MSFL）等，同时简要介绍阵列侧向测井、井壁电成像测井和过套管电阻率测井等方法。

第一节　三侧向测井

三侧向测井是三电极侧向测井的简称。早期的三侧向测井只有三个柱状电极，只测一条曲线。后来实际应用的三侧向测井包括深三侧向测井和浅三侧向测井，柱状电极的数量不是三个，但三侧向测井的说法保留了下来。

一、三侧向测井原理

三侧向测井电极系由三个柱状金属电极组成，主电极 A_0 位于中间、比较短，屏蔽电极 A_1 和 A_2 对称地排列在主电极 A_0 的上、下，电极之间用绝缘材料隔开（图4-1-1）。测井时，主电极和屏蔽电极通以相同极性的电流 I_0 和 I_s，并保持 I_0 为常数，采取自动控制 I_s 的方法，使得 A_0、A_1 和 A_2 三个电极上的电位趋于相等。这时，沿电极或井身纵向的电位梯度为零（$\frac{\partial U}{\partial z}=0$），从而保证从主电极流出的电流不会沿井轴方向流动。主电流 I_0 被挤压成大致呈盘状的层流如图4-1-1阴影部分所示。这个盘状层流或称主电流层的厚度约等于主电极长度加上主电极与每个屏蔽电极相隔距离的1/2，并且其厚度在一定径向距离内基本上保持不变。主电流层这种特性使得三侧向测井曲线有较高的纵向分层能力。

视电阻率 R_a 可表示为：

$$R_a = K \frac{U_{A_0}}{I_0} \qquad (4-1-1)$$

式中：U_{A_0} 为 A_0 电极表面的电位，V；I_0 为主电流强度，A；K 为三侧向电极系系数，m。

K 可用实验方法或理论计算求得。实验方法是，电极系置于电阻率 R 已知的均匀介质内，测出 U 和 I_0，因为 $R=R_a$，将 U、I_0 及 R 代入式（4-1-1）反求 K。

K 的理论计算方法，实际上是计算均匀介质中三侧向测井的电位。假设：将三侧向柱状电极系近似成无绝缘环存在的线电极；电极系全长为 $2L_0$，主电极全长为 $2L$，电极系半径为 r_0，且满足 $r_0 \ll L_0$；整个电流流出电流为 I，主电流为 I_0，电流密度 $J = \frac{I_0}{2L}$ 均匀地分布在线电极上；电极系位于电阻率为 R_t 的均匀介质中。坐标原点设在电极系的中点，同时 Z 轴与电极的轴线重合（图 4-1-2）。

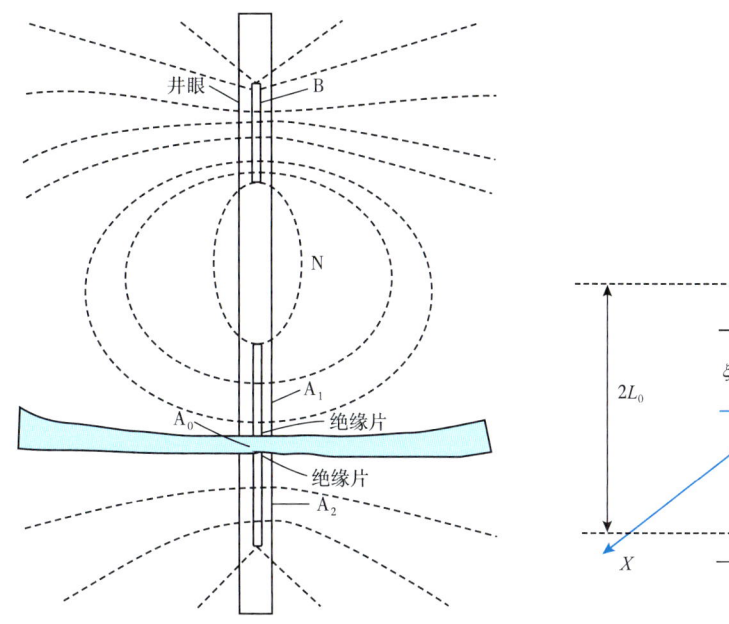
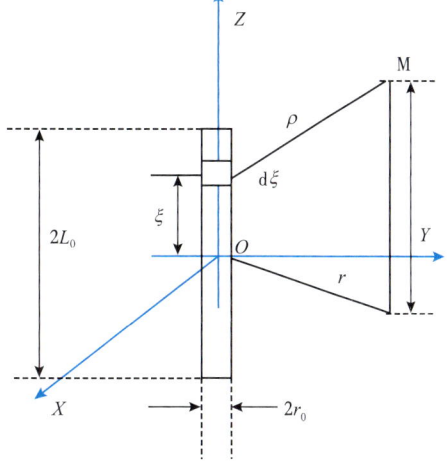

图 4-1-1　深三侧向测井电极系结构示意图　　图 4-1-2　柱状电极电场的计算示意图

在这种近似的线电极上取一小段 $d\xi$，离原点距离为 ξ。由 $d\xi$ 小段流出的电流 dI 在任意一点 M 处产生的电位是：

$$dU = \frac{R_t dI}{4\pi \rho} \qquad (4-1-2)$$

$$\rho = \sqrt{r^2 + (z-\xi)^2}$$

式中：ρ 为 $d\xi$ 到点 M 的距离。

根据假设，dI 又可写成：

$$dI = Jd\xi = \frac{I_0}{2L}d\xi \qquad (4-1-2')$$

将式（4-1-2'）代入式（4-1-2）中，可得：

$$dU = \frac{R_t I_0}{8\pi L} \frac{d\xi}{\sqrt{r^2 + (z-\xi)^2}}$$

则整个电极在点 M 处产生的电位为：

$$U = \int_{-L_0}^{L_0} \frac{R_t I_0}{8\pi L} \frac{d\xi}{\sqrt{r^2 + (z-\xi)^2}} = \frac{R_t I_0}{8\pi L} \ln \frac{\sqrt{r^2+(z-L_0)^2}-(z-L_0)}{\sqrt{r^2+(z+L_0)^2}-(z+L_0)} \qquad (4-1-2'')$$

式（4-1-2''）表明，在电阻率和电极系给定情况下，U 是坐标（r，z）的函数。若三侧向测井记录点的坐标取为 $z=0$，$r=r_0$，则记录点电位（即电极表面上的电位）为：

$$U(r_0, 0) = \frac{R_t I_0}{4\pi L} \ln \frac{\sqrt{r_0^2 + L_0^2} + L_0}{r_0} \qquad (4-1-3)$$

又因为 $L_0 \gg r_0$，式（4-1-3）可以近似为：

$$U(r_0, 0) = \frac{R_t I_0}{4\pi L} \ln \frac{2L_0}{r_0} \qquad (4-1-3')$$

将式（4-1-3'）代入式（4-1-1）中，得到计算电极系数 K 的近似公式，即：

$$K = \frac{4\pi L}{\ln \frac{2L_0}{r_0}} = \frac{2\pi(2L)}{\ln \frac{2L_0}{r_0}} \qquad (4-1-4)$$

根据前面分析所知，主电流层厚度近似为 $2L$。

需要指出，用式（4-1-4）计算出的 K 是近似的，因为在计算中把柱状电极近似成线状电极，同时忽略了绝缘环的存在。若考虑有绝缘环存在的线状电极，K 的计算公式如下：

$$K = \frac{4\pi(L + CH)}{\ln \frac{2L_0}{r_0}} \qquad (4-1-4')$$

式中：C 为常数，通常取为 1/3；H 为绝缘环的厚度。

由式（4-1-1）看出，三侧向测井的 R_a 与 U/I_0 成正比。通常把 U/I_0 称为主电极的接地电阻 P_g，即 $P_g=U/I_0$。该电阻可以看成是主电极流出的电流在径向流动时先后遇到的各电阻的串联值（图 4-1-3）：

$$P_g = P_m + P_{mc} + P_{xo} + P_i + P_t = \frac{U}{I_0} \qquad (4-1-4'')$$

式中：P_m 为钻井液中主电流经过部分的径向电阻；P_{mc} 为滤饼中主电流经过部分的径向电阻；P_{xo} 为冲洗带中主电流经过部分的径向电阻；P_i 为过渡带主电流经过部分的径向电阻；P_t 为原状地层中主电流经过部分的径向电阻。

三侧向测井的 R_a 实际上反映了主电极接地电阻的变化。

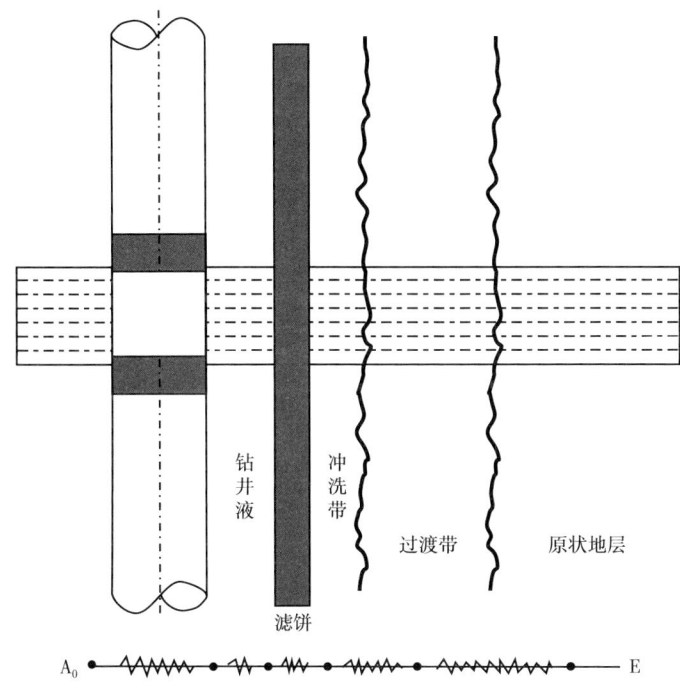

图 4-1-3　三侧向测井接地电阻示意图

式（4-1-1）与式（4-1-4″）联立解得：

$$R_a = KP_g \tag{4-1-4‴}$$

若把地层简化为分区均匀介质，主电流主要流经井眼、冲洗带和原状地层，则视电阻率可以表达为：

$$R_a = KP_g = J_m R_m + J_{xo} R_{xo} + J_t R_t$$

式中：R_m、R_{xo}、R_t 分别为钻井液、冲洗带和原状地层电阻率；J_m、J_{xo}、J_t 分别为钻井液、冲洗带和原状地层的贡献权系数，称为伪几何因子。

R_a 是各分区电阻率的加权求和，其权系数为各区域的伪几何因子。有关侧向测井伪几何因子理论及应用，可参看附录 B。

在三侧向测井中，为了了解径向电阻率（如侵入带及原状地层的电阻率）的变化，提出了深三侧向测井和浅三侧向测井。深三侧向测井的探测深度较深，主要反映原状地层电阻率变化，其电极系结构如图 4-1-1 所示。浅三侧向测井的探测深度较浅，主要反映侵入带地层的电阻率变化，电极系结构如图 4-1-4 所示，其特点是：屏蔽电极 A_1、A_2 的尺寸比深三侧向的要短，并在 A_1 和 A_2 外面加上两个极性相反的电极 B_1 和 B_2，它们是主电流及屏蔽电流的回路电极。深、浅三侧向的测井原理是一样的，不同的是电极系结构有所差别，也就是探测深度不同。

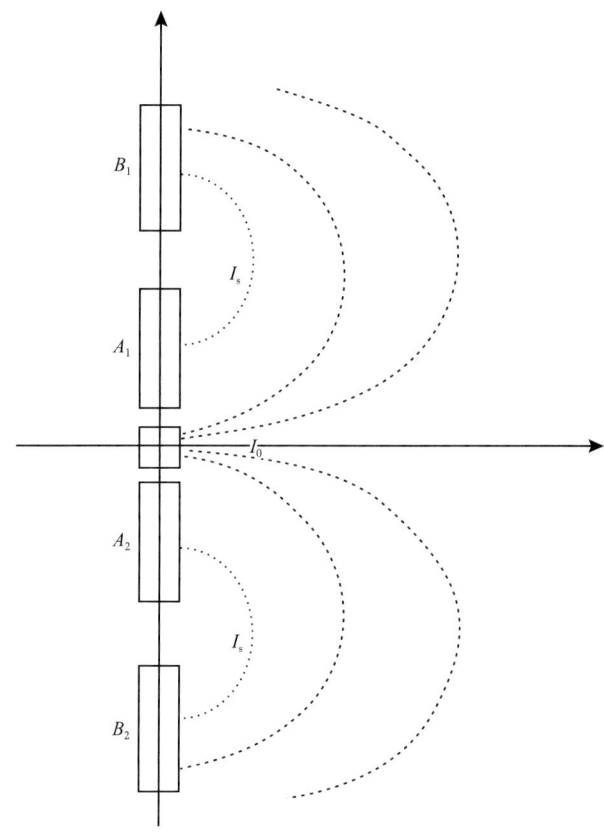

图 4-1-4 浅三侧向电极系结构示意图

此处列出两种实际应用的深、浅三侧向测井电极系，电极系尺寸（单位：m）如下：

其一：

深三侧向 $\qquad \dfrac{1.7}{A_1} 0.025 \dfrac{0.15}{A_0} 0.025 \dfrac{1.7}{A_2}$

浅三侧向 $\qquad \dfrac{1.1}{B_1} 0.2 \dfrac{0.4}{A_1} 0.025 \dfrac{0.15}{A_0} 0.025 \dfrac{0.4}{A_2} 0.2 \dfrac{1.1}{B_2}$

其二：

深三侧向（A_1 与 A'_1 连接、A'_2 与 A_2 连接）

$$\dfrac{1.6}{A'_1} 0.3 \dfrac{0.7}{A_1} 0.025 \dfrac{0.15}{A_0} 0.025 \dfrac{0.7}{A_2} 0.3 \dfrac{1.6}{A'_2}$$

浅三侧向

$$\dfrac{1.6}{B_1} 0.3 \dfrac{0.7}{A_1} 0.025 \dfrac{0.15}{A_0} 0.025 \dfrac{0.7}{A_2} 0.3 \dfrac{1.6}{B_2}$$

本电极系 K：K_d=0.2m，K_s=0.35m；仪器全长：5.4m；仪器直径：0.089m。

侧向测井电极系书写方法：按照电极系在井中自上而下的顺序，写出电极名称和电极之间的距离，并在各电极名称上部给出对应电极的长度。K_d、K_s分别表示深、浅三侧向电极系系数。

二、三侧向测井视电阻率曲线

为了正确地使用三侧向测井视电阻率曲线，提高测井曲线在综合解释中的地质效果，必须要掌握R_a曲线的形状、变化特征等。三侧向测井的R_a理论曲线，可以通过电模型实验或理论计算（如有限元素法等）得到。图4-1-5为数值模拟曲线。地层模型是：$h/d=4$、$R_t/R_m=40$、$R_s/R_m=1$，其中h和d表示地层厚度和井径，R_t、R_s及R_m分别为地层电阻率、围岩电阻率及钻井液电阻率。从图4-1-5中可看到：在上下围岩电阻率相等时，视电阻率曲线关于地层中部对称；对着高阻层的视电阻率最大值在地层的中点，受相邻的高阻层影响较小，是地层视电阻率曲线最具特征的数值。

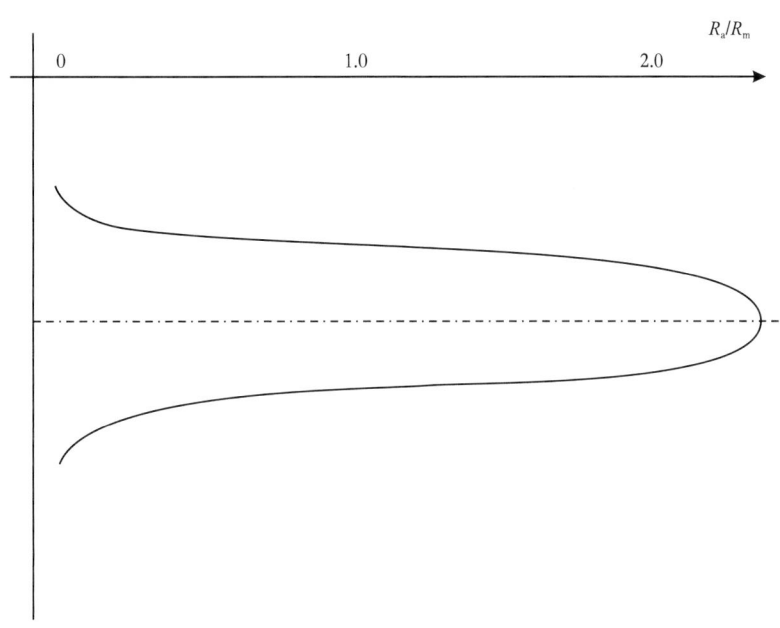

图4-1-5 单一高电阻地层三侧向测井视电阻率曲线

通常，影响视电阻率曲线的因素有两类，即电极系参数和地层参数。电极系参数包括电极系长度、主电极长度及电极系直径。电极系越长主电流聚焦越好，则主电流进入地层的深度也越深。但计算表明，当电极系尺寸大到一定程度后，再改变电极系长度对探测深度几乎没有什么影响。另外，主电极长度对视电阻率曲线的纵向分层能力有影响，主电极越短分层能力越强。为了划分地层剖面应当选择合适的主电极长度，一般应为井径的0.5~0.75倍。电极系直径对R_a也有影响，这是钻井液的分流作用减少或增加的结果。地层参数主要是钻井液、侵入带、围岩和邻层的电阻率。通常钻井液、侵入带和围岩的电阻率较低，导致R_a数值降低。一般相邻高阻层对R_a读数影响较小。例如图4-1-6中有上下两个高电阻层，相距4倍井径（约1.2m），当下层电阻率由$10R_m$变到$100R_m$时，上层的视电阻率只变化10%。

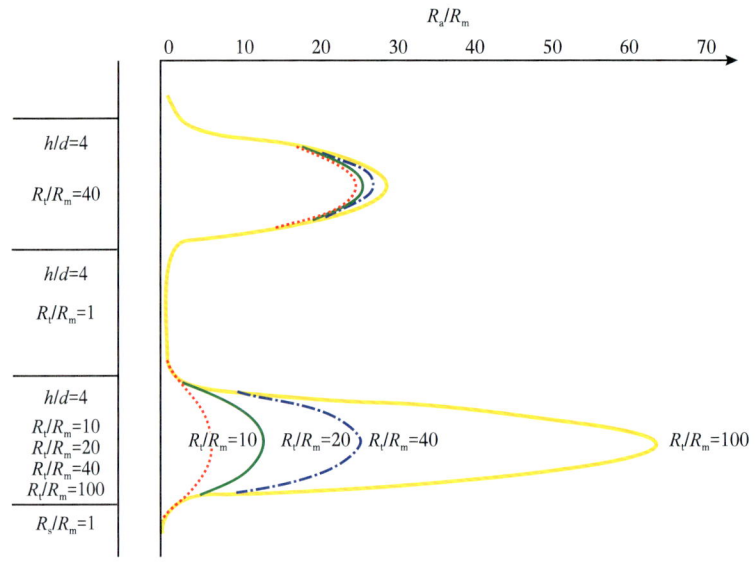

图 4-1-6　相邻两高阻层的三侧向测井视电阻率曲线

三、三侧向测井视电阻率曲线校正

对视电阻率曲线校正可以采用传统的图版校正法。所用的校正图版是单因素校正图版，即井眼、层厚—围岩及钻井液侵入校正图版，反映三侧向测井（及其他侧向测井）的视电阻率受井眼、层厚—围岩及钻井液侵入的影响。

1. 井眼校正图版

图 4-1-7 是井眼校正图版，视电阻率（深侧向视电阻率用 R_{LL3}^d 表示，浅侧向视电阻率用 R_{LL3}^s 表示）与钻井液电阻率 R_m 的比值 R_{LL3}^d/R_m 或 R_{LL3}^s/R_m 作为横坐标，校正系数 $R_{LL3,d}^d/R_{LL3}^d$ 或 $R_{LL3,d}^s/R_{LL3}^s$ 为纵坐标，井径 d 为图版模数。该井眼校正图版是将厚度无限大、无钻井液侵入的地层的视电阻率 R_{LL3}^d 或 R_{LL3}^s 校正成真电阻率 R_t。校正方法是：视电阻率乘上校正系数即可得经井眼校正后的视电阻率 $R_{LL3,d}^d$ 或 $R_{LL3,d}^s$。在地层无限厚、无侵入条件下，$R_{LL3,d}^d=R_t$ 或 $R_{LL3,d}^s=R_t$，在其他条件下这个等式不成立。

对井眼校正图版的曲线形状作进一步分析。在有井眼的条件下，从主电极 A_0 发出的电流线受到分流作用和折射作用的影响。所谓分流作用，就是由于高电阻地层（地层的电阻率总是高于钻井液电阻率）的存在，从主电极流出的电流总是"避开"这个高电阻地层，故在井眼内流过的一段路径要加长，电流线呈辐射状如图 4-1-8 所示。当电流线达到地层和钻井液的分界面——井壁时，又发生了第二种作用即折射作用。折射的结果总是使电流线在高电阻率一方更靠近法线方向，分流和折射的结果使有井眼的电流线不同于无井眼时的电流线（图 4-1-8）。分流使 r 轴上的电流密度降低，从而使视电阻率降低；折射使 r 轴上的电流密度增高，从而使视电阻率增高。当 R_t/R_m 小时，井眼的分流影响是主要的，因而校正系数大于 1；当 R_t/R_m 大到一定程度时，井壁折射的影响是主要的，因而校正系数小于 1，这种现象在深侧向测井中表现得最为明显，如图 4-1-7 所示。

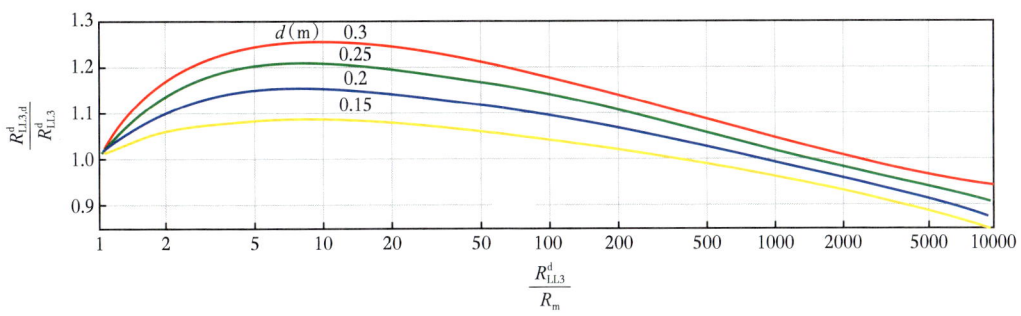

a. 深三侧向测井井眼校正图版

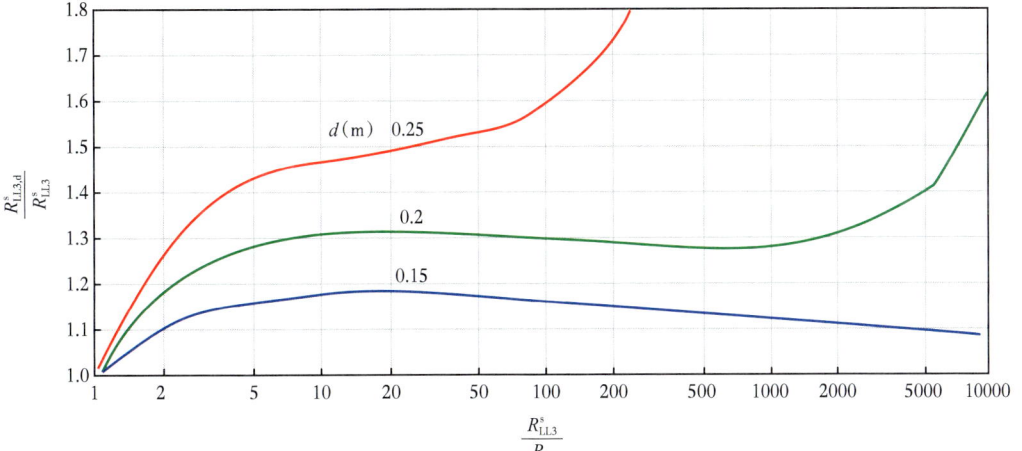

b. 浅三侧向测井井眼校正图版

图 4-1-7　深、浅三侧向测井井眼校正图版

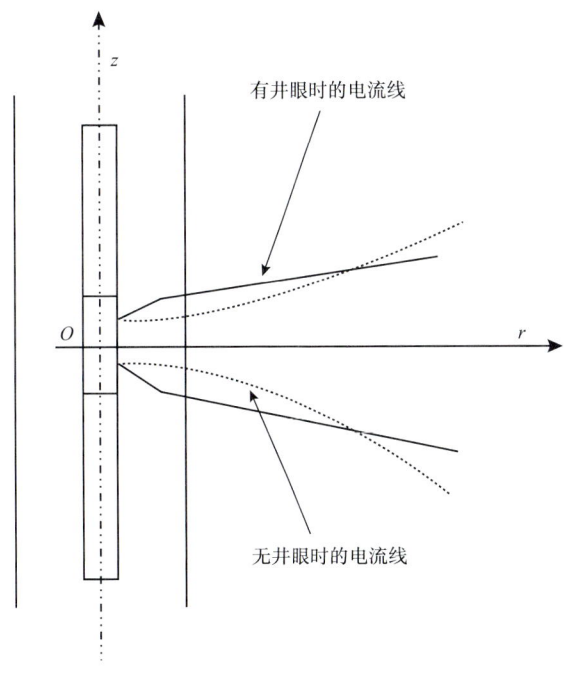

图 4-1-8　电流线的分流和折射示意图

2. 层厚—围岩校正图版

图 4-1-9 是层厚—围岩校正图版：模数是 R_{LL3}^d/R_s 或 R_{LL3}^s/R_s，其中 R_s 表示围岩电阻率。在用该围岩校正图版之前，要求对视电阻率进行井眼校正，把经过井眼校正后的视电阻率乘上层厚—围岩校正图版中相应的校正系数，即得到经井眼、层厚—围岩校正后的视电阻率。在无钻井液侵入的情况下，该校正后的视电阻率就等于地层真电阻率。

从图 4-1-9 中可以看出：$R_{LL3}^d/R_s > 1$ 或 $R_{LL3}^s/R_s > 1$ 时，校正系数大于 1；当 $R_{LL3}^d/R_s < 1$ 或 $R_{LL3}^s/R_s < 1$ 时，校正系数小于 1。其原因为：当 $R_{LL3}^d/R_s > 1$（或 $R_{LL3}^s/R_s > 1$）时，低阻围岩对电流线有"吸引"作用，从而使视电阻率降低，因此校正系数必须大于 1，反之，会得到相反结论。从图 4-1-10 中可见到这种现象。

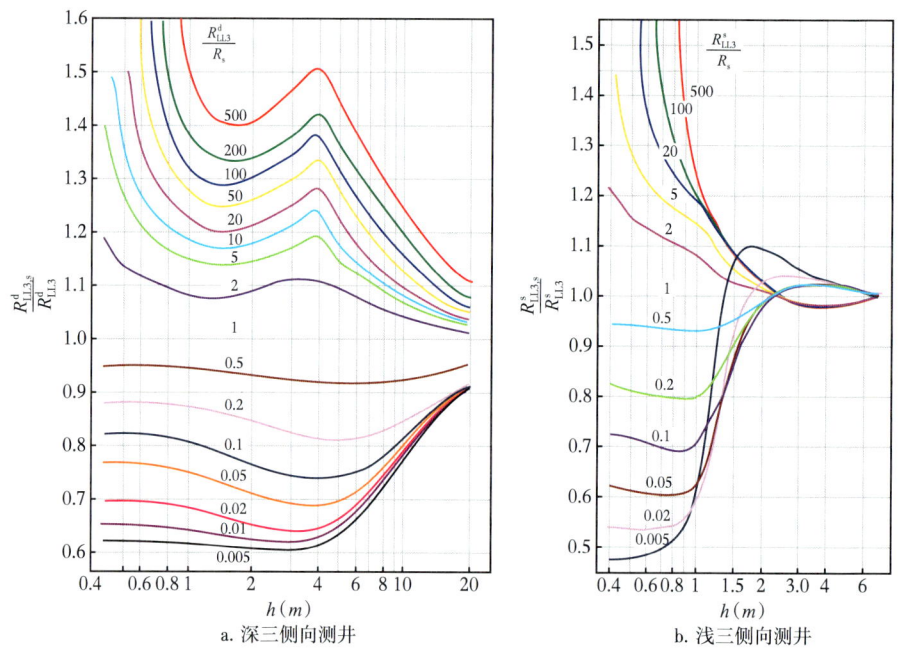

a. 深三侧向测井　　　b. 浅三侧向测井

图 4-1-9　深、浅三侧向测井层厚—围岩校正图版

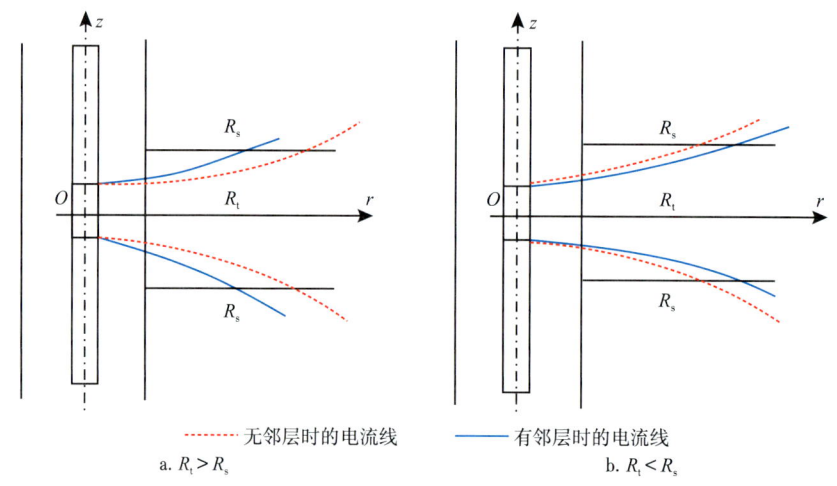

a. $R_t > R_s$　　　b. $R_t < R_s$

图 4-1-10　围岩对电流的影响示意图

3. 侵入校正图版

可利用侵入校正图版确定地层真电阻率 R_t 及侵入带直径 d_i。图 4-1-11 为三侧向测井侵入校正图版，d_i 和 R_t/R_{xo} 为图版的曲线参数。需指出，在进行侵入校正前，须对视电阻率进行井眼和围岩校正。$R_{LL3,c}^d$ 和 $R_{LL3,c}^s$ 就是经过这两种校正后的视电阻率。在进行侵入校正时，需要用其他测井方法预先确定出地层的冲洗带电阻率，然后，根据 $R_{LL3,c}^d/R_{xo}$ 和 $R_{LL3,c}^d/R_{LL3,c}^s$ 查图 4-1-11，得到 R_t 及 d_i。

需要指出三点：其一，利用校正图版进行环境校正的顺序通常是先做井眼校正，然后是层厚—围岩校正，最后是侵入校正；实际校正时，后一步校正的输入是前一步校正的输出；其二，不同测井服务公司的仪器存在差别，需要根据具体仪器选择对应的解释图版；其三，为了保证环境校正的准确性，在有条件的情况下，可以结合目标地区的地质特点制作相应的校正图版，从而减少误差，增加校正结果的可信度。

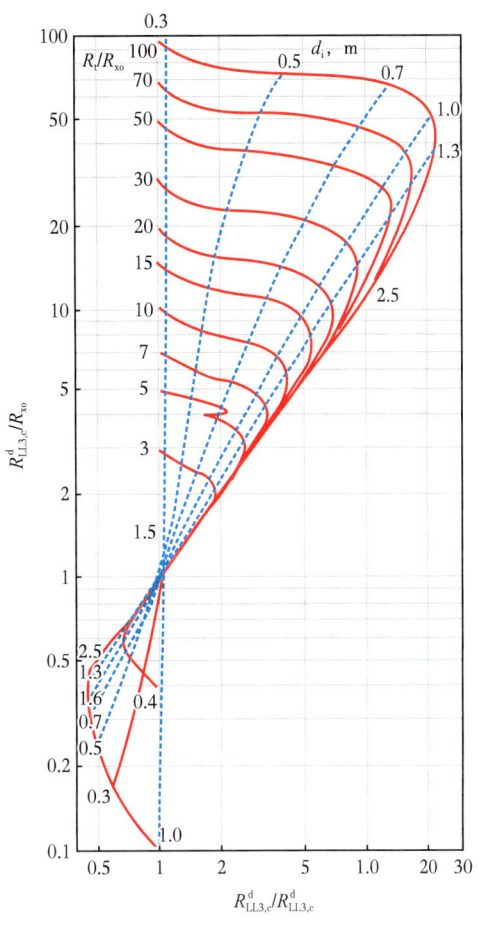

图 4-1-11 三侧向测井侵入校正图版

四、三侧向测井资料的应用

三侧向测井视电阻率曲线具有下列用途。

（1）划分岩性剖面：三侧向测井受井眼、层厚、邻层的影响较小，纵向分层能力较强。通常在视电阻率曲线开始急剧上升的位置为地层界面。

（2）根据深、浅三侧向测井视电阻率曲线的幅度差判断油、水层：对于油层多为减阻侵入，即深三侧向测井的视电阻率大于浅三侧向测井的视电阻率，曲线出现正幅度差（称为正差异）；水层常为增阻侵入，即深三侧向测井的视电阻率小于浅三侧向测井的视电阻率，曲线出现负幅度差（称为负差异），如图 4-1-12 所示。

（3）确定地层真实电阻率：通常可以根据测得的视电阻率，用上述相应的解释校正图版进行地层电阻率等参数的求解。

综上所述，三侧向测井由于屏蔽电流作用，主电流被聚焦成近似垂直于井壁的盘状流入地层，钻井液的分流影响小，测量结果主要取决于地层的电阻率，适合于在高矿化度钻井液的井中使用。另外，由于主电极较短、主电流又成近似垂直井壁的盘状流入地层，因而降低了上下围岩的影响，有利于划分薄层，能清楚地划分出 0.4~0.5m 的薄地层。所以三侧向测井在高矿化度钻井液和高阻薄层的井中，测量效果比普通电阻率法测井要好。但是实践表明：当地层侵入较深时（$d_i > 1.6$m），深三侧向测井的视电阻率曲线受侵入带电阻率影响较大，即深三侧向测井的探测深度还不够深；另外浅三侧向测井的探测深度又不够浅，测量结果受原状地层电阻率影响大。这样就导致了在渗透层处,深、浅三侧向测井视电阻率曲线幅度差可能不明显,难于据此判断油、水层,给综合解释造成困难。

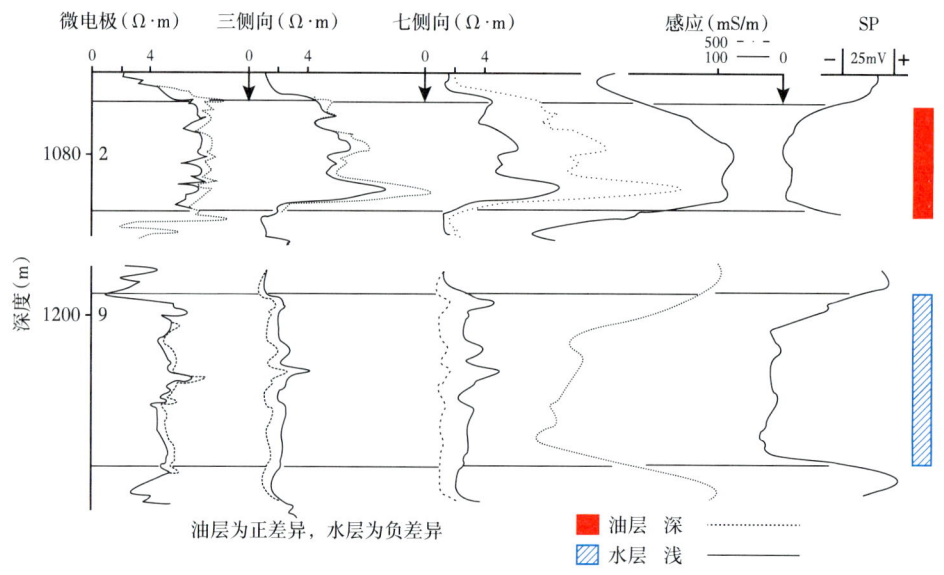

图 4-1-12　深、浅三侧向和七侧向测井曲线

第二节　七侧向测井

七侧向测井是七电极侧向测井的简称,早期的七侧向测井有七个电极,只测一条曲线。实际应用的七侧向测井包括深七侧向测井和浅七侧向测井,电极的数量不再是七个,但七侧向测井的说法保留了下来,并在七侧向测井基础上发展了八侧向测井。

一、七侧向测井原理

七侧向测井电极系包括七个体积均较小的环状电极,如图 4-2-1 所示。其中,A_0 是主电极,M_1、M_2 和 M_1'、M_2' 是两对监督电极,A_1、A_2 是一对屏蔽电极。以主电极为中心,这三对电极对称地排列在其上、下两端,每对电极用导线连接。因此,M_1、M_2 具有相同的电位,电极 M_1'、M_2' 及电极 A_1、A_2 也具有同样的特点。测井时,主电极和屏蔽电极分别供给极性相同的电流 I_0 和 I_s,并自动调节屏蔽电流 I_s,使得两对监督电极 M_1、M_2 和 M_1'、M_2' 上的电位保持相同,即 $U_{M_1}=U_{M_1'}$ 或 $U_{M_2}=U_{M_2'}$。由于 M_1、M_1' 两等位面之间及 M_2、M_2' 两等位面之间不可能有电流流动,所以无论从主电极或屏蔽电极流出的电流都在 M_1、M_1' 及 M_2、M_2' 处拐弯,即迫使主电极 A_0 流出的电流不沿井轴方向流动,而垂直电极系流入地层,其电流分布如图 4-2-1 所示。主电流层(图 4-2-2 中的阴影部分)的厚度等于 O_1O_2(O_1 是 M_1 和 M_1' 的中点,O_2 是 M_2 和 M_2' 的中点)之间的距离。

视电阻率 R_a 表示为:

$$R_a = K\frac{U_{M_1}}{I_0} \tag{4-2-1}$$

式中：U_{M_1} 为在点 M_1 处的电位；K 为七侧向电极系系数，可以通过实验或理论计算得到。

测井时，U_{M_1} 是测量点 M_1 和无穷远处测量电极 N（即参考电极）之间的电位差。由于电极 N 较远，近似认为 $U_N=0$，所以点 M_1 和 N 之间的电位差实际上就等于点 M_1 处的电位 U_{M_1}；K 可以通过电模型或水池实验求得，也可由理论计算得到。

由式（4-2-1）看出，当主电流 I_0 保持恒定，测量点 M_1 处的电位 U_{M_1} 的变化，就反映了地层电阻率的变化，即视电阻率和点 M_1 处的电位成正比。

根据探测深度的不同，七侧向测井又分为深七侧向测井和浅七侧向测井。深七侧向测井电极系结构如图 4-2-1 所示，视电阻率曲线主要反映原状地层电阻率及其变化。浅七侧向测井探测深度较浅，视电阻率曲线主要反映地段侵入带电阻率及其变化。浅七侧向测井电极系结构如图 4-2-2 所示，即回流电极 B 分成两个（B_1 和 B_2），放置在屏蔽电极 A_1 和 A_2 的外侧。

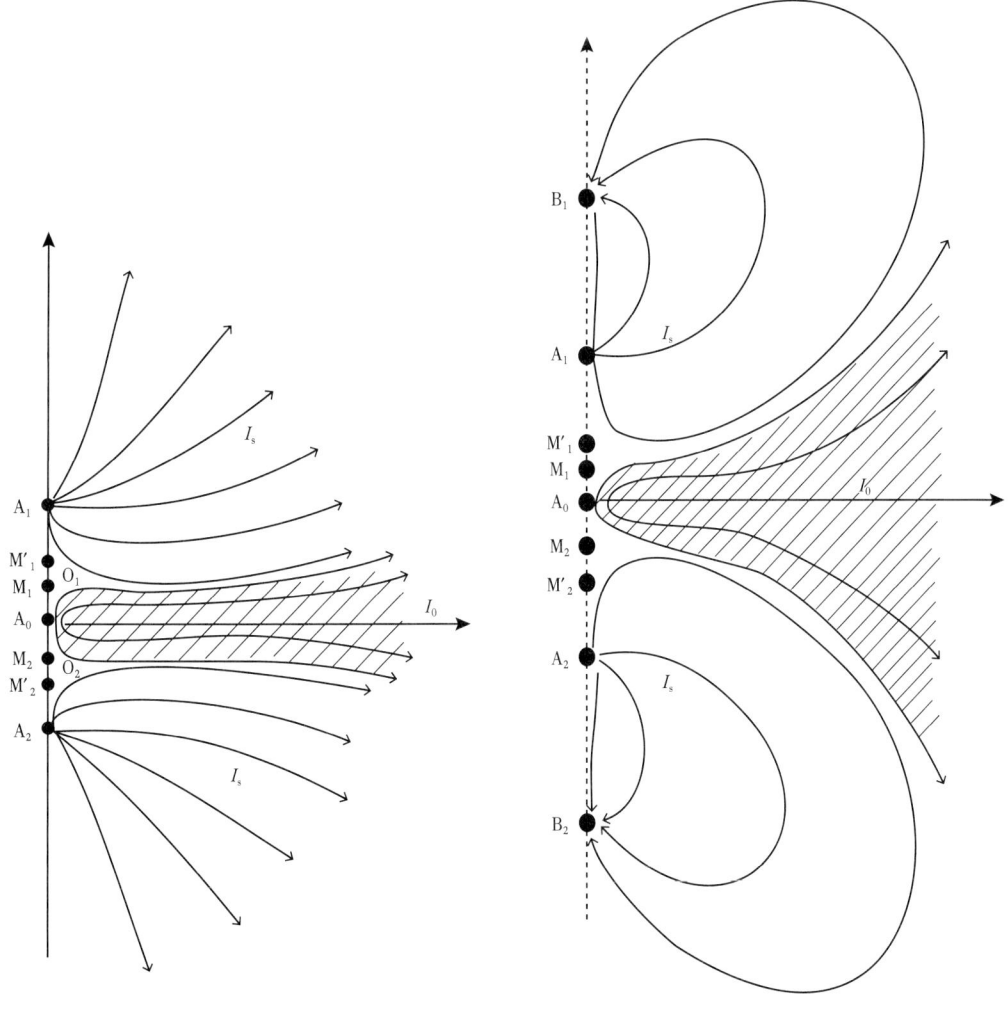

图 4-2-1　深七侧向测井电极系结构和电流分布示意图　　图 4-2-2　浅七侧向测井电极系结构和电流分布示意图

下面说明 K 的计算方法。假设将七侧向测井电极系的环状电极视为点电极，根据电场的叠加原理，可分别推导出深七侧向测井和浅七侧向电极系系数的计算公式。

深七侧向测井电极系数 K_d 的计算方法：设七侧向测井在电阻率为 R_t 的均匀介质中测量，主电极 A_0 的电流强度是 I_0，屏蔽电极 A_1、A_2 的电流强度是 I_s。根据电场的叠加原理，由点电源（已假设电极 A_0、A_1 及 A_2 为点电极）产生的电场，在监督电极 M_1 处的电位是：

$$U_{M_1} = \frac{R_t I_0}{4\pi} \frac{1}{\overline{A_0 M_1}} + \frac{R_t I_s}{8\pi}\left(\frac{1}{\overline{A_1 M_1}} + \frac{1}{\overline{A_2 M_1}}\right)$$

令屏流比 η_0：

$$\eta_0 = \frac{I_s}{I_0}$$

则：

$$U_{M_1} = \frac{R_t I_0}{4\pi}\left[\frac{1}{\overline{A_0 M_1}} + \frac{1}{2}\eta_0\left(\frac{1}{\overline{A_1 M_1}} + \frac{1}{\overline{A_2 M_1}}\right)\right] \quad (4\text{-}2\text{-}2)$$

式中：$\overline{A_0 M_1}$、$\overline{A_1 M_1}$、$\overline{A_2 M_1}$ 为电极 M_1 到相应供电电极的距离。

同理，监督电极 M_1' 处的电位是：

$$U_{M_1'} = \frac{R_t I_0}{4\pi}\left[\frac{1}{\overline{A_0 M_1'}} + \frac{1}{2}\eta_0\left(\frac{1}{\overline{A_1 M_1'}} + \frac{1}{\overline{A_2 M_1'}}\right)\right] \quad (4\text{-}2\text{-}3)$$

式中：$\overline{A_0 M_1'}$、$\overline{A_1 M_1'}$、$\overline{A_2 M_1'}$ 为电极 M_1' 到相应供电电极的距离。

测井时，自动调节屏流，使得 $U_{M_1} = U_{M_1'}$，这时的屏流比 η_0 应有确定的数值。令式（4-2-2）等号右侧与式（4-2-3）等号右侧相等，便推导出计算屏流比的公式：

$$\eta_0 = 2\frac{\overline{A_1 M_1} \cdot \overline{A_1 M_1'} \cdot \overline{A_2 M_1} \cdot \overline{A_2 M_1'}}{\overline{A_0 M_1} \cdot \overline{A_0 M_1'}\left(\overline{A_2 M_1} \cdot \overline{A_2 M_1'} - \overline{A_1 M_1} \cdot \overline{A_1 M_1'}\right)} \quad (4\text{-}2\text{-}4)$$

由于七侧向测井电极系中，电极 M_1 与 M_1'、电极 M_2 与 M_2' 之间的距离很小，因而下列等式成立：

$$\overline{A_0 M_1} \approx \overline{A_0 M_1'} \approx \overline{A_0 O_1}$$
$$\overline{A_1 M_1} \approx \overline{A_1 M_1'} \approx \overline{A_1 O_1}$$
$$\overline{A_2 M_1} \approx \overline{A_2 M_1'} \approx \overline{A_2 O_1}$$

这样，式（4-2-4）进一步简化，得到：

$$\eta = \frac{2\overline{A_1 O_1}^2 \cdot \overline{A_2 O_1}^2}{\overline{A_0 O_1}^2\left(\overline{A_2 O_1}^2 - \overline{A_1 O_1}^2\right)} = \frac{2}{\left(\dfrac{\overline{A_0 O_1}}{\overline{A_1 O_1}}\right)^2 - \left(\dfrac{\overline{A_0 O_1}}{\overline{A_2 O_1}}\right)^2} \quad (4\text{-}2\text{-}5)$$

根据式（4-2-1）和式（4-2-2），得到 K_d 的计算公式：

$$K_d = \frac{4\pi}{\dfrac{1}{\overline{A_0 M_1}} + \dfrac{1}{2}\eta_0\left(\dfrac{1}{\overline{A_1 M_1}} + \dfrac{1}{\overline{A_2 M_1}}\right)}$$

将式（4-2-4）或式（4-2-5）代入上式，就可求得 K_d。若把式（4-2-4）代入，则得到：

$$K_\mathrm{d} = 4\pi \frac{\overline{A_0M_1} \cdot \overline{A_0M_1'} \left(\overline{A_0M_1} + \overline{A_0M_1'} \right)}{\overline{A_0A_1}^2 + \overline{A_0M_1} \cdot \overline{A_0M_1'}} \tag{4-2-6}$$

浅七侧向测井电极系数 K_s 的计算方法：假设条件和计算方法与深七侧向测井情况完全相同，差别只是多了两个回流电极 B_1 和 B_2。假设回流到电极 B_1、B_2 的电流为 I，则与 I_0 和 I_s 有如下关系：

$$I_0 + I_\mathrm{s} = I \tag{4-2-7}$$

令屏流比 η_1：

$$\eta_1 = \frac{I_\mathrm{s}}{I_0}$$

则点电源在监督电极 M_1 处产生的电位为：

$$\begin{aligned}
U_{M_1} &= \frac{R_\mathrm{t} I_0}{4\pi} \frac{1}{\overline{A_0M_1}} + \frac{R_\mathrm{t} I_\mathrm{s}}{8\pi} \frac{1}{\overline{A_1M_1}} + \frac{R_\mathrm{t} I_\mathrm{s}}{8\pi} \frac{1}{\overline{A_2M_1}} \\
&\quad - \frac{R_\mathrm{t} I_0 (1+\eta_1)}{8\pi} \frac{1}{\overline{B_1M_1}} - \frac{R_\mathrm{t} I_0 (1+\eta_1)}{8\pi} \frac{1}{\overline{B_2M_1}} \\
&= \frac{R_\mathrm{t} I_0}{4\pi} \left[\frac{1}{\overline{A_0M_1}} + \frac{\eta_1}{2} \left(\frac{\overline{A_2M_1} + \overline{A_1M_1}}{\overline{A_1M_1} \cdot \overline{A_2M_1}} \right) - \frac{1+\eta_1}{2} \left(\frac{\overline{B_2M_1} + \overline{B_1M_1}}{\overline{B_1M_1} \cdot \overline{B_2M_1}} \right) \right]
\end{aligned} \tag{4-2-8}$$

同理，在监督电极 M_1' 处的电位为：

$$U_{M_1'} = \frac{R_\mathrm{t} I_0}{4\pi} \left[\frac{1}{\overline{A_0M_1'}} + \frac{\eta_1}{2} \left(\frac{\overline{A_2M_1'} + \overline{A_1M_1'}}{\overline{A_1M_1'} \cdot \overline{A_2M_1'}} \right) - \frac{1+\eta_1}{2} \left(\frac{\overline{B_2M_1'} + \overline{B_1M_1'}}{\overline{B_1M_1'} \cdot \overline{B_2M_1'}} \right) \right] \tag{4-2-9}$$

测井时，自动调节屏流，使得 $U_{M_1} = U_{M_1'}$。因此，由式（4-2-8）和式（4-2-9）确定出屏流比 η_1，即：

$$\eta_1 = \frac{2\overline{M_1M_1'} - \beta \overline{A_0M_1} \cdot \overline{A_0M_1'}}{\gamma A_1A_2 + \beta B_1B_2} \tag{4-2-10}$$

其中：

$$\left. \begin{aligned}
\beta &= \frac{\overline{B_1M_1'} \cdot \overline{B_2M_1'} - \overline{B_1M_1} \cdot \overline{B_2M_1}}{\overline{B_1M_1} \cdot \overline{B_2M_1} \cdot \overline{B_1M_1'} \cdot \overline{B_2M_1'}} \\
\gamma &= \frac{\overline{A_1M_1} \cdot \overline{A_2M_1} - \overline{A_1M_1'} \cdot \overline{A_2M_1'}}{\overline{A_1M_1'} \cdot \overline{A_2M_1'} \cdot \overline{A_1M_1} \cdot \overline{A_2M_1}}
\end{aligned} \right\} \tag{4-2-11}$$

由式（4-2-1）和（4-2-8），推导出 K_s 的计算公式：

$$K_s = \cfrac{4\pi}{\cfrac{1}{\overline{A_0 M_1}} + \cfrac{\eta_1}{2}\left(\cfrac{\overline{A_1 A_2}}{\overline{A_1 M_1} \cdot \overline{A_2 M_1}} - \cfrac{\overline{B_1 B_2}}{\overline{B_1 M_1} \cdot \overline{B_2 M_1}}\right) - \cfrac{\overline{B_1 B_2}}{2}\cfrac{1}{\overline{B_1 M_1} \cdot \overline{B_2 M_1}}} \quad （4-2-12）$$

将式（4-2-10）代入式（4-2-12），就可得到计算 K_s 的公式。

在七侧向测井电极系中，一般用四个参数来表示电极系结构和特性。这四个参数是电极系长度 L_0、电极距 L、分布比 s 和聚焦参数 q。下面分别说明这四个参数的作用。

L_0：把 A_1 与 A_2 之间的距离称为电极系长度，即 $L_0 = \overline{A_1 A_2}$。电极系长度 L_0 主要影响探测深度。L_0 加长，探测深度增加，反之，则探测深度变浅。但应注意，L_0 过长了，除使用不方便，围岩及邻层对测量结果的影响也相应增大。

L：L 是 O_1 与 O_2 之间的距离，即 $L = \overline{O_1 O_2}$（O_1 是 M_1 与 M_1' 的中点，O_2 是 M_2 与 M_2' 的中点）。L 的大小主要决定七侧向测井的纵向分层能力。L 较小，纵向分层能力强，能划分出较薄的地层。

s：把比值 L_0/L 称为分布比，即 $s=L_0/L$。它主要影响主电流层的形状。s 过大，不仅要求屏流比 η_0 大，而且对测量的影响因素复杂；s 过小，主电流聚焦差。计算指出，$1 < s < 3 \sim 3.5$ 较好。这时主电流基本上沿着垂直电极系方向进入地层。

q：$(L_0-L)/L$ 称为聚焦参数，即 $q=(L_0-L)/L=s-1$，主要决定电极系的电流分布。

下面给出一种现场使用的深、浅七侧向测井电极系，尺寸如下（单位：m）。

深七侧向测井：

$$\frac{0.025}{A_1} 0.638 M_1' 0.112 M_1 0.25 \frac{0.02}{A_0} 0.25 M_2 0.112 M_2' 0.638 \frac{0.025}{A_2}$$

$$s=3.27 \quad K_d=0.636\text{m} \quad L_0=2.07\text{m}$$

浅七侧向测井：

$$\frac{0.025}{B_1} 0.5 \frac{0.025}{A_1} 0.25 M_1' 0.083 M_1 0.167 \frac{0.02}{A_0} 0.167 M_2 0.083 M_2' 0.25 \frac{0.025}{A_2} 0.5 \frac{0.025}{B_2}$$

$$s=2.4 \quad K_s=1.175\text{m} \quad L_0=1.07\text{m}$$

电极系直径：0.102m。

所标数值意义与三侧向测井电极系的相同，未标长度的电极可近似看作点电极。

根据列出的深、浅七侧向测井电极系结构可以看出，深、浅七侧向测井 L（即 $\overline{O_1 O_2}$）是不相同的，深七侧向测井 $L=0.632$m，浅七侧向测井 $L=0.437$m。因此，深、浅七侧向测井的分层能力是不相同的，同时受围岩的影响亦不一样。但是，深、浅三侧向测井的 L 是相同的。

二、七侧向测井视电阻率曲线及其校正

根据模拟方法得到的七侧向测井视电阻率曲线如图 4-2-3 所示，当上下围岩电阻率

相同时，对应高阻厚层的视电阻率曲线对称于地层中部；在地层的上、下界面附近视电阻率曲线出现两个"尖子"。这两个"尖子"是在 $\overline{O_1O_2}$ 刚刚进入高阻地层或即将离开的时刻测到的。在这两个特殊的位置上，屏流比最大。通常，取地层中部对应的视电阻率读数作为解释时用的视电阻率。

与三侧向测井视电阻率校正类似，可以采用解释图版，对七侧向测井曲线分别进行井眼、层厚—围岩及侵入校正，得到地层真实电阻率，此处不再赘述。

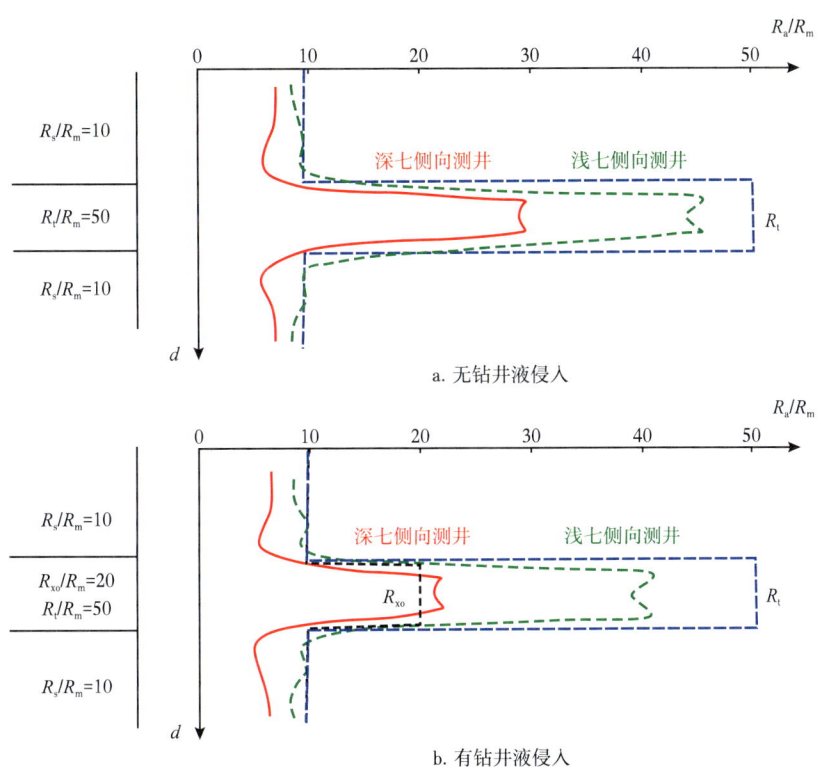

图 4-2-3　高阻地层七侧向测井视电阻率曲线

三、七侧向测井资料的应用

根据七侧向测井视电阻率曲线，可以划分地层剖面。利用测井解释图版可确定出地层电阻率及侵入带直径。另外，根据深、浅七侧向测井探测深度不同，可利用视电阻率曲线幅度差判断油、水层。和三侧向测井一样，对于油层来说，深、浅七侧向测井视电阻率曲线出现正幅度差；对于水层来说，则出现负幅度差，如图 4-1-12 所示。

需要特别指出的是，在无钻井液侵入的情况下，有时深、浅七侧向测井的视电阻率也会出现负幅度差。图 4-2-3a 可以看到这种现象，这给准确判断油、水层带来困难。因此，为了正确判断油、水层，需要结合其他测井资料综合分析，得出正确结论。产生这种现象（即无钻井液侵入时，浅七侧向测井视电阻率读数大于深七侧向视电阻率读数）的主要原因是低阻围岩对电流线的"吸引"程度对深、浅七侧向不一样。

总之，从探测深度来看，七侧向测井的探测深度比三侧向测井要深些。在三侧向测井中，由于屏蔽电极的长度有限，因此主电流在离开主电极 A_0 后，就开始缓慢地发散，

离 A_0 越远，发散越甚，这就使得三侧向测井的探测深度浅。在七侧向测井中，是利用监督电极之间的电位差来控制屏蔽电流，当分布比 $\overline{A_1A_2}/\overline{O_1O_2}$（或 L_0/L）较大时，屏蔽电流较大，主电流层在较大的范围内收敛，使七侧向测井电极系具有比三侧向测井电极系较大的探测深度。但是，分布比越大，主电流层的收敛越强烈，井眼和围岩的影响就越复杂，因此难以对视电阻率进行准确的校正，这又限制了用加长 $\overline{A_1A_2}$ 来增加七侧向测井的探测深度的效果。鉴于此，便又提出了双侧向测井。

四、八侧向测井简介

八侧向测井是侧向测井的一种，常用 LL8 或 RFOC 表示，原理与七侧向测井相似，只是电极距较小，电流回路电极距离主电极 A_0 较近，因此探测深度很浅（约 30~40cm），纵向分层能力较强。它是研究 R_{xo} 的常用方法之一，国内，通常与双感应测井组合应用，其用途见本书第五章。如下为一种常用的八侧向测井电极系结构及尺寸：

$$\frac{1}{B}13ft\frac{2}{A_1}11\frac{0.5}{M_1'}2\frac{0.5}{M_1}6\frac{2}{A_0}6\frac{0.5}{M_2}2\frac{0.5}{M_2'}11\frac{2}{A_2}\ (\text{in})$$

第三节 双侧向测井和方位侧向测井

双侧向测井（DLL）是在三侧向测井和七侧向测井的基础上发展起来的一种深、浅侧向的组合测井，被认为是一种最好的常规侧向测井方法。发展双侧向测井的目的为：一是要使深侧向探测深度更大，而浅侧向探测深度适中；二是在实现深浅探测的同时，使分辨能力相同或接近；三是扩大电阻率测量范围。双侧向测井与微球形聚焦测井组合起来，成为双侧向—微球形聚焦测井，是应用极为广泛的深、中、浅电阻率测井组合。

方位侧向测井也称为方位电阻率成像测井（ARI），是在双侧向测井基础上发展起来的一种侧向测井方法，具有更高的纵向分辨率，是侧向测井系列的重要发展，实现了真正的三维测井，为研究井眼周围地层的不均匀性提供了重要的方法，进一步扩展了测井的应用范围。

一、双侧向测井原理

双侧向测井（DLL）是在三、七侧向测井的基础上发展起来的，其电极系与七侧向电极系类似，不同的是在七侧向电极系的外面再加上两个屏蔽电极 A_2 及 A_2'（图 4-3-1）。为了增加探测深度，屏蔽电极 A_2 及 A_2' 不是环状而是柱状，与三侧向测井的屏蔽电极类似。

测井时，主电极 A_0 发出恒定的电流 I_0，并通过两对屏蔽电极 A_1、A_2 和 A_1'、A_2' 发出与 I_0 极性相同的屏蔽电流 I_s。通过自动调节使得满足：屏蔽电极 A_1 与 A_2（或 A_1' 与 A_2'）的电位比值为一常数，即 $U_{A_2}/U_{A_1}=\alpha$（常数 α 在测井时给定）；监督电极 M_1 与 M_2（或 M_1' 与 M_2'）之间的电位差为零。然后，测量任一监督电极和无穷远电极 N 之间的电位差。在主电流 I_0 恒定不变的条件下，测得的电位差与介质的视电阻率成正比。它们之间的关系同样是：

$$R_{\mathrm{a}} = K \frac{U_{M_1}}{I_0} \qquad (4\text{-}3\text{-}1)$$

式中：K 为双侧向测井电极系系数；U_{M_1} 为监督电极 M_1 上的电位。

同样，确定 K 的方法可以通过实验和理论计算求得。求 K 的前提是，必须在均匀介质，即 $R_{\mathrm{a}}=R_{\mathrm{t}}$，式（4-3-1）可写成：

$$K = R_{\mathrm{t}} \frac{I_0}{U_{M_1}} \qquad (4\text{-}3\text{-}2)$$

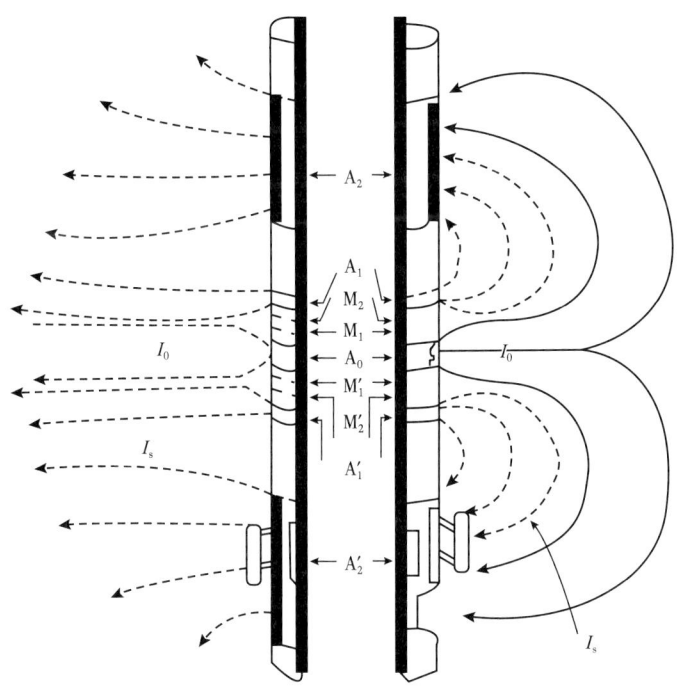

图 4-3-1 双侧向测井电极系结构和电流分布示意图

在用式（4-3-2）计算 K 时，I_0 及 R_{t} 是预先给定的，所以只要能计算出 U_{M_1}，则由式（4-3-2）就可求得 K。

可以用有限元素法等数值模拟方法计算确定 K。但是，用数值模拟方法确定 K 值，仍然是一种近似方法。为了较准确地求得 K，还需要和实验进行比较，最后获得较精确的结果。

双侧向测井根据探测深度分为深、浅侧向测井，前者主要反映原状地层的电阻率，而后者主要反映侵入带电阻率。浅侧向电极系和电流分布如图 4-3-1 的右半部所示。

下面为一种国产双侧向测井电极系尺寸（单位：m）：

$$\frac{3}{A_2(B_1)} 0.8 \frac{0.3}{A_1} 0.22 \frac{0.02}{M_2} 0.08 \frac{0.02}{M_1} 0.18 \frac{0.12}{A_0} 0.18 \frac{0.02}{M_1'} 0.08 \frac{0.02}{M_2'} 0.22 \frac{0.3}{A_1'} 0.8 \frac{3}{A_2'(B_2)}$$

电极系的 K：$K_{\mathrm{D}}=0.733\mathrm{m}$，$K_{\mathrm{S}}=1.505\mathrm{m}$；

仪器全长：9.36m；

仪器直径：0.089m。

下面为两种国外双侧向测井电极系尺寸（单位：in）：

$$\frac{5.7\text{ft}}{A_2(B_1)} 35 \frac{8}{A_1} 8 \frac{1}{M_2} 4 \frac{1}{M_1} 6 \frac{6}{A_0} 4 \frac{1}{M_1'} 4 \frac{1}{M_2'} 8 \frac{8}{A_1'} 35 \frac{5.7\text{ft}}{A_2'(B_2)}$$

$$\frac{8.5\text{ft}}{A_2(B_1)} 30 \frac{15}{A_1} 8 \frac{1}{M_2} 5 \frac{1}{M_1} 5 \frac{9}{A_0} 5 \frac{1}{M_1'} 5 \frac{1}{M_2'} 8 \frac{15}{A_1'} 30 \frac{8.5\text{ft}}{A_2'(B_2)}$$

电极系中数字表示的意义和三侧向测井电极系的相同。

由上面列出的双侧向测井电极系尺寸中可以看出，深、浅侧向测井电极系的尺寸一样。不同的是把柱状屏蔽电极 A_1'、A_2' 改成电流的回流电极 B_1、B_2，就构成了浅侧向测井电极系。因此，深、浅侧向测井的 $\overline{O_1O_2}$ 距离是一样的，避免了七侧向测井电极系的缺点。这样使得深、浅侧向测井的分层能力相同，且受围岩、层厚影响基本上是一样的。所以，利用深、浅侧向测井的 R_a 判断油、水层比七侧向测井效果要好。

二、双侧向测井视电阻率曲线及校正

如图4-3-2所示，双侧向测井视电阻率曲线和七侧向测井视电阻率曲线相似。在上下围岩相同时，视电阻率曲线对称于地层中部；在地层的上下界面附近也出现两个"小尖"，随着层厚增加这两个"小尖"逐渐消失；对于高阻厚层的中部视电阻率最高，且曲线较平直、变化不大。

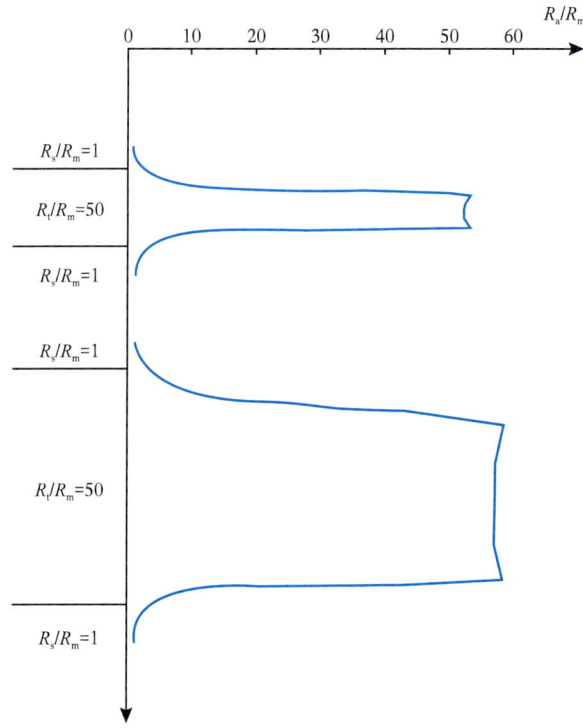

图4-3-2 双侧向测井—深侧向测井视电阻率曲线

图 4-3-3 为模拟的深、浅侧向测井视电阻率曲线，上、下低阻围岩为非渗透层段，不存在侵入现象。但根据视电阻率曲线可以看出，在非渗透层段，R_{LLD} 和 R_{LLS} 曲线并不重合，这种现象称为双侧向测井的"双轨"现象。"双轨"现象的原因在于井眼对深、浅探测影响不同以及电极系系数的标定出现问题，可能影响视电阻率曲线的实际应用。

双侧向测井视电阻率同样受到电极系特性和介质电阻率的影响。不同电极系对 R_a 的影响亦不相同，因此有必要结合本地

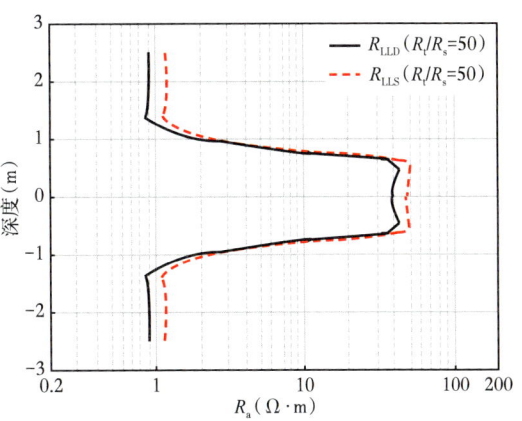

图 4-3-3 双侧向测井视电阻率曲线

区的地质条件（如层厚变化、油水层电阻率、岩性及侵入等）选定测井的电极系。确定电极系的原则是：层厚影响小，分层能力强，即薄层电阻率曲线显示清晰；深、浅侧向测井的探测深度差别要大，有利于判断侵入特性；井眼影响小，且在同样井眼条件下要求对深、浅测井影响相同。屏蔽电极 A_2、A_2' 的尺寸是影响双侧向测井探测深度的主要因素，为了增加探测深度可适当增加 A_2、A_2' 的长度；$\overline{O_1O_2}$ 的长度主要决定 R_a 曲线的分层能力，为了划分薄层，如厚度为 0.6m 的地层，则要求 $\overline{O_1O_2}$ 长度要小于 0.6m 才行。

另外，双侧向测井视电阻率同样受到井眼、层厚—围岩及侵入的影响，因此需要对视电阻率进行校正，校正图版如图 4-3-4 至图 4-3-6 所示。图版的使用方法与三侧向测井校正图版使用方法相同，这里不再赘述。

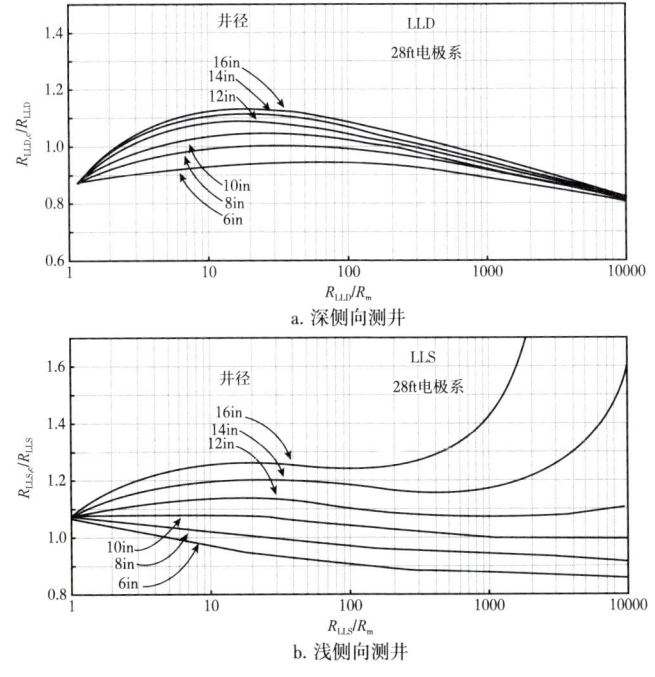

图 4-3-4 双侧向测井井眼校正图版

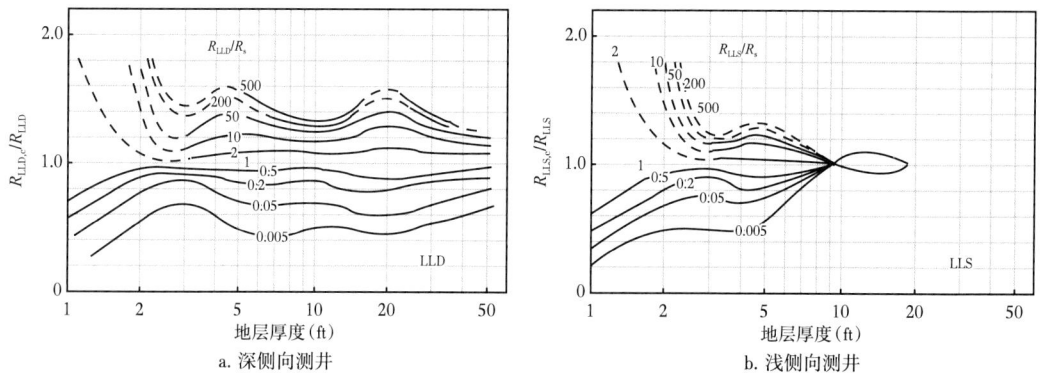

图 4-3-5 双侧向测井层厚—围岩校正图版

围岩厚度无限大,电极系在地层中心,无侵入带

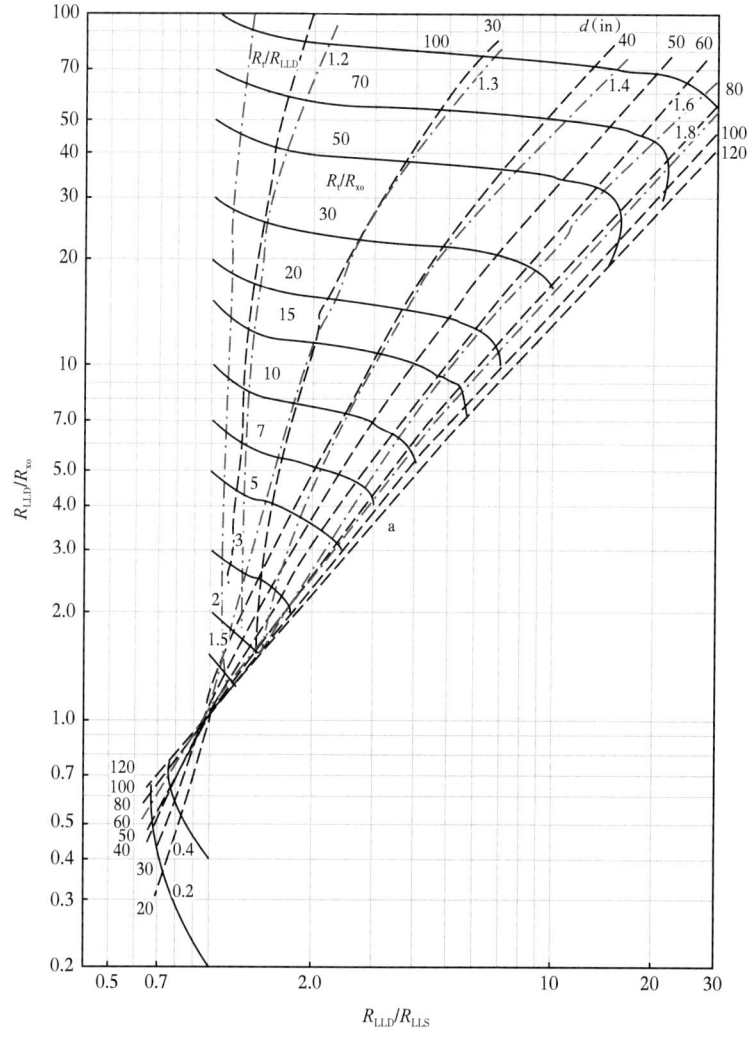

图 4-3-6 双侧向测井侵入校正图版

厚层,无环带,无过渡带,无井眼影响

三、双侧向测井资料的应用

双侧向测井是在三、七侧向测井基础上发展起来的,已经广泛用于解决地质问题,并得到良好的应用效果。

1. 划分岩性剖面

双侧向测井的分层能力较强,在视电阻率曲线上不同岩性的地质剖面显示清楚。一般厚度在 0.6m 以上的薄层、高阻致密层在曲线上都有明显显示。

通常,裂缝、渗透层在双侧向测井曲线上均有正或负幅度差。需要指出,双侧向测井视电阻率曲线(在渗透层)产生的幅度差与钻井液滤液侵入深度和比值 R_{mf}/R_w 的大小有关。当侵入深度超过深侧向测井探测范围时,则深、浅侧向测井的视电阻率读数几乎一样,给解释造成困难。

2. 估计侵入情况

R_{LLD} 主要取决于未被侵入的 R_t,R_{LLS} 与 R_i 有关,微球型聚焦测井的 R_{MSFL} 主要与 R_{xo} 有关。根据 R_{LLD}、R_{LLS} 及 R_{xo} 的差别,判断侵入情况:当 $R_{LLD} \approx R_{LLS} \approx R_{xo}$ 为无钻井液侵入;当 $R_{LLD} \approx R_{LLS} > R_{xo}$ 为侵入较浅;当 $R_{LLD} > R_{LLS} > R_{xo}$ 为中等侵入;当 $R_{LLD} > R_{LLS} \approx R_{xo}$ 为侵入较深。

3. 判断油(气)、水层

对于油(气)层,双侧向测井视电阻率曲线常出现正幅度差(正差异),对于水层,其视电阻率曲线常出现负幅度差(负差异)。图 4-3-7 是气层和水层在双侧向测井视电阻率曲线上显示的实例。气层显示正幅度差,水层为负幅度差。利用正、负幅度差判断油(气)、水层时,要注意钻井液滤液侵入及 R_{mf}/R_w 对正、负幅度差大小有影响。为了减小钻井液滤液侵入影响,在钻到油(气)、水层时,应及时进行测井,这时钻井液滤液侵入较浅,双侧向测井曲线差异明显,这是提高油(气)、水层测井解释质量的一条重要措施。当然,还应结合其他测井资料进行综合解释,以得到正确结论。

4. 判断裂缝性地层

四川碳酸盐岩储层为裂缝性储层,其明显特征是岩性、岩石构造、与裂缝相伴的溶洞及孔隙等构成了裂缝性储层的非均匀各向异性特征。双侧向测井曲线对非均匀各向异性的裂缝性地层有明显异常,如图 4-3-8 所示。该图为双侧向测井曲线在裂缝性气层中显示的实例。双侧向测井曲线在 2020~2030m 井段呈明显正差异,声波时差曲线反映地层孔隙度很低,井径曲线显示井径扩大。这些测井曲线所显示的特点为高角度裂缝特征。井径曲线读数高很可能是裂缝引起的,因为自然伽马曲线(读数低)显示该地层为非泥质层。同时,深、浅侧向测井读数相应地下降,这些都是裂缝影响所致。如果不存在裂缝,井眼影响不会引起深侧向测井读数如此降低。在该井段射孔,日产气 $7.6 \times 10^5 m^3$。显然,只有裂缝性气层才有这样高的产量。

另外,对于水平裂缝或低角度裂缝,当盐水钻井液侵入且层厚影响大于井径影响时,则双侧向曲线显示负差异。

最后,根据深、浅侧向测井视电阻率,求地层真电阻率 R_t 和侵入带直径 d_i。

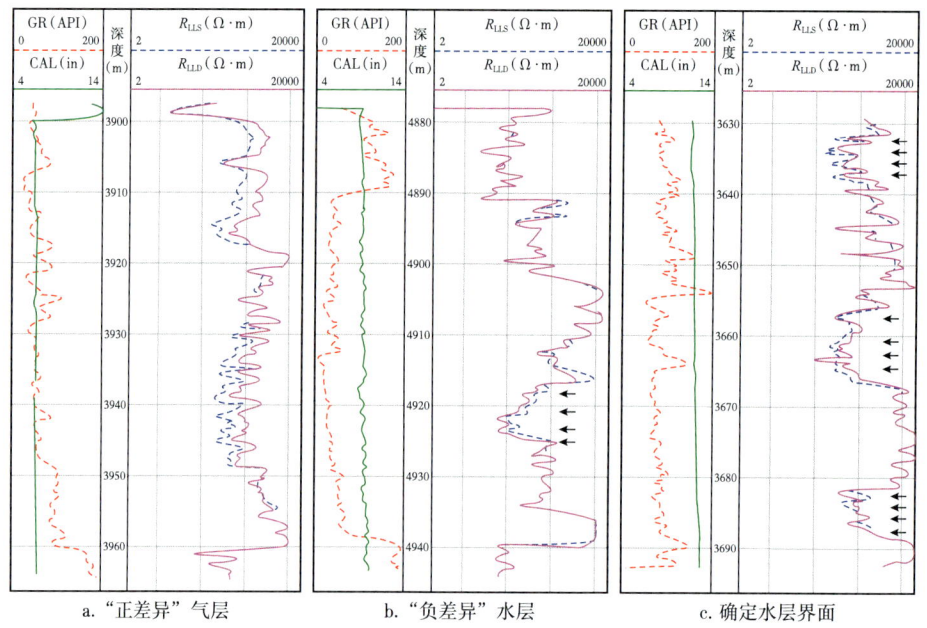

图 4-3-7　用正、负幅度差划分气、水层

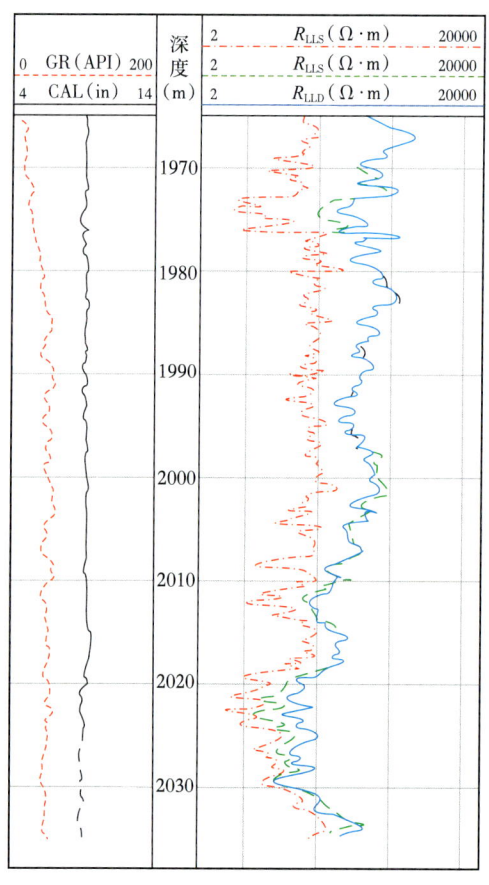

图 4-3-8　双侧向测井视电阻率曲线在裂缝性气层的显示

四、双侧向测井与三侧向、七侧向测井探测特性比较

1. 探测深度

图 4-3-9 是斯伦贝谢公司对双侧向（深侧向 LLD、浅侧向 LLS）、七侧向（LL7）、三侧向（LL3）、八侧向（LL8）和球形聚焦测井（SFL）计算的径向积分几何因子 J（此时，又称为伪几何因子），其定义为无限厚地层中直径为 d（半径为 r）的圆柱体介质对侧向测井视电阻率贡献的相对大小（有关侧向测井几何因子的计算，参见本书附录 B）。可以根据径向积分几何因子，估计侧向测井或其他测井（如感应测井）的探测深度或探测半径。一般把径向积分几何因子为 0.5 时的圆柱体半径，作为侧向测井仪器的探测深度或探测半径。

如图 4-3-9 所示，双侧向测井的深侧向测井探测深度比三、七侧向测井都要深，这是因为双侧向测井的深侧向是采用将屏蔽电极分为若干段（如两对屏蔽电极），控制各段的电压达到增加探测深度的目的；双侧向测井的浅侧向测井的探测深度比八侧向测井的稍大，所以双侧向测井和八侧向测井有利于探明径向电阻率 R_t、R_i 和 R_{xo} 的变化，对判断油、气、水层非常有利；三、七侧向测井的探测深度很近似，七侧向测井略高于三侧向测井，在钻井液侵入深时，对划分油、气、水层带来困难；淡水钻井液和盐水钻井液对测井的探测深度有影响，例如在高侵的情况下，七侧向测井的探测深度明显变小。

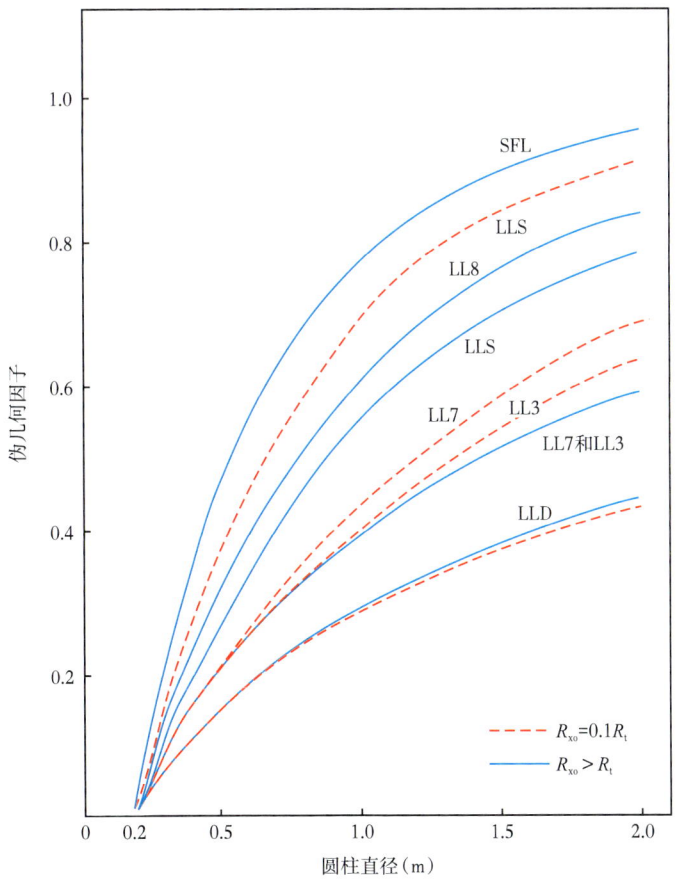

图 4-3-9 侧向测井径向积分几何因子曲线

无限厚地层，在 8in 井眼条件下

2.纵向分层能力

三侧向测井的纵向分层能力是较好的，能清楚反映厚度在 0.4~0.5m 以上的地层电阻率变化。七侧向测井分层能力略低于三侧向测井，可分出层厚大于 $\overline{O_1O_2}$ 的地层电阻率。双侧向测井的分层能力与七侧向测井相同。

3.影响因素

三侧向测井受井眼、层厚—围岩影响小，但是由于其探测深度较浅，在使用中受到限制。深、浅七侧向测井受层厚—围岩影响不一致，这是由于深、浅七侧向测井的监督电极和屏蔽电极位置不同造成流入地层的主电流厚度不一样，使得深、浅七侧向测井受层厚—围岩影响不同。双侧向测井受层厚—围岩影响是一致的，且其浅侧向测井比浅三侧向测井受井眼影响小得多。

五、方位侧向测井简介

1.方位侧向测井原理

方位侧向测井仪是在双侧向测井的上屏蔽电极 A_2 中部增加 12 个小的矩形电极，形成方位电极阵列，每个方位电极成 30° 辐射，可以覆盖井周 360° 方位范围的地层，其仪器结构和电流路径测井如图 4-3-10 所示。

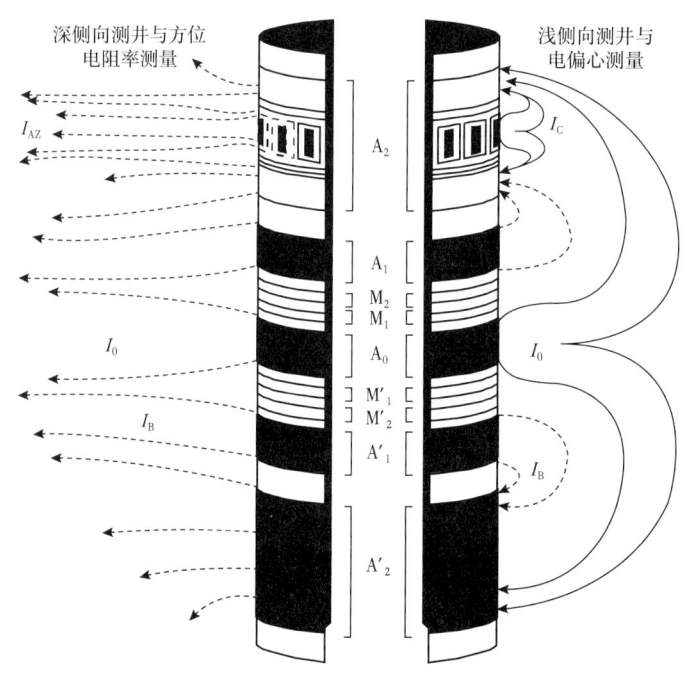

图 4-3-10 双侧向测井及方位侧向测井仪器结构和电流分布示意图

如图 4-3-11 所示，在每个方位电极的中心有监督电极，位于电极阵列的上、下两侧装有环状监督电极 M_3、M_4（两个电极短路相接），方位电极的工作频率与深侧向测井的工作频率相同。每个方位相等供以电流 I_i，用反馈回路控制供电电流 I_i，使监督电极的电位与环状监督电极（M_3、M_4）的电位相同。每个方位电极的电流被相临方位电极和 A_2 电极电流聚焦，从而使电流 I_i 沿电极张开角的方向流入地层，并最终电流回到地面。

可以看出，方位电极的测量属于三侧向测井测量模式。

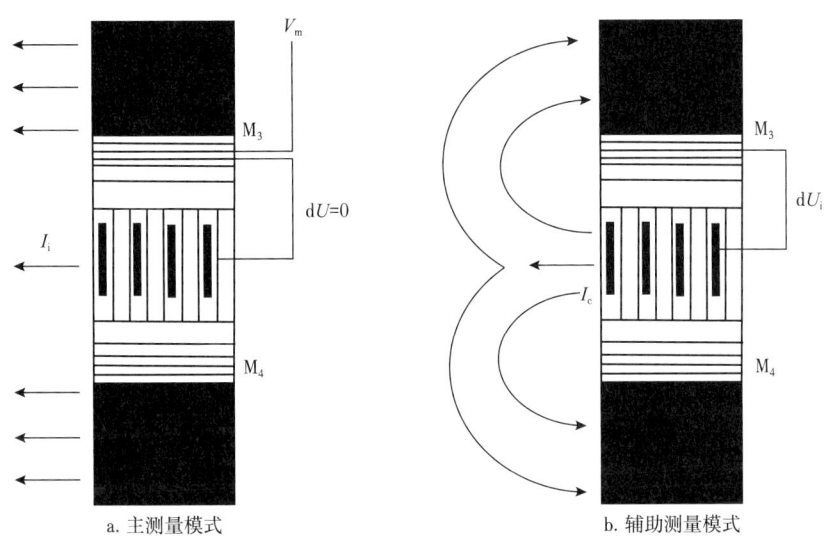

图 4-3-11　方位侧向测井电极排列与电流分布示意图

测量 12 个方位电极的电流及 M_3、M_4 电极相对铠状电缆外皮的平均电位 V_M，即可得到 12 个方位视电阻率：

$$R_i = K_i \frac{V_M}{I_i} \quad (i=1,2,\cdots,12) \tag{4-3-3}$$

式中：K_i 为方位电极系数。

若将 12 个方位电极供电电流求和，可以得到一条高分辨率电阻率曲线 R_{LLHR}：

$$R_{LLHR} = K \frac{V_M}{I_合} \tag{4-3-4}$$

式中：K 为平均电极系数；$I_合$ 为所有供电电流之和。

这时 12 个方位侧向的电极可等效为高度相同的圆柱状电极，测得的电阻率相当于井周围介质电阻率的平均值。由于增加 12 个方位电极后，双侧向测井仪器尺寸保持不变，因此可以继续提供深、浅双侧向测量。

综上所述，根据方位侧向测井，可以得到深、浅双侧向测井两条曲线，12 条方位电阻率曲线（可以用于电阻率成像）和一条高分辨率电阻率曲线，具有三侧向、双侧向和成像测井的特点，因此理论上方位侧向测井是一种非常好的测井方法。

2. 方位侧向测井的探测深度与纵向分辨率

为了建立方位侧向测井仪器的径向探测特性的认识，图 4-3-12 给出了方位侧向测井和双侧向测井的伪几何因子曲线，$R_{xo}=10\Omega \cdot m$，$R_m=0.1\Omega \cdot m$，井眼直径为 0.2m。方位侧向高分辨率测井曲线的伪几何因子介于深、浅双侧向测井伪几何因子之间，表明方位侧向测井探测深度较浅侧向测井探测深度大，而比深侧向测井探测深度小，但更接近深侧向测井的探测深度。

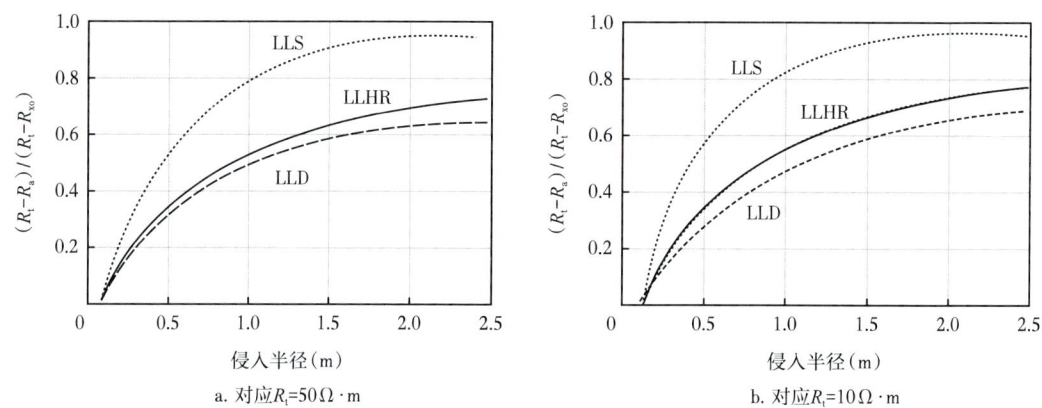

a. 对应 $R_t=50\Omega\cdot m$　　　　b. 对应 $R_t=10\Omega\cdot m$

图 4-3-12　方位侧向与双侧向测井的伪几何因子曲线

LLHR—方位侧向

在井眼直径为 0.15~0.20m 时，方位侧向测井高分辨率曲线的纵向分辨率为 0.2m，明显好于常规深、浅侧向测井分辨率。图 4-3-13 给出了方位侧向测井和双侧向测井穿过地层界面的测井曲线。在分界面两侧的地层真电阻率分别为 $1.0\Omega\cdot m$ 和 $10\Omega\cdot m$，$R_m=0.1\Omega\cdot m$，井眼直径 $d_h=0.15m$。从图 4-3-13 可以明显看出，方位侧向测井曲线要陡于双侧向测井曲线，因此分辨能力明显优于双侧向。同时，在方位侧向测井曲线上，由围岩在界面附近引起的凸起较双侧向测井弱。

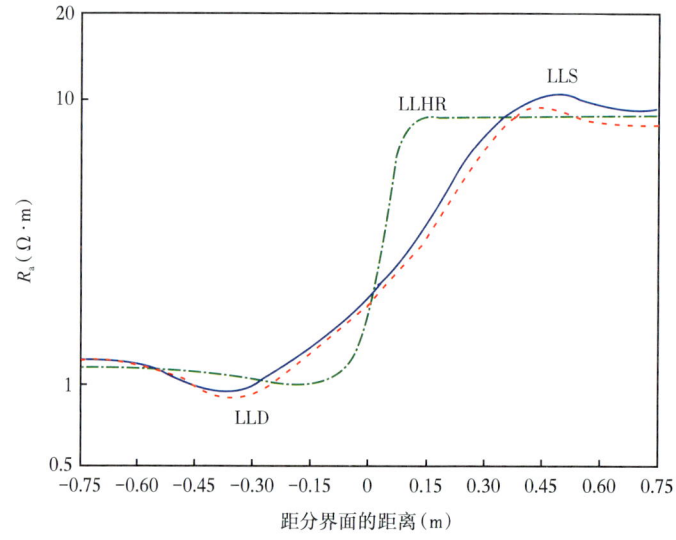

图 4-3-13　穿过地层界面时方位侧向测井与双侧向测井曲线

3. 方位侧向测井的应用

利用方位侧向测井，在每个深度处可得到 12 个电阻率值，对应每个电极供电电流所穿过路径上介质的电阻率，穿过的路径包括在电极张开角 30° 所控制的范围，因此当井周介质不均匀或有裂缝存在时，得到的 12 个电阻率会有变化，据此可以判断井周围地层的非均质情况，这对地质和采油工程有指导意义，因此通常认为方位侧向测井是一种三维测井方法。

利用方位侧向测井的 12 个电阻率数据，可以对井眼周围地层进行方位电阻率成像；因电极尺寸较大和数量较少，方位侧向测井的电阻率成像分辨率通常比超声成像测井和井壁电阻率成像测井的分辨率要低。如图 4-3-14 所示，其成像分辨率要明显低于后文介绍的井壁电阻率成像测井的分辨率。

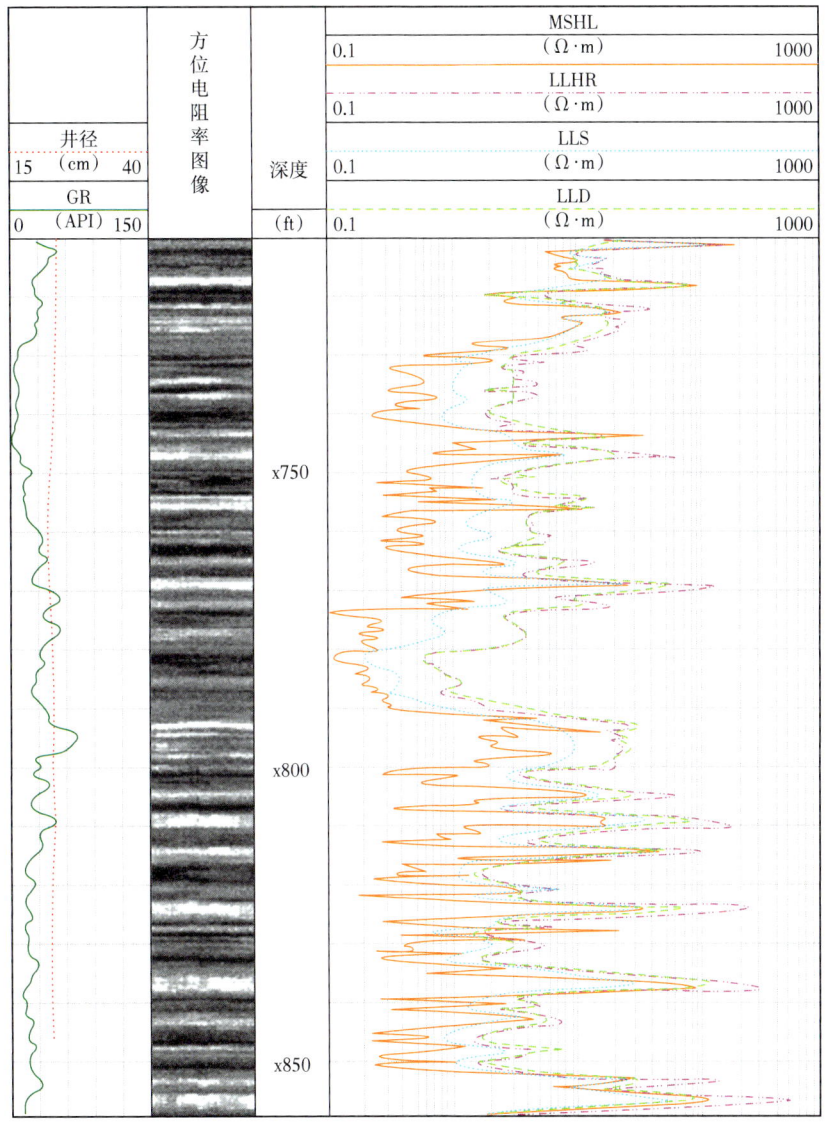

图 4-3-14　方位侧向测井实例

第四节　微侧向测井

侧向测井电极系是在普通电阻率法测井电极系的基础上加上聚焦装置而得出的。这样改进的结果使电极系探测深度大大提高，降低井眼、围岩的影响。同样，微侧向测井（MLL）是为加大微电极测井探测深度而提出来的。

一、微侧向测井原理

微侧向测井电极系由中心电极（主电极）A_0和与A_0同心的环状电极M_1、M_2及A_1组成。一种常见的结构是：$A_0 0.016 M_1 0.012 M_2 0.012 A_1$。这些电极都装在绝缘极板上，极板靠弹簧压在井壁上，如图4-4-1所示。测量过程中，主电极A_0的电流保持恒定，由屏蔽电极A_1流出的电流极性和A_0的一样，它的大小可自动调节，使M_1与M_2之间的电位差为零。测量测量电极M_1（或M_2）和参考电极N之间的电位差，同样由于N电极在无穷远处，所以M_1和N之间的电位差就等于M_1的电位U_{M_1}。测得的电位U_{M_1}和地层的电阻率成正比，其视电阻率仍用式（4-4-1）表示：

$$R_{\text{MLL}} = K \frac{U_{M_1}}{I_0} \qquad (4-4-1)$$

式中：K为微侧向测井电极系系数。

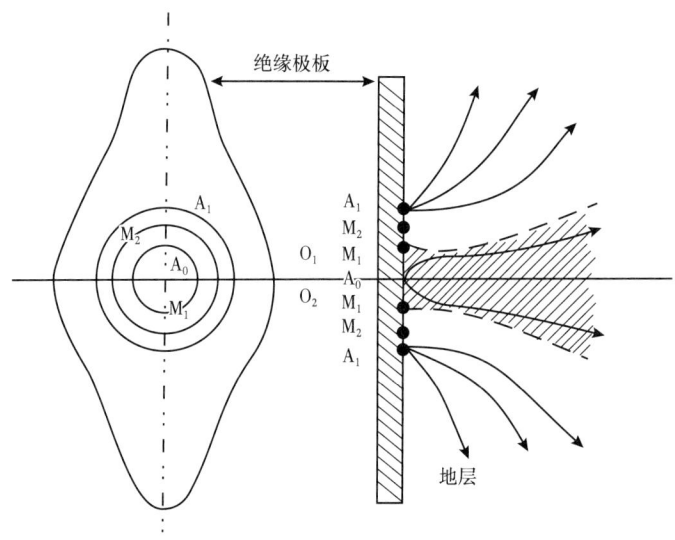

图4-4-1　微侧向测井电极系结构和电流分布示意图

由于屏蔽电极A_1电流的屏蔽作用，由主电极A_0流出的电流被约束成束状，沿垂直于井壁的方向流入井壁附近地层，该电流束的直径等于M_1和M_2两环状电极的平均直径，即大约44mm，离开井壁越远电流束就越分散。根据实验证明，由主电极A_0产生的电压降，主要分布在离电极80mm的范围内，在80mm以外，电流束分散很厉害。因此，在这个范围以外的介质，对测量结果就没有什么影响。微侧向测井由于探测深度较浅，所测量的视电阻率，可用来确定钻井液滤液冲洗带电阻率R_{xo}。

图4-4-2说明微侧向和普通微电极测井受到滤饼的影响截然不同。由于普通微电极系没有聚焦装置（图4-4-2a），电流容易沿滤饼流到井内，因此滤饼对测量结果的影响较大。而微侧向测井电极系有聚焦装置（图4-4-2b），主电流被聚焦成束状沿垂直于井壁的方向流入地层。电流流经滤饼的距离比流经冲洗带的距离小得多，并且滤饼电阻率又比冲洗带电阻率小很多，所以滤饼对测量的视电阻率影响较小。

另外，由于微侧向测井电流的聚焦，极板和井壁接触不良对视电阻率的影响也比普通微电极系要小得多。

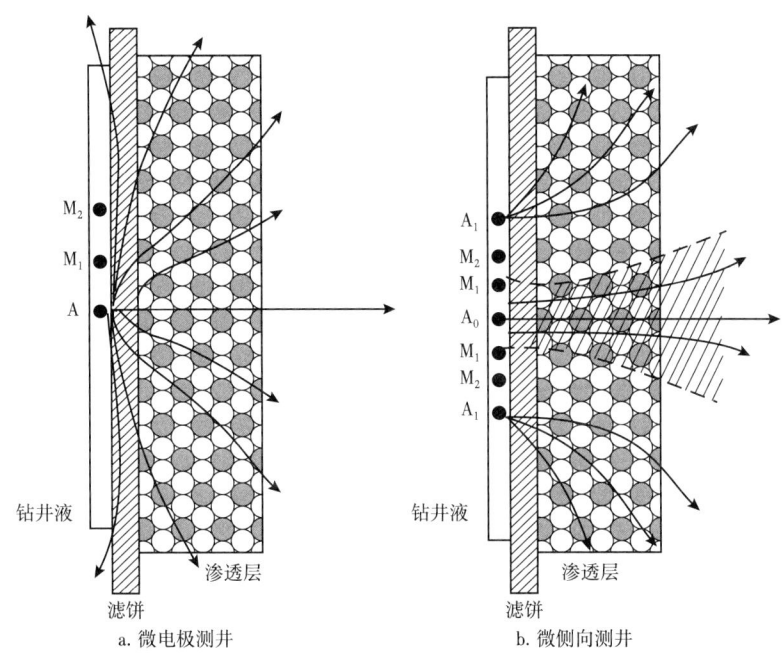

图 4-4-2　有滤饼存在时微电极和微侧向测井电流分布示意图

二、微侧向测井资料的应用

1. 利用微侧向测井的视电阻率 R_{MLL} 确定 R_{xo}

可利用图 4-4-3 所示的图版确定 R_{xo}。现举例说明利用该图版确定 R_{xo} 的方法。
已知数据：
R_{MLL}——微侧向测井曲线在渗透层处的读数；
R_{mc}——地层温度下的滤饼电阻率；
h_{mc}——滤饼厚度（可由井径曲线确定）。
图版使用步骤：
在图版左边纵轴上找出值 R_{MLL}/R_{mc} 的点，过此点作直线与估计滤饼厚度为 h_{mc} 的曲线相交，由此交点向横轴投影，读出 $R_{xo}/R_{mc}=\mu$（μ 称为校正系数），就可得到：$R_{xo}=R_{mc}\mu$。

[例题]　已知：$R_{MLL}=17.5\Omega \cdot m$；$R_{mc}=0.7\Omega \cdot m$；$h_{mc}=5mm$。
求：R_{xo}。
解：由图 4-4-3 确定 R_{xo}/R_{mc}；由已知数据得到 $R_{MLL}/R_{mc}=25$；从图 4-4-3 读出 $R_{xo}/R_{mc}=28.5$，则 $R_{xo}=R_{mc}\times 28.5=21.1\Omega \cdot m$。

2. 划分薄层

由于微侧向测井主电流层厚度很小，约 44mm，所以其纵向分层能力强，可以划分出厚度约 50mm 的薄层。

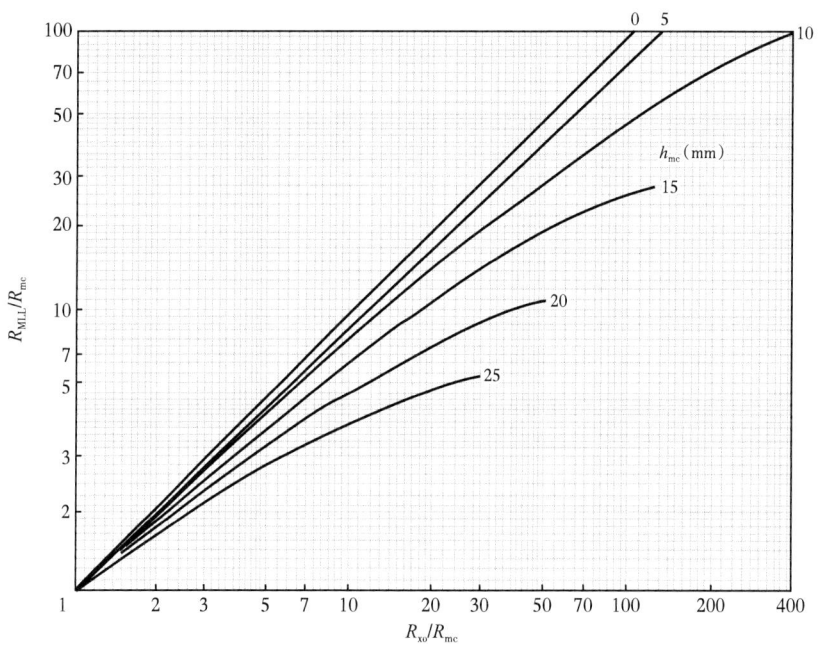

图 4-4-3　利用微侧向测井视电阻率 R_{MLL} 确定 R_{xo} 的图版［井径 19cm（7¾in）］

极板曲率直径 7¾in 井径 ¾in

第五节　微球形聚焦测井

在微球形聚焦测井出现之前，有两类聚焦测井方法用于 R_{xo} 的探测：微侧向测井和邻近侧向测井（PL），前者聚焦能力弱，探测深度浅，受滤饼影响大；后者聚焦强，探测深度深，一定范围内受原状地层影响大。因此，二者对 R_{xo} 的测量精度受侵入影响很大，应用受到限制。

理论研究和实践证明，微球形聚焦测井既具备微侧向和邻近侧向测井的优点，也能在较大程度上克服微侧向及邻近侧向测井的缺点。另外，微球形聚焦测井的适用范围宽，在电阻率测井系列中又便于和双侧向测井组合，探明径向电阻率变化，了解钻井液滤液侵入特性。因此，微球形聚焦测井成为探测 R_{xo} 的主要方法，在国内外得到广泛的应用。

一、微球形聚焦测井原理

由于微球形聚焦测井是在球形聚焦测井（SFL）基础上发展起来的，因此，首先介绍球形聚焦测井原理。

1. 球形聚焦测井原理

设计球形聚焦测井的目的，是想在探测深浅度时，使测井响应不受井眼影响。其出发点是依据在均匀介质中，点电极发出的电流线呈辐射状，等位面是以点电极为球心的同心球面。但是在有井眼存在的非均匀介质中，由于井眼内是导电性好的盐水钻井液，则井眼内点电极发出的电流主要沿井眼流动，其等位面不是球面。球形聚焦测井就是设法在井眼内形成辅助电流，把点电极发出的主电流排挤到地层中去，使主电流形成的等位面是圆球形，这就相当于没有井眼影响时，在均匀介质中形成的等位面。所以，球形聚焦测井电极系与前面介绍的电极系在结构上有较大的差别。

如图 4-5-1 所示，A_0 为主电极，A_1 为辅助电极，M_0 为测量电极，M_1 及 M_2 为监督电极。这些电极对称地排列在主电极 A_0 的两端，每对同名电极用粗导线短路。主电极 A_0 流出的电流，一部分流入回流电极 B，称主电流 I_0（图 4-5-1 中虚线）；另一部分流入辅助电极 A_1 的电流称为辅助电流 I_a（图 4-5-1 中实线）。在测量时，自动调节 I_0 和 I_a 使监督电极之间的电位差等于零，而测量电极与监督电极之间的电位差等于给定值。由于监督电极之间的电位差等于零，因此可以认为，监督电极附近相当于有一"绝缘塞"，阻止辅助电流沿井轴方向流动。辅助电极 A_1 位于监督电极与主电极之间，所以 I_a 主要在两对监督电极之间的井眼内流动。由于 I_0 与 I_a 的极性相同，在电场力的作用下，I_0 被排斥而大量地进入电阻率为 R_{xo} 的冲洗带介质中。假如 R_{xo} 不变化，则冲洗带可认为是均匀介质，所以 I_0 流向回流电极 B 的电流线向四周均匀散开而呈辐射状，其等位面可近似看成为圆球形。

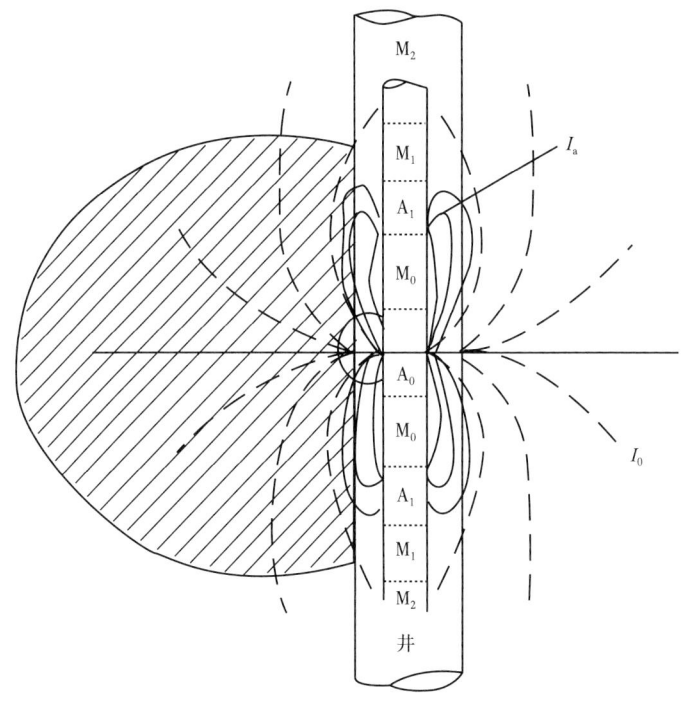

图 4-5-1 球形聚焦测井电极系结构示意图

球形聚焦测井方法可采用恒流法或恒压法测量，采用恒压法测量原理仍然满足式（4-5-1）：

$$R_{SFL} = K \frac{\Delta U_{M_0 O_1}}{I_0} \qquad (4-5-1)$$

式中：R_{SFL} 为球形聚焦测井的视电阻率；$\Delta U_{M_0 O_1}$ 为测量电极 M_0 与监督电极 M_1、M_2 中点

O_1 之间的电位差；I_0 为主电流；K 为球形聚焦测井电极系数。K 可在已知水溶液电阻率的充水大水池中实验求得，也可采用理论计算求得。

由式（4-5-1）可看出，在保持 $\Delta U_{M_0O_1}$ 恒定不变时，I_0 与球形聚焦测井所探测到的介质的电阻率成反比。通常，I_0 的变化主要反映冲洗带电阻率 R_{xo} 的变化，如果探测半径大时，则是反映 R_i 的变化。I_a 的变化，则反映滤饼厚度及滤饼电阻率的变化。

2. 微球形聚焦测井原理

微球形聚焦测井电极系的电极排列类似球形聚焦测井的情况，但电极的尺寸较小，且嵌在一块绝缘极板上。如图 4-5-2 所示。主电极 A_0 是长方形，依次向外有两个矩形框状电极，即测量电极 M_0 及辅助电极 A_1，再往外是一对"口"字形电极 M_1、M_2，作监督电极用。极板的金属护套和支撑板作为回流电极 B。和球形聚焦一样，I_0 和 I_a 都通过主电极 A_0 发出。I_a 返回到较近的电极 A_1，主电流 I_0 返回到较远的电极 B。所以 I_a 沿滤饼流动，影响它的主要因素是滤饼厚度、滤饼电阻率等。I_0 主要在井眼附近的地层冲洗带中流动。由于 R_{xo} 在冲洗带范围内是不变的，所以 I_0 的电流线呈辐射状，等位面呈球形。这样，I_0 主要反映 R_{xo} 的变化，受滤饼影响很小。测井时，微球形聚焦极板紧贴在井壁上，测量结果比球形聚焦受到的井眼影响要小，因此，该测井方法是确定 R_{xo} 较好的方法。

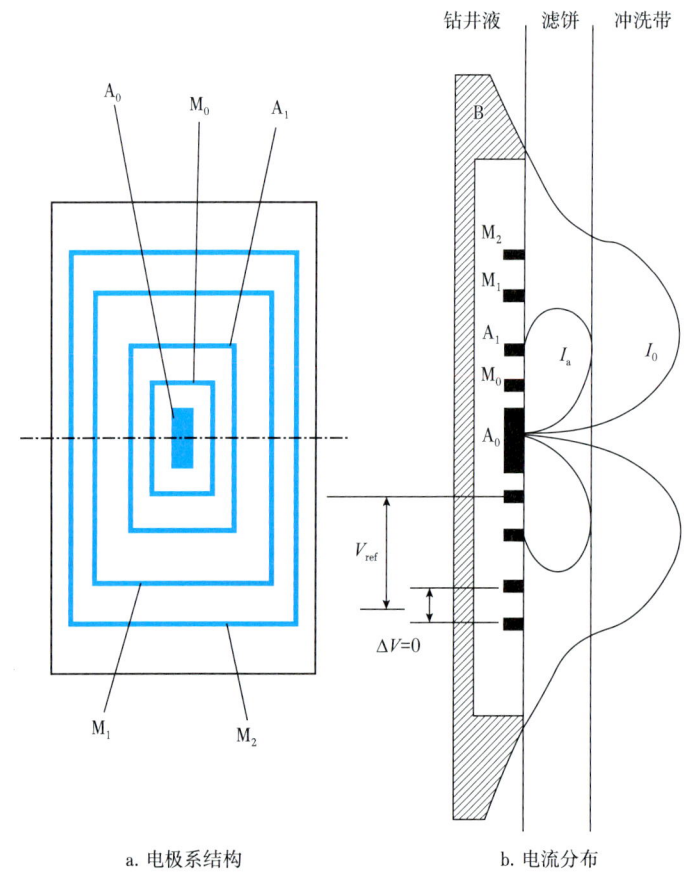

图 4-5-2 微球形聚焦测井电极系结构和电流分布示意图

微球形聚焦测井视电阻率 R_{MSFL} 用式（4-5-2）表示：

$$R_{MSFL} = K \frac{\Delta U_{M_0O_1}}{I_0} \quad (4-5-2)$$

式中：$\Delta U_{M_0O_1}$ 为 M_0 和监督电极 M_1、M_2 中点 O_1 之间的电位差；K 为微球形聚焦测井电极系数。

微球形聚焦测井采用恒压法测量时，$\Delta U_{M_0O_1}$ 恒等于参考电压 V_{ref}，测量 I_0，则式（4-5-2）可变为：

$$R_{MSFL} = K \frac{V_{ref}}{I_0} \quad (4-5-2')$$

二、微球形聚焦测井资料的应用

图 4-5-3 由微侧向测井和微球形聚焦测井的两张滤饼校正图版组成。可以看出，微球形聚焦测井受滤饼影响要小于微侧向测井。

对于微侧向测井，只有在滤饼厚度 $h_{mc} \leqslant 6.4mm$（¼in）时，校正系数 $\mu = R_{MLLc}/R_{MLL} = 1$，这时 $R_{MLL} \approx R_{xo}$（渗透层处）。若 h_{mc} 超过 6.4mm，则 $\mu > 1$，即 $R_{MLL} \neq R_{xo}$，必须利用图 4-5-3a 进行滤饼校正。

在微球形聚焦滤饼校正图版上，当 h_{mc} 在 3.18~19.1mm（⅛~¾in）范围内，且比值 R_{MSFL}/R_{mc}（R_{mc} 是滤饼电阻率）不超过 20 时，则 $\mu = 1$，即 $R_{MSFL} \approx R_{xo}$；只有当 h_{mc} 很大或 R_{MSFL}/R_{mc} 很高时才用图 4-5-3b 进行滤饼校正。

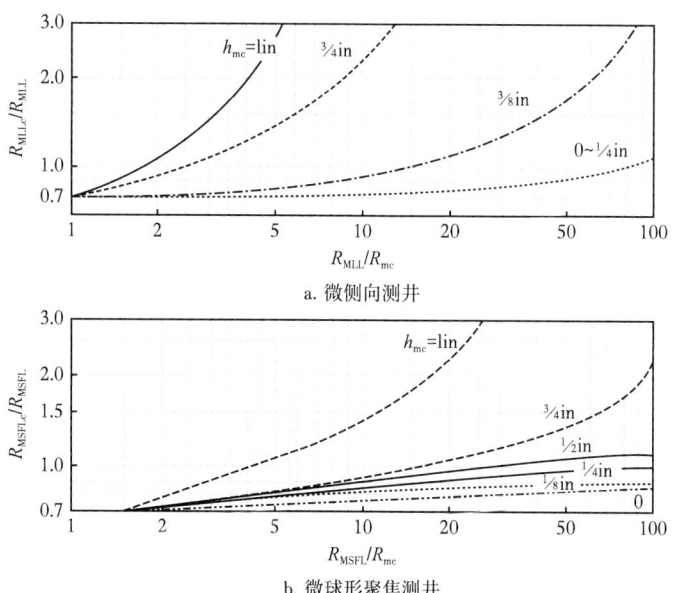

图 4-5-3 微侧向和微球形聚焦测井滤饼校正图版

由于微球形聚焦测井受滤饼影响小，在确定冲洗带电阻率中起着重要作用。另外，由于主电极 A_0 发出的 I_0 开始时以很细的电流束穿过滤饼进入地层，这样不仅能减少滤饼的影响，而且具备了很好的纵向分层能力，在区分渗透层岩性和划分夹层方面都显示出比微电极测井有较大的优越性。

因此，微球形聚焦测井探测深度合理，主要反映冲洗带电阻率，被认为是确定 R_{xo} 最好的方法之一。

在国内，微球形聚焦测井与双侧向测井构成常用的双侧向—微球形聚焦测井组合，可以提供深、中、浅三条视电阻率曲线（R_{LLD}、R_{LLS} 及 R_{MSFL}），能快速且直观地判断油、气、水层。

第六节　双侧向—微球形聚焦测井组合

电阻率测井组合的目的在于用不同探测深度的电阻率测井方法进行实际电阻率测量，通过对所得资料的综合解释处理，确定 R_t、R_{xo} 及 d_i 等参数。目前，国内外常见的电阻率测井组合有双侧向—微球形聚焦测井组合和双感应—八侧向测井组合。双侧向—微球形聚焦测井组合主要用于水基钻井液、低侵和高阻地层的井中，有时用微侧向取代其中的微球形聚焦测井。

如图 4-6-1 所示，微球形聚焦电极系安装在扶正器的下面。这种组合测井具有三种不同的探测深度：深侧向、浅侧向及微球形聚焦测井。深侧向测井视电阻率 R_{LLD} 主要反映地层电阻率变化，浅侧向测井视电阻率 R_{LLS} 主要反映侵入带电阻率变化，微球形聚焦测井视电阻率 R_{MSFL} 主要反映冲洗带电阻率变化。将三条视电阻率曲线（R_{LLD}、R_{LLS} 及 R_{MSFL} 曲线）重叠绘制，通过三条曲线幅度的相对变化，可以快速且直观地判断油、气、水层。图 4-6-2 为 $R_{mf} > R_w$ 时砂泥岩剖面双侧向—微球形聚焦测井曲线图。图中，1770~1810m 深度段为气层，R_{LLD}=100Ω·m，R_{LLS}=30Ω·m，R_{MSFL}=3Ω·m，为明显低侵，三条曲线的幅度差明显；1828~1852m 深度段为油层，R_{LLD}=18~20Ω·m，R_{LLS}=15~17Ω·m，R_{MSFL}=3~4Ω·m，亦为低侵，但是不太明显；1852~1872m 深度段为水层，R_{LLD}=R_{LLS}=1.5Ω·m，R_{MSFL}=2~3Ω·m，为高侵。在侵入不深的情况下，油、气层在测井曲线上均反映出 $R_{MSFL} < R_{LLS} < R_{LLD}$。若无

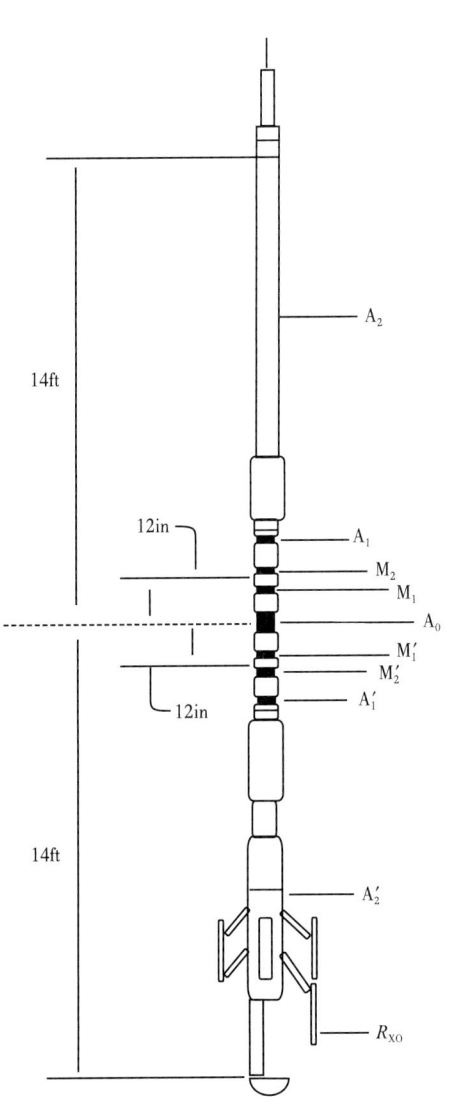

图 4-6-1　双侧向—微球形聚焦测井仪结构示意图

油、气存在,则三条曲线重合。

习惯上,把图 4-3-6 给出的双侧向测井侵入校正图版和后文给出的双感应测井侵入校正图版形象地称为"旋风"图版(Tornado Chart)。可以利用图 4-3-6 确定 d_i、R_t 及 R_{xo},现在举例说明该图版的用法。

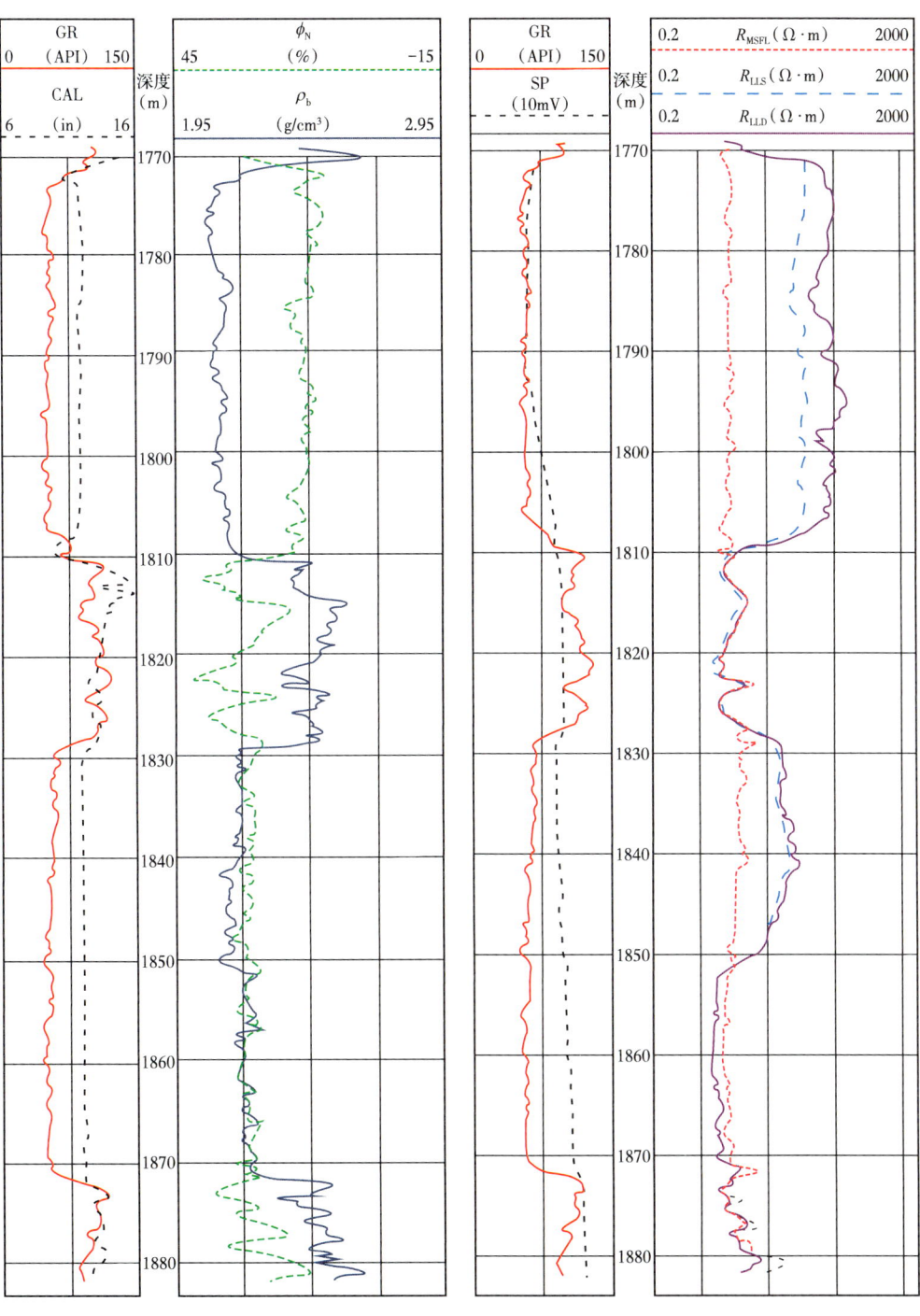

图 4-6-2 双侧向—微球形聚焦测井曲线

[例题] 在双侧向—微球形聚焦组合测井的曲线中，读出目的层的视电阻率为：$R_{LLD}=20\Omega\cdot m$，$R_{LLS}=7.1\Omega\cdot m$，$R_{xo}=R_{MSFL}=5\Omega\cdot m$。试确定 d_i 和 R_t。

解：根据已知数据计算比值：$R_{LLD}/R_{xo}=20/5=4$，$R_{LLD}/R_{LLS}=20/7.1=2.8$。根据这两个数值在图 4-3-6 中找到对应的点 a，根据点 a 的坐标位置读出如下参数：$d_i=2.03m$，$\mu=R_t/R_{LLD}=1.8$，$v=R_t/R_{xo}=7.0$。于是，$d_i=2.03m$，$R_t=\mu R_{LLD}=36\Omega\cdot m$ 或 $R_t=vR_{xo}=35\Omega\cdot m$。两个结果比较接近。

需要指出，测井方法的组合需要综合考虑多方面的因素，应该主要以油（气）田地质条件为依据，结合现场井眼条件（钻井液类型、井径等），以现有测井技术条件为基础来选择。地质条件包括地层电阻率、地层厚度和侵入深度等，并由此确定要解决的主要问题。例如，要突出侵入特性，很有可能要降低分层能力的要求。

第七节　阵列侧向测井

阵列侧向测井属于侧向测井范畴，通过屏蔽电极发出的屏蔽电流来使得主电极发出的主电流垂直流入地层，从而减少井眼分流等不利情况，由于其电极众多，每一种探测模式的电极组合又各不相同，要比三侧向测井和双侧向测井复杂，但基本原理相同。

阵列侧向测井有较多优点：其分辨率最高可达到 0.3m；可以提供多条不同径向深度的电阻率曲线；可以进行薄层识别；可以详细描述钻井液侵入特征。因此，阵列侧向测井得到迅速发展和应用。下面结合实际应用的一种阵列侧向测井仪器进行方法原理说明。

一、阵列侧向测井仪结构

阵列侧向测井仪结构相对比较复杂，如图 4-7-1 所示是一种常见的仪器结构，A_0 是主电极，放置于最中间，屏蔽电极总共有 6 对，对称放置于主电极两侧，有 2 对监督电极。

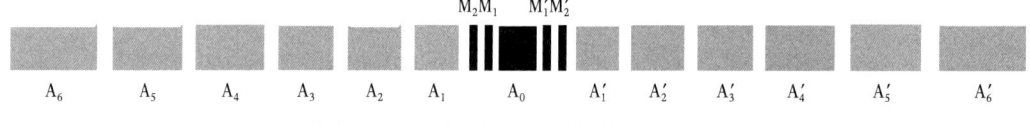

图 4-7-1　阵列侧向测井仪结构示意图

二、阵列侧向测井探测模式

阵列侧向测井实际测量时有多种探测模式，本质上是三侧向测井的模式。

1. 钻井液探测模式 RLA_0

A_0 主电极发出主电流 I_0，电极 A_1（A_1'）、A_2（A_2'）、A_3（A_3'）、A_4（A_4'）、A_5（A_5'）和 A_6（A_6'）作为回路电极，这种探测模式下没有任何屏蔽电流流出，其中只有主电流回回路电极，而且主电极距离回路电极比较近，因此这种模式的探测深度是最浅的，主要用来测量钻井液电阻率 R_m，通过记录监督电极 M_1（M_1'）和 M_2（M_2'）之间的电位差，视电阻率可以通过式（4-7-1）获得：

$$R_{\mathrm{LA0}} = K_{R_{\mathrm{LA0}}} \frac{\Delta U_{\mathrm{M_1M_2}}}{I_0} \qquad (4\text{-}7\text{-}1)$$

式中：$K_{R_{\mathrm{LA0}}}$ 为仪器常数，与仪器结构有关，可以通过理论方法计算得到。

2. 探测模式 R_{LA1}

A_0 发出电流 I_0，屏蔽电极 $A_1(A_1')$ 发出相同性质的聚焦电流，电极 $A_2(A_2')$、$A_3(A_3')$、$A_4(A_4')$、$A_5(A_5')$ 和 $A_6(A_6')$ 作为回路电极不发出屏蔽电流，同时保持监督电极 $M_1(M_1')$ 和 $M_2(M_2')$ 之间的电位差为零，也就是满足关系 $U_{\mathrm{M_1(M_1')}} = U_{\mathrm{M_2(M_2')}}$。由于电位差等于零，监督电极之间不会有电流流动，主电极发出的电流就可以流入目的层，由于只有 1 对电极起到聚焦作用，而且回路电极位于不远处，电流发散快，这种探测模式的探测深度很浅。

3. 探测模式 R_{LA2}

A_0 发出电流 I_0，屏蔽电极 $A_1(A_1')$ 和 $A_2(A_2')$ 发出相同性质的电流，电极 $A_3(A_3')$、$A_4(A_4')$、$A_5(A_5')$ 和 $A_6(A_6')$ 作为回路电极不发出屏蔽电流，同时保持屏蔽电极 $A_1(A_1')$ 和 $A_2(A_2')$ 和监督电极 $M_1(M_1')$ 和 $M_2(M_2')$ 各自之间的电位差为零，即 $U_{\mathrm{A_1(A_1')}} = U_{\mathrm{A_2(A_2')}}$，$U_{\mathrm{M_1(M_1')}} = U_{\mathrm{M_2(M_2')}}$，这样可以使得主电流被聚焦流入目的层。$R_{\mathrm{LA2}}$ 探测模式的探测深度在 R_{LA1} 的基础上有所增加。

4. 探测模式 R_{LA3}

A_0 发出电流 I_0，屏蔽电极 $A_1(A_1')$、$A_2(A_2')$ 和 $A_3(A_3')$ 发出相同性质的聚焦电流，电极 $A_4(A_4')$、$A_5(A_5')$ 和 $A_6(A_6')$ 作为回路电极不发出屏蔽电流，同时保持屏蔽电极 $A_1(A_1')$ 和 $A_3(A_3')$ 和监督电极 $M_1(M_1')$ 和 $M_2(M_2')$ 各自之间的电位差为零，即 $U_{\mathrm{A_1(A_1')}} = U_{\mathrm{A_2(A_2')}}$，$U_{\mathrm{A_2(A_2')}} = U_{\mathrm{A_3(A_3')}}$，$U_{\mathrm{M_1(M_1')}} = U_{\mathrm{M_2(M_2')}}$，$R_{\mathrm{LA3}}$ 探测模式的探测深度在 R_{LA2} 的基础上有所增加。

5. 探测模式 R_{LA4}

A_0 发出主电流 I_0，屏蔽电极 $A_1(A_1')$、$A_2(A_2')$、$A_3(A_3')$ 和 $A_4(A_4')$ 发出相同性质的聚焦电流，电极 $A_5(A_5')$ 和 $A_6(A_6')$ 作为回路电极不发出屏蔽电流，同时保持屏蔽电极 $A_1(A_1')$ 和 $A_4(A_4')$ 和监督电极 $M_1(M_1')$ 和 $M_2(M_2')$ 各自之间的电位差为零，即 $U_{\mathrm{A_1(A_1')}} = U_{\mathrm{A_2(A_2')}}$，$U_{\mathrm{A_2(A_2')}} = U_{\mathrm{A_3(A_3')}}$，$U_{\mathrm{A_3(A_3')}} = U_{\mathrm{A_4(A_4')}}$，$U_{\mathrm{M_1(M_1')}} = U_{\mathrm{M_2(M_2')}}$，$R_{\mathrm{LA4}}$ 探测模式的探测深度在 R_{LA3} 的基础上有所增加。

6. 探测模式 R_{LA5}

A_0 发出电流 I_0，屏蔽电极 $A_1(A_1')$、$A_2(A_2')$、$A_3(A_3')$、$A_4(A_4')$ 和 $A_5(A_5')$ 发出相同性质的聚焦电流，电极 $A_6(A_6')$ 作为回路电极不发出屏蔽电流，同时保持屏蔽电极 $A_1(A_1')$ 和 $A_5(A_5')$ 和监督电极 $M_1(M_1')$ 和 $M_2(M_2')$ 各自之间的电位差为零，即 $U_{\mathrm{A_1(A_1')}} = U_{\mathrm{A_2(A_2')}}$，$U_{\mathrm{A_2(A_2')}} = U_{\mathrm{A_3(A_3')}}$，$U_{\mathrm{A_3(A_3')}} = U_{\mathrm{A_4(A_4')}}$，$U_{\mathrm{A_4(A_4')}} = U_{\mathrm{A_5(A_5')}}$，$U_{\mathrm{M_1(M_1')}} = U_{\mathrm{M_2(M_2')}}$，$R_{\mathrm{LA5}}$ 探测模式的探测深度在 R_{LA4} 的基础上有所增加，探测深度最深。

这些探测模式都是测量电极 A_0 的电位和电流 I_0，并且监督电极 M_1 与电极 A_0 具有相等的电位，这些探测模式的视电阻率计算公式为：

$$R_{\mathrm{LA}_i} = K_{R_{\mathrm{LA}_i}} \times \frac{U_{\mathrm{M_1}}}{I_0} \qquad (4\text{-}7\text{-}2)$$

式中：i 为各探测模式，$i=1，2，\cdots，5$；$K_{R_{LA_i}}$ 为各探测模式的仪器常数；U_{M_1} 为测量电位；I_0 为主电流。

阵列侧向测井不同测量模式条件下的电势线如图 4-7-2 所示，对应各测量模式的电流线如图 4-7-3 所示。

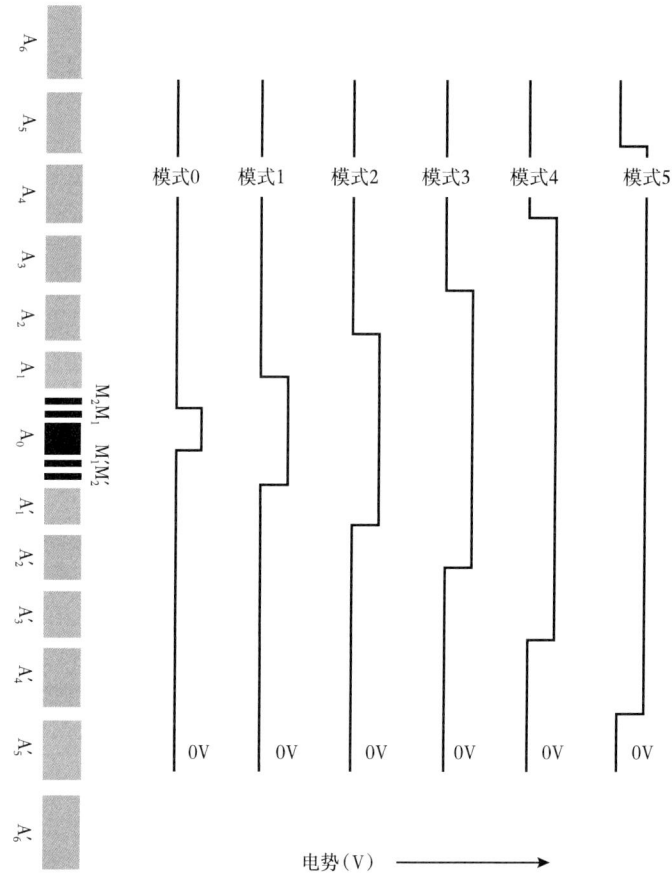

图 4-7-2　阵列侧向测井不同测量模式条件下的电势线示意图

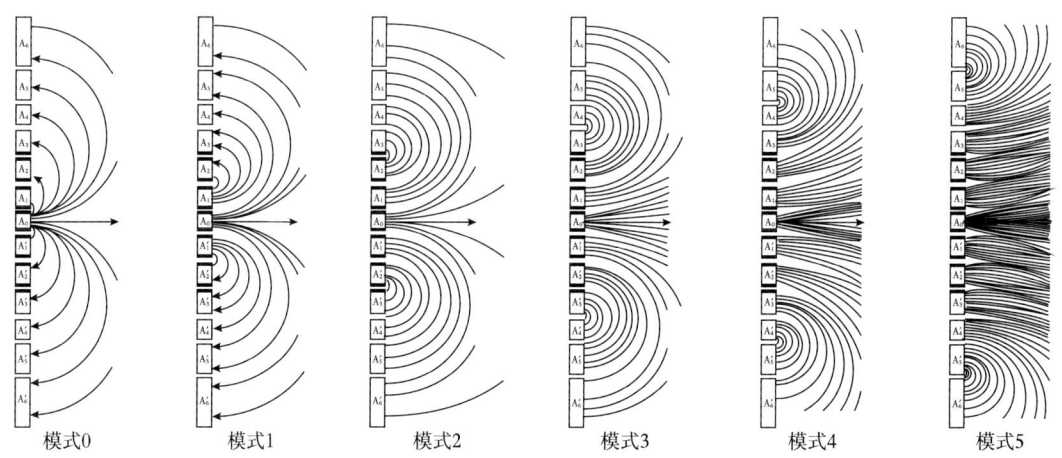

图 4-7-3　阵列侧向测井不同模式条件下的电流线示意图

三、阵列侧向测井探测特性和应用

阵列侧向测井的提出和应用主要是在阵列感应测井出现之后，由于采用类似三侧向测井的硬件聚焦的工作模式，其探测特性受到限制，到目前为止，尽管其可以测量5条曲线甚至更多，但是探测深度最大不超过1.4m。显然，还达不到常规双侧向测井的最大探测深度。因此，阵列侧向测井有待完善和深入。

第八节　井壁电阻率成像测井

随着测井地质解释的深入发展对储层的研究越来越细，除了反映地层岩石物理参数的传统测井曲线资料，井眼中的成像测井技术，如井壁成像测井，可以给出类似"岩心"一样的井壁图像，为测井解释家和地质学家直观、细致地研究井孔剖面地质情况提供了新的有效信息。

20世纪80年代中期斯伦贝谢公司在地层倾角测井仪基础上首先推出了井壁电成像测井技术：FMS（Formation Micro-Scanner），当时国内翻译为地层微电阻率扫描测井，并流行开来。因此，井壁电阻率成像测井也有地层微电阻率扫描测井的称谓。

1991年，斯伦贝谢公司又推出新的井壁电阻率成像测井仪器，提高了电阻率测量的井眼覆盖率和分辨率。目前，国外其他测井服务公司及国内的很多测井服务公司也已经开发出各自的井壁电阻率成像测井仪器，并得到推广应用。这类仪器测量原理相同，只是极板个数和纽扣电极个数有差异，因此，对井壁的覆盖率有所不同。

井壁电阻率成像测井利用阵列纽扣电极，测量井壁地层的几十条，甚至上百条微电阻率信息，经过数据处理和成像处理形成高清晰度的井壁电阻率图像。利用这种电阻率图像资料可以识别裂缝和其他次生孔隙，进行岩性分析和薄层分析，研究沉积构造和解释沉积环境等。目前，井壁电成像测井技术得到广泛使用，使测井解释专家和地质家希望直接看到井壁图像的愿望得到初步实现。

下面对井壁电阻率成像测井的基本结构、测量原理及资料的实际应用等给予一般性介绍。

一、井壁电阻率成像测井基本仪器结构

井壁电阻率成像测井仪通常有多个测量臂，每个臂上有一个或多个极板，阵列式测量传感器——纽扣电极嵌入在极板上。实际测井时，极板紧贴井壁进行测量。

图4-8-1为某井壁电阻率成像测井仪极板及纽扣电极分布图，在铜板上嵌有与铜板绝缘的27个纽扣电极阵列，纵向分4排，第一排是6个电极，其他3排都是7个电极，纽扣电极的直径为0.2in，相邻两排电极的中心间距为0.4in，相邻两排中对应电极中心的横向距离为0.1in，这种横向错位排列可保证电极之间有50%的重叠。图4-8-2为另外一种仪器极板和电极分布示意图，图4-8-2a为一个测量臂上的两个极板（主板和翼板），图4-8-2b为电极排列示意图，共24个纽扣电极，分两排，同样横向错位排列。

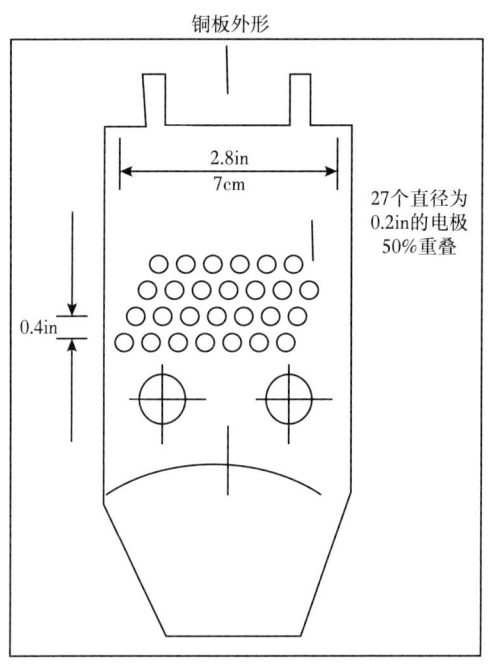

图 4-8-1 某井壁电阻率成像测井仪极板及电极分布示意图

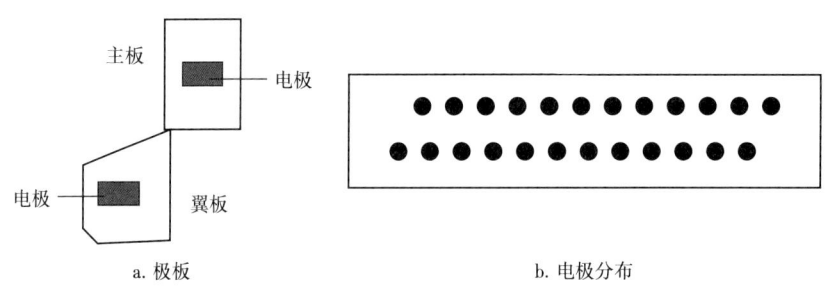

a. 极板　　　　　　　　　　　　b. 电极分布

图 4-8-2 某井壁电阻率成像测井仪极板及电极分布示意图

二、井壁电阻率成像测井基本原理

井壁电阻率成像测井的测量原理类似于侧向测井，放置纽扣电极的极板为导电金属体，纽扣电极与金属极板间保持很好的绝缘。由电源给极板和电极供相同极性的电流，并使极板与电极的电位相等，由电极流出的电流受到极板的屏蔽作用，沿径向流入地层，仪器上部的金属外壳作为回路电极，电流线分布如图 4-8-3a 所示。

图 4-8-3b 是一个纽扣电极的电流路径示意图。测量每一个纽扣电极发射的电流强度 I_B，I_B 正比于流经地层的电导率 σ_B；从极板流出的电流 I_A 正比于其所流经的介质之电导率 σ_A 值。I_A 迫使 I_B 聚焦成束状进入井壁地层，形成如图 4-8-3b 所示的电流分布。当极板与纽扣电极的电位相等，纽扣电极接触井壁地层的电阻率不同时，电流强度发生变化。地层的电阻率高，电极的接地电阻大，电流强度变小；地层电阻率低，电极的接地电阻小，电流强度增大。因此测量每个纽扣电极的电流变化，就能反映井壁地层电阻率的变化。

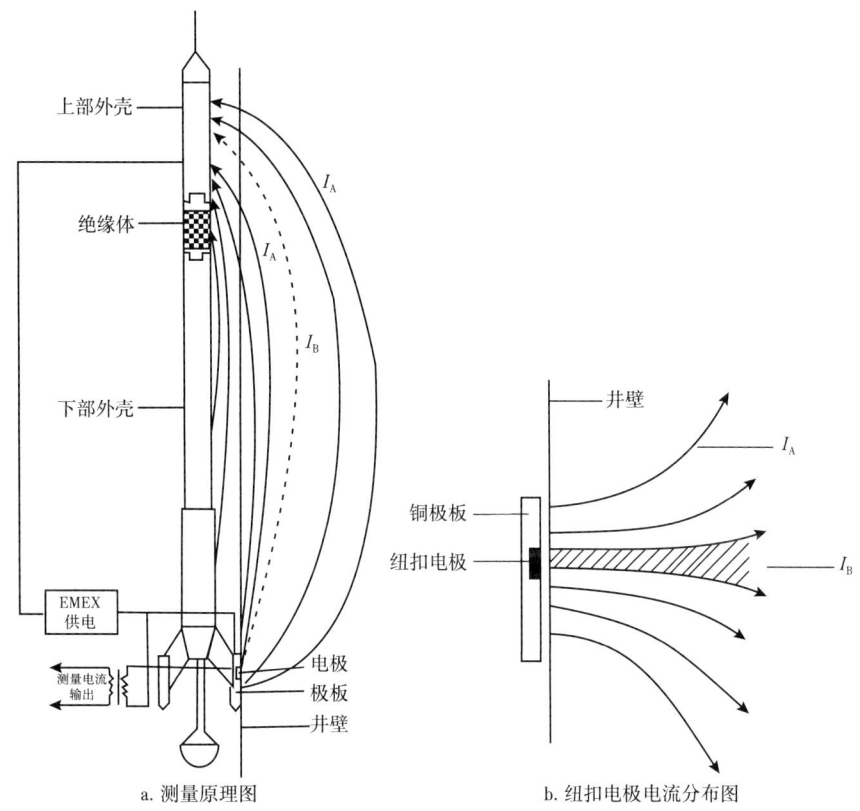

图 4-8-3 井壁电阻率成像测井测量原理示意图

测量过程中各参数间的关系可用下列方程组表达：

$$\left.\begin{array}{l}I_{EMEX}=I_A+I_B\\I_A=V_A\sigma_A\\I_B=V_B\sigma_B\\V_A\approx V_B=V_{EMEX}\end{array}\right\}\qquad(4\text{-}8\text{-}1)$$

式中：V_{EMEX} 为极板电压；I_{EMEX} 为供电电流；I_A 为从下部外壳及极板流出的电流；I_B 为由纽扣电极流出的电流；σ_B 为在采集某纽扣电极电流 I_B 时，该纽扣电极接触的井壁岩层的电导；σ_A 为 I_A 流经的介质电导率。

解式（4-8-1）可得：

$$\sigma_B=I_B/V_B=I_B/V_{EMEX}\qquad(4\text{-}8\text{-}2)$$

在测量时，依次采集每个纽扣电极流出的电流 I_B 和测量极板电压 V_{EMEX}。根据式（4-8-2）就可得到纽扣电极所对部分地层的电导率 σ_B。当已知转换系数 K 时，可求出纽扣电极所对应井壁岩石的电阻率 R_B：

$$R_B=KV_{EMEX}/I_B\qquad(4\text{-}8\text{-}3)$$

这样，当沿井身依次测量各纽扣电极流出的电流 I_B 的变化曲线，就得到一组岩层电

阻率 R_B 随井深的变化曲线。

三、井壁电阻率成像测井数据处理

井壁电阻率成像测井测量的是阵列电极电流和仪器姿态几何信息。从这些测量信息中提取地层地质特征信息需要经过两个过程，第一个过程是将测量信息映射为井壁电阻率图像的过程，第二个过程是从新得到的井壁电阻率图像中提取地层地质特征。

由测量信息映射为井壁电阻率图像需经过强处理和标准化处理。

1. 预处理

预处理的目标是获得一个电极空间位置正确的数字图像信息集。

（1）自动增益和电流校正。被测地层电阻率动态范围变化大，要使测量电极电流的动态范围变化相应地大，需通过自动增益控制和改变供电电流强度而实现。

（2）失效纽扣电极检测及补偿。通过对每个电极电流在选择的处理窗口段上的电流分布直方图分析，去掉那些电极电流不随地层变化的电极信息，利用有效相邻电极相应测点处的测量值的插值对失效电极测量进行填补。

（3）速度校正和深度对齐。在实际测井时，往往测井速度不能保持绝对均匀，但纽扣电极采集电流的时间取决于提升仪器的瞬时速度。为此，可根据加速度计测量的数据进行两级卡尔曼滤波计算出仪器的瞬时速度进行校正，从而消除测井时井下仪器移动速度非均匀而引起的曲线的锯齿状变化。

由于仪器极板上的纽扣电极在纵向上多排分布，纽扣电极的响应存在着一个深度差，应将深度对齐，经过速度校正后曲线只需作静态移动即可。

2. 标准化处理

用一种渐变的色板对测量的电阻率数值进行刻度，将每个采样点的数据变成一个色元进行成像显示，可以是灰度图（分为若干级灰度）或彩色图（多种颜色，每种颜色分为若干颜色级别）。即把所测的不同电阻率数值变成灰度不同的"点"子或颜色不同的"点"子。所有"点"子有序排列起来就给出了一幅反映井壁电阻率分布的井壁图像。通常，选择灰度（显示黑白图像）或颜色（显示彩色图像）与地层电阻率的对应关系有两种方法：

一种称为"静态标准化"，可得到静态平衡图像（简称静态图像）。这是在一个相当长的井段内（相当于某层或某一储层段），对仪器的响应进行标准化处理，即对于相同电阻率的地层或储层的"像元"（组成井壁图像的"点"子）的灰度或颜色相同。按照该井段内所包含的介质电阻率的范围分为若干级灰度（或颜色），不同电阻率用不同灰度或颜色表示。这种方法具有可以用灰度（或颜色）直接比较各深度上的岩层电阻率，进而获得储层数目及推断含水层等优点。其不足之处是对细致的介质电阻率变化难以分辨。

另一种称为"动态标准化"，可得到动态加强图像（简称动态图像）。为了更细致地分析井壁岩层，可以采用"动态标准化"方法，即在较短的井段内，选择不同的灰度或颜色表征电阻率的差异。优点为能够反映地层局部范围电阻率的细微变化；缺点为其灰度或颜色只反映细微电阻率的相对变化，无法与其他井段岩石进行比较。

目前，无论静态图像或动态图像，常采用彩色图显示，常用的颜色为黑—棕—黄—白，并分为若干个颜色级别，代表电阻率由低到高的变化。

3. 图像显示

当一平面与井身圆柱体垂直相切时，井壁在 0°~360° 的展开图上呈一直线；当平面与井身圆柱斜交时，井壁与斜交平面切出一椭圆，在 0°~360° 的展开图上呈正弦曲线状（图 4-8-4），平面与井轴相交的角度越大，则正弦曲线的幅度也越大，并能从展开图上确定平面的倾角和走向。根据这种成像显示，就可以确定地层的层理或裂缝的产状等，从而能够利用井壁电成像资料研究井壁地层的有关地质特征。

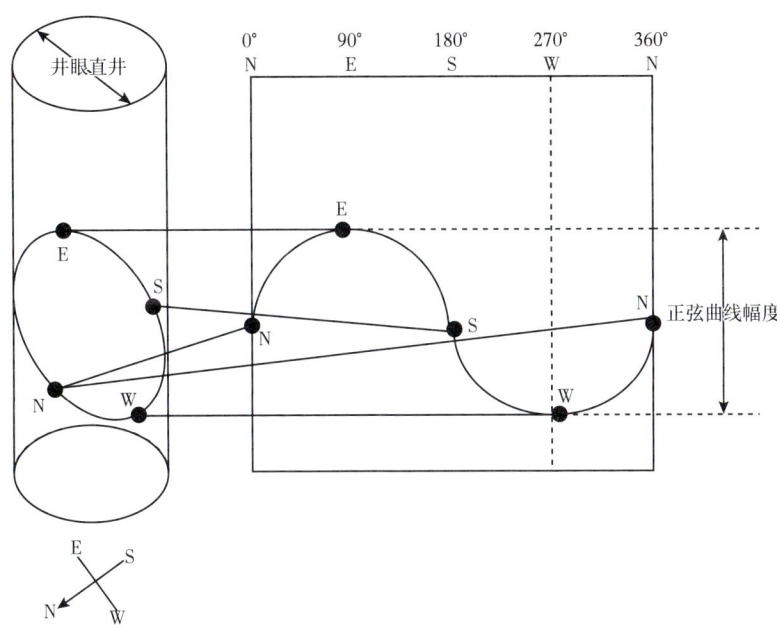

图 4-8-4 井壁成像特征的显示

经过上述处理后，可以得到井壁电阻率图像。图 4-8-5 为电阻率成像与岩心照片对照图。图 4-8-6 为井壁电阻率成像结果示例。

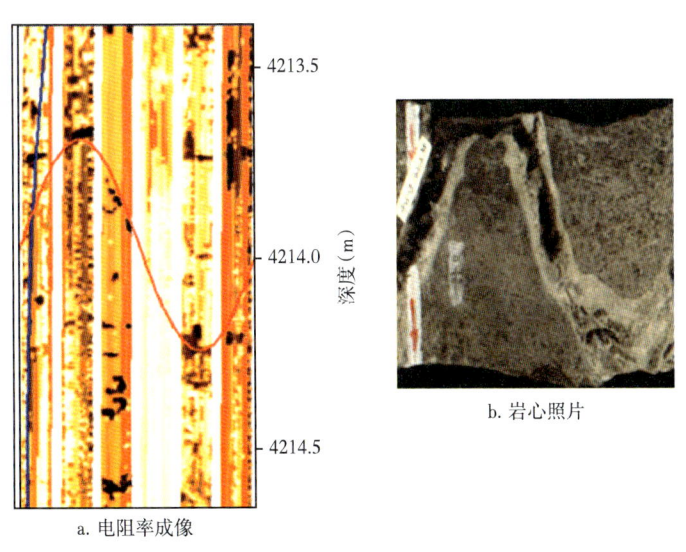

图 4-8-5 电阻率成像与岩心照片对照图

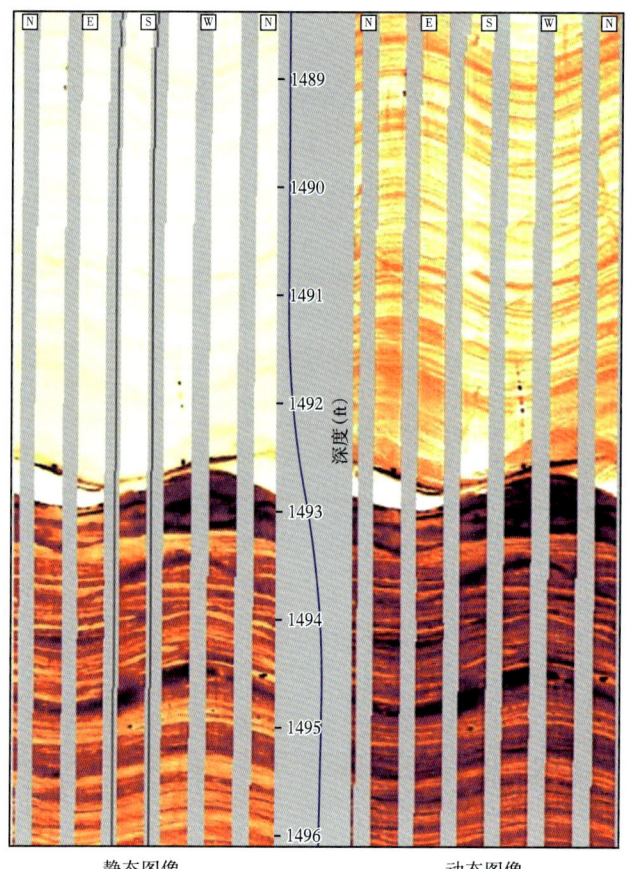

图 4-8-6 井壁电阻率测井图像

根据上述原理，当地层电阻率越高时，经过标准化处理后，图像上显示的像元的灰度越浅（或颜色越浅），如致密的地层，石灰岩；当地层电阻率低时，经过标准化处理后在图像上显示深色，如泥岩或充满流体或泥质的裂缝、溶洞等。

四、井壁电阻率成像测井实际应用

对于井壁电阻率成像测井，当地层的电阻率高时，则在图像上显示浅色，而当地层电阻率变小时，则图像上显示的颜色变深。应当指出，在图像上显示相同的颜色和形态，其地质性质不一定相同（如晶洞和黏土颗粒在图像上都是黑色圆斑）。因此，为了更确切地解释具体的电阻率图像，应当密切结合该地区的地质资料，尤其是选有代表性的参数井进行取心，并进行电阻率成像测井，通过与岩心柱的详细对比，研究有关地质特征在井壁图像中的显示，根据这些特征做出可靠结论，解决好地质问题。

概括起来，井壁电阻率成像测井可以有如下用途。

（1）岩性识别：识别沉积岩、火山岩的岩性，对砾岩的识别效果很好；

（2）地质构造解释：确定地层产状，识别断层、不整合和褶皱等；

（3）沉积学解释：识别层理类型、砾石颗粒大小、结构、古水流方向、滑塌变形、沉积单元划分、砂体加厚方向等；

（4）裂缝评价：识别高角度裂缝、低角度裂缝、钻井诱导缝、缝合线、溶蚀缝、溶蚀孔洞等，确定裂缝产状及发育方向，划分裂缝段，进行裂缝性储层评价；

（5）地应力方向确定：根据井眼崩落、诱导缝方向确定主应力方向；

（6）薄层评价：可精确划分砂泥岩薄互层，并确定储层有效厚度。

图 4-8-7 为区分孔隙类型的实例，可以识别溶洞和天然裂缝等；图 4-8-8 为网状裂缝图像的实例；图 4-8-9 为辫状河堤岸沉积图像。

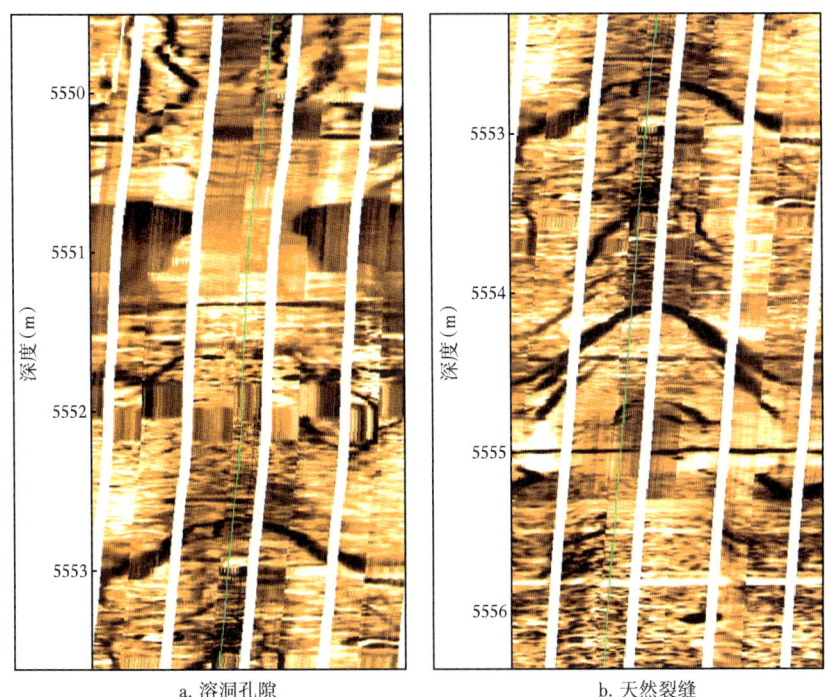

图 4-8-7 不同孔隙类型图像

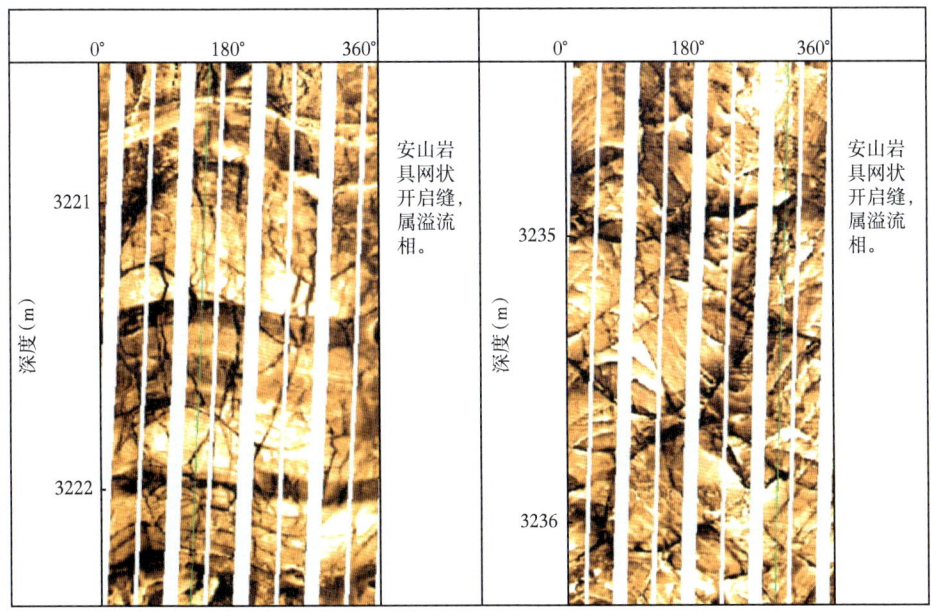

图 4-8-8 网状裂缝的图像

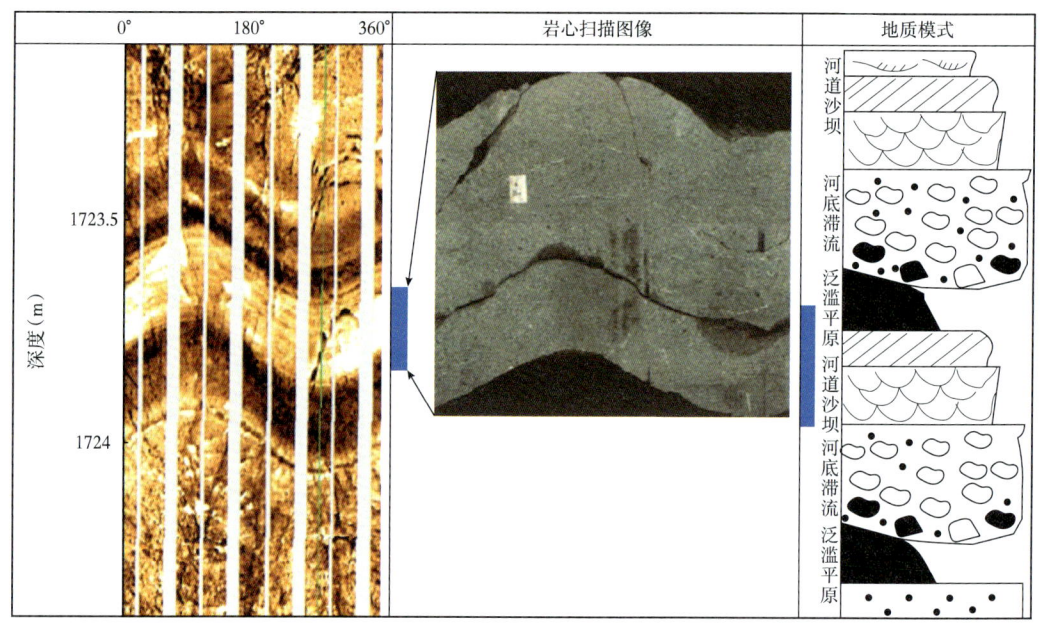

图 4-8-9 辫状河堤岸沉积图像

凝灰质砂岩，为砂砾质辫状河堤岸沉积，电阻率图像为亮色斑点与暗色块状模式相间，
从下到上为河道到泛滥平原沉积

随着测井技术的进步，井壁电成像测井仪器在继续完善，获取的信息量更多，井壁覆盖率更大，分辨率相应增高，可以更详细地定性和定量了解井壁地层情况和地下地质信息，地质应用更加广阔，成为石油勘探、开发的正确决策的可靠依据，为传统的电法测井带来新的生机。此外，井壁电阻率成像测井不但可以在水基钻井液中应用，而且已经有很多商用的井壁电成像测井仪器可以在油基钻井液中应用，并取得不错的应用效果。

第九节 过套管电阻率测井

目前，电阻率测井在评价裸眼井油藏流体饱和度，以及区分含烃层和含水层方面仍然是应用最广泛的测井方法，前面介绍的电测井方法均是在裸眼井中进行的，亦即在实际测量时没有金属套管的影响。但是，监测油气藏动态和跟踪老油藏中流体饱和度的变化需要在套管中测井，那么，在金属套管井中能否进行地层电阻率的测量呢？虽然早期的电阻率测井仪器无法实现这一点，但科学发展到今天，经过人们多年的努力，精确可靠地测量套管井地层电阻率已经成为现实。

自从 L.M.Alpin 于 1939 年在美国申请了第一个有关过套管测量地层电阻率的专利，几十年间，美国、法国和俄罗斯等国家的研究人员一直积极地进行过金属套管电阻率测量的研究，但由于方法研究和工程实施上技术不成熟，一直未取得突破性进展。直到 1988 年，美国顺磁测井公司（PML）试验成功第一套样机。1990 年，Kaufman 发表了基于传输线方程的套管井电阻率测井近似理论模型和测量理论，奠定了过套管电阻率测井的基础。此后，套管井电阻率测井技术得到石油公司支持和测井服务公司的重视，在

20世纪末出现商用过套管电阻率测井仪器,并取得了实际应用效果。

过套管电阻率测井主要测量套管外地层电阻率的变化,对解决老井和套管井的重新评价,以及开发过程中的油藏监测和剩余油评价有着重要的意义。下面主要介绍过套管电阻率测井的基本原理、实现方法、影响因素和应用简况。

一、过套管电阻率测井原理

过套管电阻率测井本质上属于裸眼井测井中的侧向类测井方法范畴。要测量套管外地层电阻率,就必须通过下井仪器向地层发射一回路在地面的低频电流信号(一般频率选择为0.01~10.0Hz)。由于金属套管的电阻率要比井眼流体电阻率低得多,所以大部分电流在金属套管中流动,但仍然有一小部分电流通过金属套管进入地层。如果能够检测到仪器测量电极与地面回路电极之间的电位差,并且能够检测流入地层的电流,则可以得到地层的电阻率信息。

图4-9-1为过套管电阻率测井原理示意图,注入总电流I_T进入套管后一部分沿套管流动,称为套管电流;一部分泄漏到地层中,称为泄漏电流或漏电流。如果在z处的套管电流为$I_1=I(z)$,在$z+\Delta z$处的套管电流$I_2=I(z+\Delta z)$,那么在Δz距离内,泄漏电流$\Delta I(z)=I_1-I_2=I(z+\Delta z)-I(z)$。如果能够测量得到$\Delta z$中点附近的电位值$V_0$,则在得到$\Delta I$后,可以得到地层视电阻率数值:

$$R_a = K \frac{V_0}{\Delta I} \quad (4-9-1)$$

式中:V_0为测量点相对地面参考点的电位;ΔI为流入地层的泄漏电流;K为仪器系数或刻度系数。

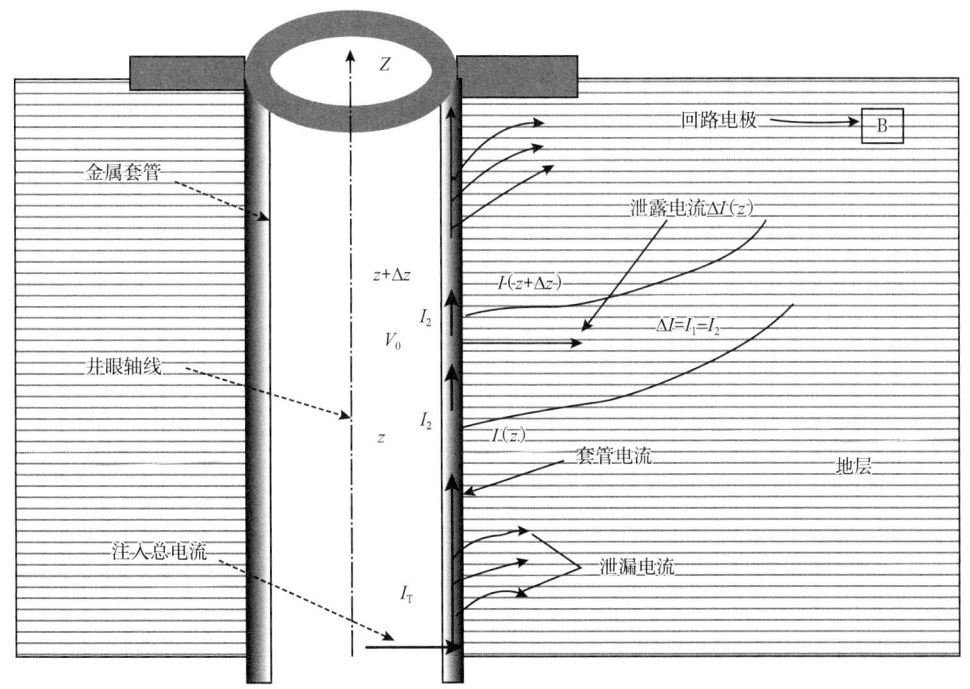

图4-9-1 过套管电阻率测井测量原理示意图

在金属套管井中，V_0 比较容易测量得到。主要问题变为如何测量得到流入地层的电流 ΔI，而 ΔI 为小信号，于是小信号检测成为过套管电阻率测井的核心问题。只要实现 ΔI 的检测，可以完成过套管电阻率测量。

二、过套管电阻率测井实现方法

套管井测井和裸眼井测井的显著区别为：套管本身即为一个巨大的导电电极，它把电流传导到地层中。在套管井中，只有一小部分电流泄漏到地层中，过套管电阻率测井的核心问题变为如何在仪器中实现小信号的测量。

1. 金属套管井中直流电场的特征

如图 4-9-2 所示，设直流电源（恒流源电流 I_0）电极 A 位于无水泥环的无限深的套管井井轴上，电流回路电极和零电势参考电极位于"电气无穷远处"。令 a 为套管平均半径，a_1 为套管外半径，Δa 为套管壁厚度，ρ_c 是套管电阻率（对应电导率为 σ_c），ρ_1 为钻井液电阻率（对应电导率为 σ_1），ρ_f 是地层电阻率（对应电导率为 σ_f）。

由电磁场基本方程和边界条件，可以求出井内外电场的解析解，通过数值模拟计算，可以得到电场和电流密度的分布，根据图 4-9-2，电场的分布可以分为三个区域。

1）近场区：$|z| < 10a$

井内外电场线（电力线）都是弯曲的，套管内壁和外壁上都有感应电荷，可对井中电势进行估算：

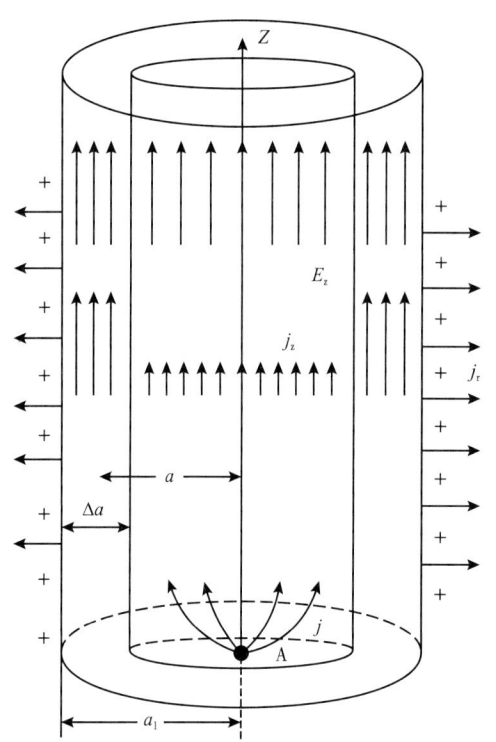

图 4-9-2 套管井中电场和电流的分布示意图

$$U \to \frac{\rho_1 I_0}{4\pi R}(R \to 0)$$

式中：R 为观测点到 A 的距离。

2）中场区：$10a < |z| < \delta$

定义 $\delta = \sqrt{S_c \rho_f}$ 为套管导电特征长度，$S_c = 2\pi a \Delta a/\rho_c$ 是单位长度套管的电导；由于 ρ_f 远大于 ρ_1，δ 可高达数十米到数百米。

在中场区，流体和套管中电场强度和电流密度都沿轴线（Z 轴）方向，其大小随距离按指数衰减（$E_z \propto e^{-z/\delta}$，$I \propto e^{-z/\delta}$），在同一横截面上（$z$ 相同）电场和电势相同，电流密度不同，绝大部分电流沿套管流动，套管内壁无电荷，电荷分布在外壁。因此，井外地层中电场和电流都沿井径方向，呈辐射状，这种横向电流称为泄漏电流，其大小和地层电阻率密切相关。中场区是测量地层电阻率的理想区段。

3）远场区：$|z|>\delta$

在远离电极 A 的区域，套管和井内流体对电场的影响很小，因此可以按照不存在井眼的情形估算电势，即：

$$U \to \frac{\rho_f I_0}{4\pi R}(R \gg \delta)$$

这里应指出两点：（1）以上讨论的是均匀地层，如果地层不均匀（如分层介质），以上结论仍然基本成立，特别是中场区井内和井外电场分别沿轴向和沿横向的结论依然成立；（2）以上讨论假定电极 A 位于井轴上，如果电极贴在套管壁，则近场区消失，中场区的范围改为 $0<z<\delta$，中场区和远场区的性质仍如前所述。

2. 传输线方程与仪器基本结构

实际过套管电阻率测井是在中场区内进行的，根据中场区电场的特征，可以利用一种简化的套管传输线模型，即把套管井等效为电工学中的一条直流传输线进行处理。

下面通过传输线方程的推导说明如何解决小信号 ΔI 的测量问题，并说明仪器的基本构成。

由图 4-9-1 可知，若电流 I_1 和 I_2 分别表示套管在 z 和 $z+\Delta z$ 处的电流，则两个电流之差为漏入地层的电流 ΔI：

$$\Delta I = I(z) - I(z+\Delta z) = I_1 - I_2 \quad (4\text{-}9\text{-}2)$$

假设套管内外壁具有相同的电场，则可以把电流写成如下形式：

$$I_1 = S_{c1}E_1 \quad (4\text{-}9\text{-}3a)$$

$$I_2 = S_{c2}E_2 \quad (4\text{-}9\text{-}3b)$$

此处 E_1、E_2 分别是套管在 z 和 $z+\Delta z$ 处的电场强度。S_c 是套管的导电率，由式（4-9-4）给出：

$$S_c = \frac{\sigma \pi (d_{co}^2 - d_{ci}^2)}{4} = 2\pi a \Delta a \sigma \quad (4\text{-}9\text{-}4)$$

式中：d_{ci} 和 d_{co} 分别为套管的内外直径。

把式（4-9-3）代入式（4-9-2）得：

$$\Delta I = S_{c1}E_1 - S_{c2}E_2 \quad (4\text{-}9\text{-}5)$$

ΔI 也可以表示为：

$$\Delta I = \frac{U}{T} \quad (4\text{-}9\text{-}6)$$

式中：U 为套管在 z 点（或 $z+\Delta z$ 点）电位；T 为这个电流回路的总电阻。

则：

$$T = \frac{U}{S_{c1}E_1 - S_{c2}E_2} \quad (4\text{-}9\text{-}7)$$

在均匀地层中,电流回路的总电阻与地层的电阻率 ρ_f 成正比。

$$T=\rho_f L \quad (4\text{-}9\text{-}8)$$

此处 L 是地层系数,由式(4-9-6)和式(4-9-7)可得:

$$\rho_f = \frac{U}{(S_{c1}E_1 - S_{c2}E_2)L} \quad (4\text{-}9\text{-}9)$$

由式(4-9-9)可知,对于均匀地层,若要测量地层的电阻率,那么就必须测量电势 U、导电率 S_1、S_2 和电场 E_1、E_2,并要知道 L。

对于非均匀地层,等式(4-9-9)可定义为视电阻率,根据式(4-9-9)可得:

$$-\frac{d}{dz}(S_c E) = \frac{U}{\rho_f \Delta z L} \quad (4\text{-}9\text{-}10)$$

把 $L\Delta z$ 定义为参数 L_D:

$$L_D = L\Delta z \quad (4\text{-}9\text{-}11)$$

当 $\Delta z \to 0$ 时,式(4-9-10)表示一个无限薄的电流从套管中流进地层。

将 $E = -\dfrac{dU}{dz}$ 代入式(4-9-10)得:

$$\frac{d}{dz}\left(S_c \frac{dU}{dz}\right) = \frac{U}{\rho_f L_D} \quad (4\text{-}9\text{-}12)$$

对于均匀金属套管,式(4-9-12)可以写成:

$$\frac{d^2 U}{dz^2} = \frac{U}{S_c \rho_f L_D} \quad (4\text{-}9\text{-}13)$$

式(4-9-13)就是著名的传输线方程。

比较式(4-9-13)、式(4-9-6)和式(4-9-9),可以看出,在均匀套管的(z,$z+\Delta z$)之间,漏入地层的电流为:$S_c \dfrac{d^2 U}{dz^2}\Delta z$。此时,把 ΔI 的测量问题重点转化为 $S_c \dfrac{d^2 U}{dz^2}\Delta z$ 的测量和求解问题。所以,如果知道 $\dfrac{d^2 U}{dz^2}$、S_c 和 U,则可以利用式(4-9-13)来计算地层的视电阻率:

$$R_a = \frac{U}{S_c L_D \dfrac{d^2 U}{dz^2}} \quad (4\text{-}9\text{-}14)$$

根据式(4-9-14)可以看出,$\dfrac{d^2 U}{dz^2}$ 为关于 z 的二阶导数,可以用二阶差商逼近,取:

$$\Delta V = V_1 - V_2$$

则:

$$\frac{d^2 U}{dz^2} \approx \frac{\Delta V}{\left(\dfrac{1}{2}\Delta z\right)^2} \quad (4\text{-}9\text{-}15)$$

式中：ΔV 为二阶电位差；V_1 为 z 和 $z+\Delta z/2$ 两点间的电位差；V_2 为（$z+\Delta z/2$）和（$z+\Delta z$）两点间的电位差。

由此可见，要得到金属套管井中地层的电阻率，需要测量二阶电位差，因此通常至少需要三个测量电极。

如图 4-9-3 所示，仪器包括三个测量电极、两个供电电极，主要符号和元器件说明如下。

（1）电流源：频率一般介于 0.01~10.0Hz，采用低频交流电的原因一是防止直流电流引起的电极极化；二是避免高频信号在套管的强烈衰减；三是可以通过频率差异进行信号检测。

（2）供电电极：A 和 F，测量时贴近套管内壁，向套管注入电流。

（3）回路电极：B，实际测量时的电流回流电极。

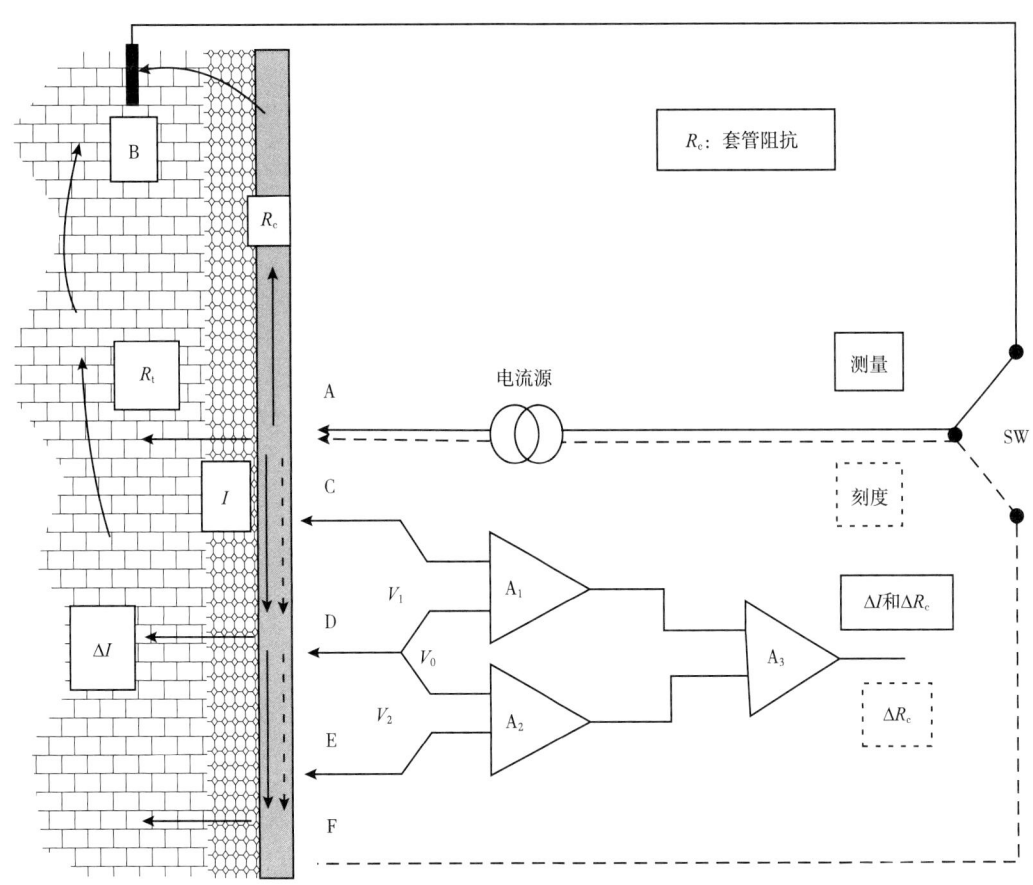

图 4-9-3　过套管电阻率测井仪器实现方法原理示意图

（4）测量电极：C、D 和 E，测量时贴近套管内壁，CD 间的电位差定义为 V_1，DE 间的电位差定义为 V_2。

（5）差分放大器：A_1、A_2 和 A_3，A_1 的输入为测量电极 C 和 D 的电位，输出为 CD 间的电位差 V_1；A_2 的输入为测量电极 D 和 E 的电位，输出为 DE 间的电位差 V_2；A_3 的输入 V_1 和 V_2，输出为 V_1 和 V_2 的差值，即二阶电位差。

（6）SW：测量模式和刻度模式的控制转换开关。

（7）ΔI：测量模式条件下 CE 间流入地层的电流。

目前，国外主要测井服务公司均推出商用的过套管电阻率测井仪器。俄罗斯和中国石油集团测井有限公司等也研制完成了过套管电阻率测井仪器并投入应用。

3. 过套管电阻率测量步骤

过套管电阻率测井的实际测量主要包括两个步骤。

第一步：测量模式。测量电极间由套管和地层共同引起的电压变化，如图 4-9-3 中实线所示。

开关 SW 接至 B 电极，发射电极 A 发射低频（0.01~10.0Hz）交流电，一部分电流在套管中流动，一部分电流沿套管内壁流入地层。测量电极 C、D 之间有电流流入地层，引起的电压变化（一阶电位差）V_1 由差分运算放大器 A_1 得到；同样在 D、E 电极之间有电流流入地层，引起的电压变化（一阶电位差）V_2 由差分运算放大器 A_2 得到；V_1、V_2 的差值通过差分运算放大器 A_3 得到，从而得到二阶电位差。在此模式中同时得到 D 电极附近的电位 V_0。

第二步：刻度模式。对套管阻抗进行测量，如图 4-9-3 中虚线所示。

开关 SW 接至图中下面位置，A 电极供电，电流沿套管从 A 电极流向 F 电极，由于电流不需要通过地层形成回路，因此几乎没有电流流入到地层中。C、D 两电极之间的电压降由 A_1 差分运算放大器放大，D、E 两电极之间的电压降由 A_2 差分运算放大器放大。A_1 和 A_2 的输出送到 A_3 放大器进行差分放大。得到相关电压变化和套管中的电流后，可以求出套管阻抗。

最后，根据在测量模式中得到的总阻抗，减去刻度模式中得到的套管阻抗，然后乘以仪器常数就可以得到地层电阻率。

过套管电阻率测井的分辨率与仪器的测量电极间距有关。通常测量电极间距为 1.0~1.2m，因此理论上的分辨率为 1.0~1.2m，但由于受围岩的影响，其分辨率通常要大于该数值。

过套管电阻率测井仪测量信号幅度非常小，同时考虑到仪器的实际井下刻度，因此，过套管电阻率测井的测量速度很慢。

三、过套管电阻率测井的应用

过套管井电阻率测量的主要应用体现在如下几个方面：

（1）油藏动态监测：通过时间推移测井，跟踪流体饱和度变化，监测生产和注水过程中的流体界面位置，调整开发方案，延长油田开采寿命。

（2）剩余油分布监测：对剩余油分布评价与监测，开采剩余油、提高采收率。

（3）补偿裸眼测井：在因扩径或塌方而未完成裸眼井测量的井中获得地层电阻率。

（4）确定漏失的油层：发现老井中漏掉的有价值的油气层。

图 4-9-4 为一口实际井在下套管前后，裸眼井的深侧向测量结果与套管井电阻率测量结果的比较，可以看出二者吻合良好，证明了套管井电阻率测量的合理性。

图 4-9-5 为生产井的裸眼井测量结果与套管井电阻率测量结果的比较，在下部产层，电阻率降低，表明经过实际油气生产后，油气减少，含水增加，从而引起电阻率减

低。若结合饱和度解释模型,可以求取经过一段时间生产后的地层含油饱和度,为油藏监测提供定量依据。

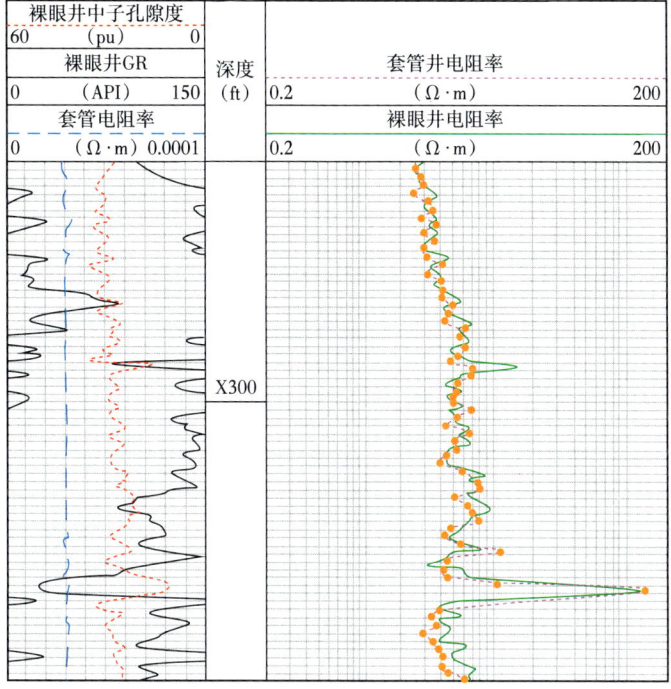

图 4-9-4 裸眼井与套管井电阻率测量结果对比(一致性检查)

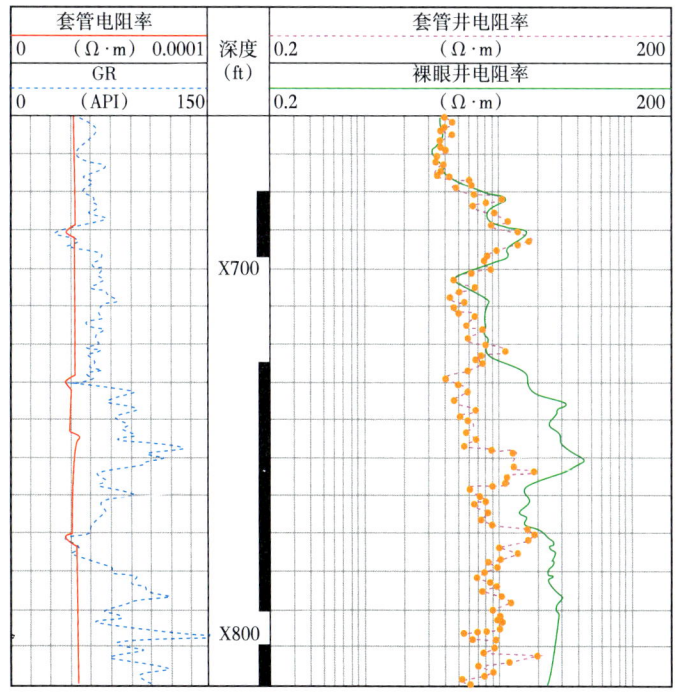

图 4-9-5 裸眼井与套管井电阻率测量结果对比(动态监测)

第五章　感应测井

普通电阻率测井和侧向测井需要一个供电电极将电流导入地层，然后用一个测量电极测出井内某点的电位。只有在井内有导电钻井液时才能使用这些方法，在油基钻井液井和无钻井液的干井中不能使用。

为了解决这个问题，H.G. Doll 提出感应测井方法。1946 年 5 月 3 日，在美国德克萨斯州的霍金斯油田七号井中记录了第一条感应测井曲线。1949 年 6 月，Doll 发表《感应测井及其在油基泥浆中的应用》论文；20 世纪 60 年代初期出现了实际生产中常用的双感应测井，20 世纪 90 年代开始出现阵列感应测井，并得到广泛应用。我国在 1967 年研发成功国产常规感应测井仪器，并首先在胜利油田和大港油田投入应用；21 世纪初研发成功国产阵列感应测井仪器，在国内广泛应用，得到普遍认可。

感应测井根据电磁感应原理测量地层电阻（导）率，进而研究井孔剖面的地层和流体性质。实践证明，感应测井对淡水钻井液高侵、原状地层电阻率中到低的地层有极好的应用价值，因而在淡水钻井液砂泥岩剖面中得到广泛应用，成为主要的电阻率测井方法之一。

第一节　感应测井原理

感应测井是利用交流电的互感原理，使得在发射线圈中的交流电流在接收线圈中感应出电动势。由于发射线圈和接收线圈都在井内，发射线圈的交流电流必然在井周围地层中感应出涡流，而这个涡流又对接收线圈的感应电动势发生影响。因此这个电动势与涡流的强度有关，即与地层的电导率有关。

设 T 是发射线圈，R 是接收线圈，如图 5-1-1 所示。T 和 R 总称线圈系，T 和 R 都在井轴上，而且线圈轴和井轴一致。为了以后讨论的方便，设井轴是柱极坐标系 $r\phi z$ 的 z 轴。T 和 R 间的距离是 L，称为线圈距。它们在 z 轴上的位置分别是 $-L/2$ 和 $L/2$。假定介质有对 z 轴的旋转对称性，即介质的性质与方位角 ϕ 无关。这样的介质可以看成由许多截面积为 $drdz$ 的单元环所组成。单元环在 $r\phi z$ 坐标系中的方程是 $r=$ 常数，$z=$ 常数。在通过 z 轴的子午面上，可以用面积元 $drdz$ 代表。在单元环内部，物质是均匀的。

在发射线圈所造成的交变电磁场作用下，在这些单元环中产生交变的感应电流，称为涡流。涡流又会形成二次交变电磁场。在二次交变电磁场作用下，接收线圈 R 中会产生感应电动势，称为二次感应电动势。

考虑单元环上的一点，其直角坐标为 (x,y,z)，柱极坐标为 (r,ϕ,z)。根据电磁场原理，该点处的磁矢势 A 可用下式表示：

$$A(x,y,z)=\frac{\mu n_{\rm T}I}{4\pi}\oint\frac{{\rm d}l'}{\rho'} \tag{5-1-1}$$

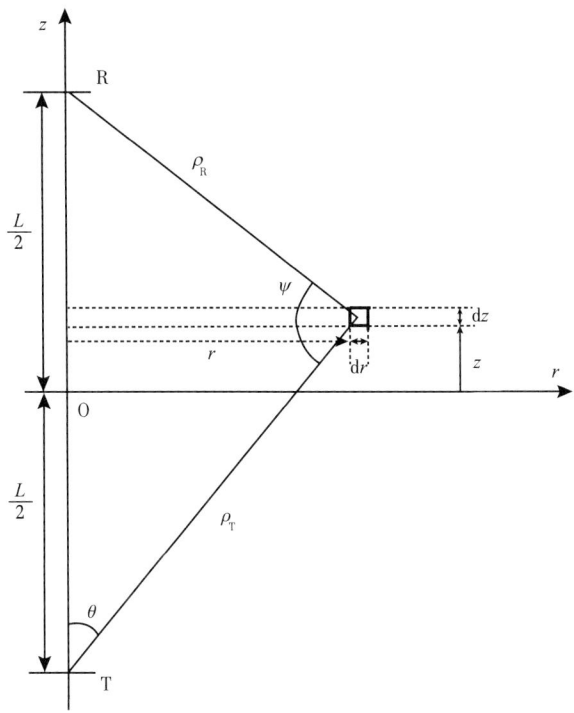

图 5-1-1 感应测井原理示意图

其中：
$$\rho' = \sqrt{(x-x')^2 + (y-y')^2 + (z-z')^2}$$

式中：μ 为磁导率；n_T 为发射线圈的匝数；I 为发射线圈的电流；dl' 为发射线圈上的线段元，为一矢量；ρ' 为观测点 (x, y, z) 到源点 (x', y', z') 的距离。

A 的表达式可以推导成：

$$A(x,y,z) = \frac{\mu n_T I}{4\pi} \int_{S_0} \boldsymbol{n}' \times \nabla' \frac{1}{\rho'} dS' \qquad (5\text{-}1\text{-}2)$$

式中：$\boldsymbol{n}'$ 为面积元 dS' 的单位法向矢量；$\nabla' \frac{1}{\rho'}$ 为 $\frac{1}{\rho'}$ 关于源点的梯度矢量；"×"表示矢量之间的叉积运算。

如果发射线圈的截面积很小（线圈半径 a 很小），面积分可以用与线圈截面积 S_0 相乘代替，式（5-1-2）变为：

$$A(x,y,z) = \frac{\mu M}{4\pi} \boldsymbol{n} \times \nabla' \frac{1}{\rho'} \bigg|_{\substack{x'=x_T \\ y'=y_T \\ z'=z_T}} \qquad (5\text{-}1\text{-}3)$$

$$M = n_T S_0 I, \quad S_0 = \pi a^2$$

式中：M 为发射线圈的磁偶极矩；x_T、y_T、z_T 为发射线圈中心的坐标。

由图 5-1-1 可知，$x_T = y_T = 0$，$z_T = -L/2$。由于：

$$n = e_z$$

$$\nabla'\frac{1}{\rho'}\bigg|_{\substack{x'=x_T\\y'=y_T\\z'=z_T}} = \frac{1}{\rho_T^3}\left[xe_x + ye_y + \left(z+\frac{L}{2}\right)e_z\right]$$

$$\rho_T = \sqrt{x^2 + y^2 + \left(z+\frac{L}{2}\right)^2} = \sqrt{r^2 + \left(z+\frac{L}{2}\right)^2}$$

式中：e_x、e_y、e_z 分别为 x、y、z 向的单位矢量；ρ_T 为观测点到发射线圈中心的距离。

式（5-1-3）变成：

$$A(r,\phi,z) = \frac{\mu M}{4\pi}\frac{\sin\theta}{\rho_T^2}e_\phi = \frac{\mu M}{4\pi}\frac{r}{\rho_T^3}e_\phi = Ae_\phi \tag{5-1-4}$$

式中：e_ϕ 为 ϕ 方向上的单位矢量；A 为磁矢势 A 在 ϕ 方向上的分量，由于它是唯一的分量，所以下标 ϕ 也省去。

式（5-1-4）可改写成：

$$A(r,z) = \frac{\mu M}{4\pi}\frac{r}{\rho_T^3} \tag{5-1-5}$$

由于 A 与 ϕ 无关，它从三维空间点坐标（r，ϕ，z）的函数变成二维子午面上点坐标（r，z）的函数。这种与方位角无关的特性，称为轴向对称性。

I 通常是正弦交变电流，有：

$$I = I_0 e^{i\omega t}$$

其中：

$$i = \sqrt{-1},\quad \omega = 2\pi f$$

式中：I_0 为常数；i 为虚数单位；ω 为交流电的角频率；f 为电流源频率；e 是自然对数的底。

$e^{i\omega t}$ 可以做如下置换：

$$\frac{\partial}{\partial t} \to i\omega \tag{5-1-6}$$

根据电磁学理论，电场强度 E 可表示为：

$$E = -\frac{\partial A}{\partial t} \tag{5-1-7}$$

所以：

$$E = -i\omega A = -\frac{i\omega\mu M}{4\pi}\frac{r}{\rho_T^3}$$

E 是 E 的 ϕ 分量，也是唯一的分量。根据微分形式的欧姆定律[式（1-1-2）]，电流密度 J 与 E 之间有关系：

$$J = \sigma E = -\frac{i\omega\mu M}{4\pi}\frac{r}{\rho_T^3}\sigma$$

式中：σ 为电导率。

通过单元环的电流 $\mathrm{d}I'$ 是：

$$\mathrm{d}I' = \boldsymbol{J}\mathrm{d}r\mathrm{d}z = -\frac{\mathrm{i}\omega\mu M}{4\pi}\frac{r}{\rho_\mathrm{T}^3}\sigma\mathrm{d}r\mathrm{d}z$$

这个 $\mathrm{d}I'$ 就是前面所说的涡流。涡流在接收线圈处产生的磁矢势 A_R，仿照式（5-1-1）是：

$$\mathrm{d}\boldsymbol{A}_\mathrm{R}\left(a,\frac{L}{2}\right) = \frac{\mu\mathrm{d}I'}{4\pi}\oint\frac{\mathrm{d}\boldsymbol{l}'}{\rho'} \tag{5-1-8}$$

式中：$\mathrm{d}\boldsymbol{l}'$ 是单元环上的矢量线段元，在数值上等于 $r\mathrm{d}\phi$。

接收线圈上的线段元是 $a\mathrm{d}\phi$，a 为接收线圈半径。$\mathrm{d}\boldsymbol{l}'$ 也可以用接收线圈上的线段元 $\mathrm{d}\boldsymbol{l}$ 按比例置换：

$$\frac{r}{a}\mathrm{d}\boldsymbol{l} \to \mathrm{d}\boldsymbol{l}'$$

式（5-1-8）变成：

$$\mathrm{d}\boldsymbol{A}_\mathrm{R}\left(a,\frac{L}{2}\right) = \frac{\mu r\mathrm{d}I'}{4\pi a}\oint\frac{\mathrm{d}\boldsymbol{l}}{\rho'} \tag{5-1-9}$$

仿照式（5-1-1）下面的推导：

$$\oint\frac{\mathrm{d}\boldsymbol{l}}{\rho'} = S_0\frac{r}{\rho_\mathrm{R}^3}\boldsymbol{e}_\phi = \frac{\pi a^2 r}{\rho_\mathrm{R}^3}\boldsymbol{e}_\phi$$

代入式（5-1-9）得：

$$\mathrm{d}\boldsymbol{A}_\mathrm{R}\left(a,\frac{L}{2}\right) = \frac{\mu a r^2}{4\rho_\mathrm{R}^3}\mathrm{d}I' = -\frac{\mathrm{i}\omega\mu^2 a M}{16\pi}\frac{r^3}{\rho_\mathrm{T}^3\rho_\mathrm{R}^3}\sigma\mathrm{d}r\mathrm{d}z$$

$$\rho_\mathrm{R} = \sqrt{r^2 + \left(z - \frac{L}{2}\right)^2}$$

式中：ρ_R 为单元环到接收线圈中点的距离。

$\mathrm{d}\boldsymbol{A}$ 乘以 $-\mathrm{i}\omega$ 是场强 $\mathrm{d}E$，$\mathrm{d}E$ 再乘以 $2\pi n_\mathrm{R}a$（n_R 是接收线圈匝数），便得到接收线圈的电动势 $\mathrm{d}V_\mathrm{R}$，即：

$$\mathrm{d}V_\mathrm{R} = -2\pi\mathrm{i}\omega n_\mathrm{R}a\mathrm{d}\boldsymbol{A}_\mathrm{R} = -\frac{\omega^2\mu^2 n_\mathrm{R}S_0 M}{4\pi L}\frac{L}{2}\frac{r^3}{\rho_\mathrm{T}^3\rho_\mathrm{R}^3}\sigma\mathrm{d}r\mathrm{d}z$$

令：

$$K \stackrel{\mathrm{def}}{=\!=\!=} -\frac{\omega^2\mu^2 n_\mathrm{R}S_0 M}{4\pi L} = -\frac{\omega^2\mu^2 n_\mathrm{T}n_\mathrm{R}S_0^2 I}{4\pi L} \tag{5-1-10}$$

$$g \stackrel{\text{def}}{=\!=} \frac{L}{2} \frac{r^3}{\rho_T^3 \rho_R^3} \qquad (5\text{-}1\text{-}11)$$

式中：K 为仪器常数；g 为几何因子。

引进了 K、g 这两个符号后，dV_R 的表达式变成：

$$dV_R = Kg\sigma dr dz$$

对 $drdz$ 积分，把所有单元环的贡献都加起来，得：

$$V_R = K \int_{-\infty}^{+\infty} \int_{0}^{+\infty} g\sigma dr dz \qquad (5\text{-}1\text{-}12)$$

这就是地层中涡流所形成的二次感应电动势，也称有用信号。由式（5-1-10）可知，V_R 和 I 是同相的。

下面在计算发射线圈到接收线圈的直接耦合电动势。在式（5-1-5）中代入接收线圈在子午面上的坐标值（a, $L/2$），得：

$$A\left(a, \frac{L}{2}\right) = \frac{\mu M}{4\pi} \frac{a}{\rho_T^3} = \frac{\mu M}{4\pi} \frac{a}{L^3}$$

第二个等号后面的项是因为 $a \ll L$，从而 $\rho_T \approx L$。则可直接得到直耦电动势表达式：

$$V_X = -2\pi i \omega n_R A\left(a, \frac{L}{2}\right) = -\frac{i\omega n_R S_0 M}{2\pi L^3} = -\frac{i\omega n_T n_R S_0^2 I}{2\pi L^3} = -i\omega M_{TR} I \qquad (5\text{-}1\text{-}13)$$

$$M_{TR} = \frac{\mu n_T n_R S_0^2}{2\pi L^3}$$

式中：M_{TR} 为发射线圈和接收线圈的互感。

可以看出，V_X 和 I 相差 90° 相位。式（5-1-13）不包含与地层性质有关的参数，常称为无用信号，在测井中可以采取措施将其压制掉。

现在将有用信号和无用信号的绝对值比较一下：

$$\frac{|V_R|}{|V_X|} = \frac{\omega\mu L^2}{2} \int_{-\infty}^{+\infty} \int_{0}^{+\infty} g\sigma dr dz$$

公式等号右侧的积分是量纲与 σ 相同的量，其数值通常小于 1S/m。设 $L=1$m，$\omega=4\pi\times10^4$rad/s（即频率 20kHz，这是感应测井的常用频率），取 $\mu=\mu_0=4\pi\times10^{-7}$H/m，即得：

$$\frac{|V_R|}{|V_X|} \approx 8.0\%$$

即有用信号仅为无用信号的 8%。这个结论适用于 1m 间距的双线圈系。在复合线圈系中，通过有意识地压制无用信号，提高此比值。同时，由于无用信号和有用信号相差

90°相位，可以在线路中加入相敏检波器来进一步压制无用信号。

第二节　感应测井视电导率和道尔微分几何因子

一、视电导率的定义和道尔微分几何因子

视电导率 σ_a 定义为有用信号和仪器常数之比，即：

$$\sigma_a \stackrel{\text{def}}{=\!=} \frac{V_R}{K}$$

根据式（5-1-12）得：

$$\sigma_a = \int_{-\infty}^{+\infty}\int_0^{+\infty} g\sigma \mathrm{d}r\mathrm{d}z \tag{5-2-1}$$

g 由式（5-1-11）给出。可以看出 g 只与子午面上的面积元 $\mathrm{d}r\mathrm{d}z$ 的位置有关，而与介质性质无关。因此，g 称为微分几何因子，由 H.G. Doll 首先提出来，又称道尔微分几何因子。式（5-2-1）表明，σ_a 是空间中各个单元环的电导率的加权平均值，其权系数就是几何因子 $g\mathrm{d}r\mathrm{d}z$，它代表空间中各单元环的电导率对视电导率的相对贡献的大小。

道尔微分几何因子满足归一化条件：

$$\int_{-\infty}^{+\infty}\int_0^{+\infty} g\mathrm{d}r\mathrm{d}z = 1 \tag{5-2-2}$$

当介质均匀时，有 $\sigma_a = \sigma$。

根据三角形的正弦定律，可以将式（5-1-11）改写成：

$$g = \frac{1}{2L^2}\sin^3\psi \tag{5-2-3}$$

式中：ψ 为线圈距 L 对应单元环上一点的张角。

从式（5-2-3）可以看出，在通过 T 中心和 R 中心的圆弧上，由于 ψ 不变，g 保持不变。即等"g"线是通过 T 和 R 的圆弧。g 的最大值在以 L 为直径的半圆上。在这个半圆上，双线圈系道尔微分几何因子 g 随 r 和 z 变化的三维图形如图 5-2-1 所示。这是一个类似半个火山的图形。半圆形的火山口是 g 最大值的轨迹。在 T 和 R 处有两个峭壁。

$$g = \frac{1}{2L^2}$$

通过 T 和 R 的相邻两圆弧的圆周角分别是 ψ 和 $\psi + \mathrm{d}\psi$。这两个圆弧间的面积是：

$$\mathrm{d}S = -\frac{L^2}{2}\left[\frac{\cos\psi}{\sin^3\psi}(\pi - \psi) + \frac{1}{\sin^2\psi}\right]\mathrm{d}\psi$$

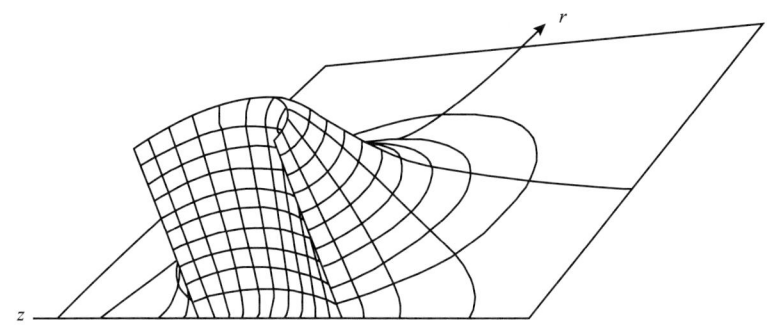

图 5-2-1　道尔微分几何因子的三维图形示意图

设在这个小面积上，g 由式（5-1-11）给出。当 ψ 由 π（代表 T 和 R 间的直线段）变到 0（代表通过 T 和 R 的无限大圆弧）时，通过 T 和 R 的圆弧就扫过全部子午面。因此有：

$$\int_{-\infty}^{+\infty}\int_{0}^{-\infty} g \mathrm{d}r\mathrm{d}z = -\int_{\pi}^{0} \frac{\sin^3\psi}{2L^2}\frac{L^2}{2}\left[\frac{\cos\psi}{\sin^3\psi}(\pi-\psi) + \frac{1}{\sin^2\psi}\right]\mathrm{d}\psi$$

$$= \frac{1}{4}\int_{0}^{\pi}[\cos\psi(\pi-\psi) + \sin\psi]\mathrm{d}\psi = 1$$

即式（5-2-2）。

在大多数情况下，介质是分区均匀的。例如，在测井时，有井眼、侵入带、原状地层及上下围岩。在每一个这样的区域内，σ 保持不变，分别用 σ_m、σ_i、σ_t 和 σ_s 代表。这时式（5-2-1）的积分可分区进行，即：

$$\sigma_a = \sigma_m\iint_m g\mathrm{d}r\mathrm{d}z + \sigma_i\iint_i g\mathrm{d}r\mathrm{d}z + \sigma_t\iint_t g\mathrm{d}r\mathrm{d}z + \sigma_s\iint_s g\mathrm{d}r\mathrm{d}z$$

$$= \sigma_m G_m + \sigma_i G_i + \sigma_t G_t + \sigma_s G_s$$

式中：G_m、G_i、G_t 和 G_s 分别为微分几何因子在相应区域内的积分，即井眼、侵入带、原状地层及围岩的积分几何因子。

二、横向和纵向几何因子

根据微分几何因子 g，可以分别求出横向（径向）和纵向（轴向）微分和积分几何因子。

1. 横向几何因子

将 g 对 z 求积分，即得出横向微分几何因子 g_r。可以利用 g_r 说明线圈系的横向探测特性，即井眼、侵入带和原状地层对视电阻率的相对贡献的大小。

$$g_r \stackrel{\text{def}}{=\!=} \int_{-\infty}^{+\infty} g\mathrm{d}z = \int_{-\infty}^{+\infty}\frac{L}{2}\frac{r^3\mathrm{d}z}{\left[r^2+\left(z+\frac{L}{2}\right)^2\right]^{3/2}\left[r^2+\left(z-\frac{L}{2}\right)^2\right]^{3/2}} \quad (5\text{-}2\text{-}4)$$

积分结果是：

$$g_r = \frac{2\eta k}{L}\left[(1-k^2)K(k)+(2k^2-1)E(k)\right] \quad (5\text{-}2\text{-}4')$$

其中：

$$\eta = \frac{r}{L}, \quad k = \frac{1}{\sqrt{4\eta^2+1}}$$

$$K(k) = \int_0^{\pi/2}\frac{\mathrm{d}\theta}{\sqrt{1-k^2\sin^2\theta}} \quad (\text{第一类完全椭圆积分})$$

$$E(k) = \int_0^{\pi/2}\sqrt{1-k^2\sin^2\theta}\,\mathrm{d}\theta \quad (\text{第二类完全椭圆积分})$$

这个积分的推导过程在附录 C 中给出。Lg_r 随 η 的变化曲线如图 5-2-2 所示。当电导率不随 z 变化时，视电导率表示为：

$$\sigma_a = \int_0^{+\infty} g_r(r)\sigma(r)\mathrm{d}r \quad (5\text{-}2\text{-}5)$$

由式（5-2-5）可以看出，一个半径为 r，厚度为 $\mathrm{d}r$ 的无限长空心圆柱对视电导率的相对贡献，即它的几何因子是 $g_r\mathrm{d}r$。

σ 不随 z 变化的情况在测井时虽然不会出现，但 g_r 能够显示线圈系的横向探测特性，因此是有用的。从图 5-2-2 可以看出，当 η 小时，Lg_r 几乎随 η 直线上升，当 $\eta=0.5$ 时达到最大值；随着 η 的进一步增加，g_r 逐渐减小，最终趋于零。$\eta=0.45$ 处的介质贡献最大。因此，为了增加横向探测深度，需要线圈距 L 增大。这一点与视电阻率测井相类似。

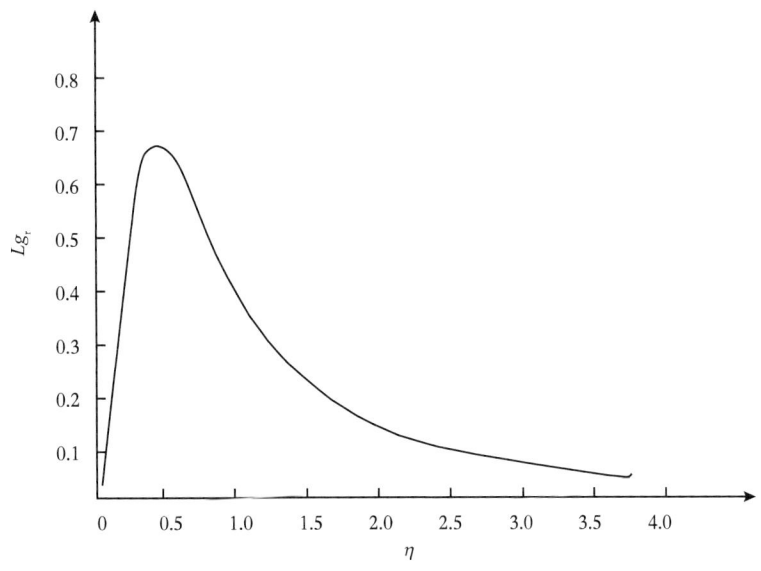

图 5-2-2　横向微分几何因子变化曲线

将 g_r 对 r 积分，得出横向积分几何因子 G_r：

$$G_r(r) \stackrel{\mathrm{def}}{=\!=} \int_0^r g_r(r')\mathrm{d}r'$$

对于双线圈系：

$$G_r(r) = 1 - \frac{1+k^2}{2k}E(k) + \frac{1-k^2}{2k}K(k) \quad (5\text{-}2\text{-}6)$$

由 G_r 的定义式可得：

$$g_r = \frac{\mathrm{d}}{\mathrm{d}r}G_r$$

式（5-2-4）和式（5-2-6）间的确有此关系（参见附录C）。因为 g_r 是正的，G_r 是随 r 单调递增（随 k 单调递减）的函数。当 $r=0$ 时，$G_r=0$，而当 $r\to\infty$ 时，$G_r=1$。这就再一次证明了式（5-2-2）。$G_r(r)$ 是半径为 r 的柱面以内的全部介质的总相对贡献。例如，当 $r=0.5L$ 时，$G_r=0.225$，即在 $r=0.5L$ 的圆柱面内全部介质的总相对贡献是 22.5%，而在这个柱面以外的总相对贡献是 77.5%。

对于感应测井，一般来说，定义 $G_r(r)=0.5$ 时对应的地层圆柱体半径 r 为该感应测井仪器的探测深度（或称探测半径）。

2. 纵向几何因子

将 g 对 r 求积分，即得到纵向微分几何因子 g_z。如果 T 和 R 分别置放在 z 轴上的 $-L/2$ 和 $L/2$ 两点，则积分结果是：

$$g_z \stackrel{\text{def}}{=\!=} \int_0^{+\infty} g\,\mathrm{d}r = \frac{L}{2}\int_0^\infty \frac{r^3\,\mathrm{d}r}{\left[r^2+\left(z+\frac{L}{2}\right)^2\right]^{3/2}\left[r^2+\left(z-\frac{L}{2}\right)^2\right]^{3/2}}$$

$$= \begin{cases} \dfrac{1}{2L}, & |z| \leqslant \dfrac{L}{2} \\ \dfrac{L}{8z^2}, & |z| \geqslant \dfrac{L}{2} \end{cases} \quad (5\text{-}2\text{-}7)$$

Lg_z 随 ξ（$=z/L$）的变化曲线如图 5-2-3 所示。

当 σ 不随 r 变化时，视电导率表示为：

$$\sigma_a = \int_{-\infty}^{+\infty} g_z(z)\sigma(z)\,\mathrm{d}z$$

也就是说，厚度为 $\mathrm{d}z$ 的无限延伸的水平地层对视电导率的相对贡献（即几何因子）为 $g_z\mathrm{d}z$。

σ 不随 r 变化的情况虽然不会出现，但 g_z 可以显示线圈系的纵向探测特性。例如，由式（5-2-7）和图 5-2-3 可以看出，在发射线圈和接收圈之间的地层贡献最大，而在以外的地层的贡献按 $1/z^2$ 的规律减小。纵向微分几何因子决定线圈系纵向分辨能力的大小。为了提高纵向分辨能力，要求 g_z 曲线上的峰窄而且高。这就要求线圈距 L 小。这恰好和提高横向探测深度的要求相反。在下面将讨论的复合线圈系中，这两个互相矛盾的要求同时得到一定程度的满足。

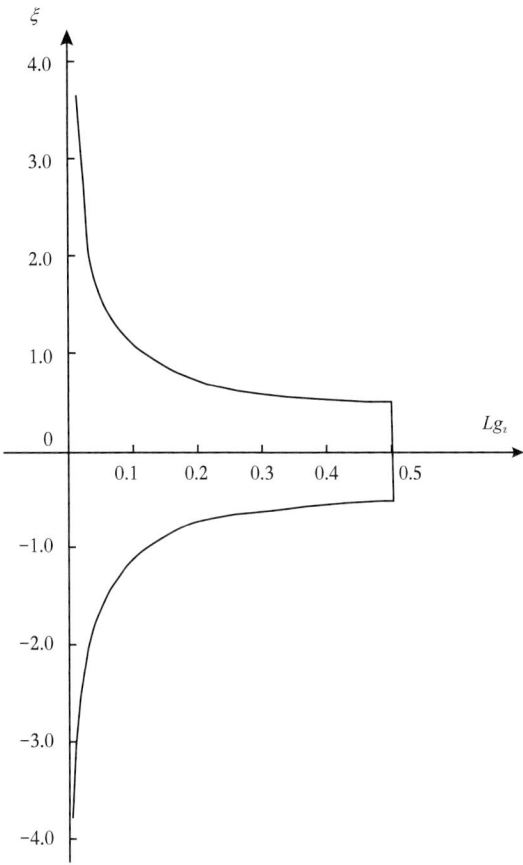

图 5-2-3 纵向微分几何因子变化曲线

将 g_z 再对 z 求积分,即得出厚度有限的地层的相对贡献 G_z,称为纵向积分几何因子。设地层厚度为 $2z$,其中点与线圈系中点一致,即得:

$$G_z(z) \stackrel{\text{def}}{=\!=} \int_{-z}^{z} g_z(z') \mathrm{d}z' \quad (5\text{-}2\text{-}8)$$

根据式(5-2-7),得:

$$G_z(z) = \begin{cases} \dfrac{|z|}{L}, & |z| \leqslant \dfrac{L}{2} \\ 1 - \dfrac{L}{4|z|}, & |z| \geqslant \dfrac{L}{2} \end{cases} \quad (5\text{-}2\text{-}9)$$

当 $z \to \infty$ 时,$G_z \to 1$。这样便第三次证明了式(5-2-2)。根据 G_z 的定义式有:

$$g_z(z) = \frac{1}{2} \frac{\mathrm{d}}{\mathrm{d}z} G_z(z)$$

式(5-2-7)和式(5-2-9)之间的确有此关系。

对于感应测井,若有一厚度为 H 的水平地层,仪器垂直放置位于该地层的中心,通

常定义 $G_z=0.9$ 时对应的 H 为该感应测井仪器的垂向分辨率。

第三节　感应测井的复合线圈系

由一个发射线圈和一个接收线圈所组成的双线圈系的各项指标均不够理想：其无用信号过大，大到为有用信号的几十倍甚至几千倍；纵向和横向探测特性也不能满足要求。因此，实际的感应测井仪器并不采用双线圈系，而是采用复合线圈系。

感应测井的复合线圈系由串联在一起的多个发射线圈和串联在一起的多个接收线圈组成。设有 $L+1$ 发射线圈和 $N+1$ 个接收线圈，分别用符号 T_0，T_1，…，T_L 和 R_0，R_1，…，R_N 表示，其匝数分别是 n_{T_0}，n_{T_1}，…，n_{T_L} 和 n_{R_0}，n_{R_1}，…，n_{R_N}。其中 T_0 和 R_0 称为主发射线圈和主接收线圈，其匝数 n_{T_0} 和 n_{R_0} 一定是最大的。

由于接收线圈串联在一起，总的无用信号 V_X 和总的有用信号 V_R 由下式给出：

$$V_X = \sum_{j,k=0}^{L,N} V_{Xjk} = -\mathrm{i}\omega \sum_{j,k=0}^{L,N} M_{jk} I = -\mathrm{i}\omega M I$$

$$V_R = \sum_{j,k=0}^{L,N} V_{Rjk}$$

$$M_{jk} = \frac{\mu n_{T_j} n_{R_k} S_0^2}{2\pi L_{jk}^3}, \quad M = \sum_{j,k=0}^{L,N} M_{jk} = \frac{\mu S_0^2}{2\pi} \sum_{j,k=0}^{L,N} \frac{n_{T_j} n_{R_k}}{L_{jk}^3}$$

式中：V_{Xjk} 为 T_j 在 R_k 中产生的无用信号；V_{Rjk} 为 T_j 在 R_k 中产生的有用信号；M_{jk} 为 T_j 和 R_k 间的互感；M 为所有发射线圈对所有接收线圈的互感；L_{jk} 为 T_j 和 R_k 间的距离。

根据式（5-1-12）有：

$$V_{Rjk} = K_{jk} \sigma_{ajk}$$

式中：K_{jk} 为第 j 个发射线圈和第 k 个接收线圈组成的线圈系数；σ_{ajk} 为线圈对 T_j 和 R_k 所测得的视电导率。

根据式（5-1-10）和式（5-2-1）有：

$$K_{jk} = -\frac{\omega^2 \mu^2 n_{T_j} n_{R_k} S_0^2 I}{4\pi L_{jk}}, \quad \sigma_{ajk} = \int_{-\infty}^{\infty}\int_0^{\infty} g_{jk} \sigma \mathrm{d}r\mathrm{d}z$$

式中：g_{jk} 为对应 σ_{ajk} 的几何因子。

根据式（5-1-11）有：

$$g_{jk} = \frac{L_{jk}}{2} \frac{r^3}{\rho_{T_j}^3 \rho_{R_k}^3}$$

式中：ρ_{T_j} 和 ρ_{R_k} 分别为单元环到 T_j 和 R_k 的距离。

将 V_{Rjk} 的表达式代入 V_R，得：

$$V_R = \sum_{j,k=0}^{L,N} K_{jk} \sigma_{ajk}$$

为了归一化目的，按下式定义复合线圈系的仪器常数：

$$K \stackrel{\text{def}}{=\!=} \sum_{j,k=0}^{L,N} K_{jk}$$

以这个 K 除以 V_R，得到复合线圈系的视电导率：

$$\sigma_a = \frac{V_R}{K} = \frac{\sum_{j,k=0}^{L,N} \dfrac{n_{T_j} n_{R_k}}{L_{jk}} \sigma_{ajk}}{\sum_{j,k=0}^{L,N} \dfrac{n_{T_j} n_{R_k}}{L_{jk}}} \qquad (5\text{-}3\text{-}1)$$

将 σ_{ajk} 的表达式代入式（5-3-1），即得：

$$\sigma_a = \int_{-\infty}^{\infty} \int_0^{\infty} g \sigma \, \mathrm{d}r \mathrm{d}z$$

$$g = \frac{\sum_{j,k=0}^{L,N} \dfrac{n_{T_j} n_{R_k}}{L_{jk}} g_{jk}}{\sum_{j,k=0}^{L,N} \dfrac{n_{T_j} n_{R_k}}{L_{jk}}} \qquad (5\text{-}3\text{-}2)$$

式中：g 为复合线圈系的微分几何因子。

显然，由于满足归一化条件，g 也满足式（5-2-2）。将 g_{jk} 的表达式代入式（5-3-2），得：

$$g = \frac{r^3 \sum_{j=0}^{L} \dfrac{n_{T_j}}{\rho_{T_j}^3} \sum_{k=0}^{N} \dfrac{n_{R_k}}{\rho_{R_k}^3}}{2 \sum_{j,k=0}^{L,N} \dfrac{n_{T_j} n_{R_k}}{L_{jk}}} \qquad (5\text{-}3\text{-}2')$$

式（5-3-2）表明：复合线圈系的微分几何因子 g 是 $L+1$ 个发射线圈 T_j（$j=0,\cdots,L$）和 $N+1$ 个接收线圈 R_k（$k=0,\cdots,N$）所组成的 $(L+1)\times(N+1)$ 个发射线圈—接收线圈对 $T_j R_k$ 的几何因子 g_{jk} 的加权平均值。定义权系数：

$$\omega_{jk} = \frac{\dfrac{n_{T_j} n_{R_k}}{L_{jk}}}{\sum_{p,q=0}^{L,N} \dfrac{n_{T_p} n_{R_q}}{L_{pq}}}$$

永远取 n_{T_0} 和 n_{R_0} 为正数，而其他的 n_{T_j}（$j\neq 0$）和 n_{R_k}（$k\neq 0$）根据需要可以取正值或负值。匝数的正和负这样规定：发射线圈的缠绕方向和主发射线圈一致的，匝数为正，否则为负；接收线圈的缠绕方向和主接收线圈一致的，匝数为正，否则为负。由于匝数有负值，主线圈对的权系数通常大于 1。但是权系数的总和仍然是 1。恰当地选择线圈的位置和匝数，可以使复合线圈系具有令人满意的探测特性。

复合线圈系感应测井仪器的书写方法为：按照线圈系在井中自上而下的顺序写出线圈名称和线圈之间的距离，并在对应线圈名称下面写出其匝数。

6FF40 线圈系曾经是国内外广泛使用的感应测井仪器，可以认为其是感应测井发展历史中最为著名的复合线圈系。6FF40 线圈系的主要参数如下：

$$T_2 \quad 29 \quad R_0 \quad 10 \quad R_1 \quad 20 \quad T_1 \quad 10 \quad T_0 \quad 29 \quad R_2$$
$$-4 \qquad 60 \qquad -15 \qquad -15 \qquad 60 \qquad -4$$

注意，此处线圈之间的距离单位为英寸（in）。

图 5-3-1a 是 6FF40 线圈系的主线圈对的微分几何因子 g_{00}，6FF40 线圈系的微分几何因子 g 随 r 和 z 变化的三维图形如图 5-3-1b 所示。比较这两张图可以看出，6FF40 线圈系的径向探测深度远比其主线圈对的探测深度要大。而且，除了"高峰"之外，还有"深谷"——某些地方 g 取负值，这是由于有些线圈匝数为负的缘故。

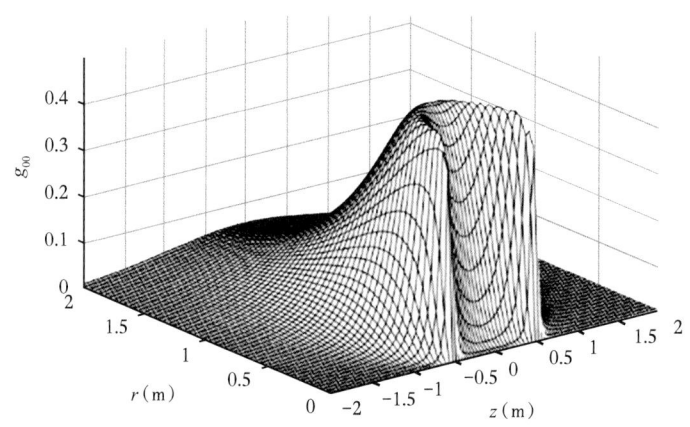

a. 6FF40 线圈系的主线圈对的微分几何因子

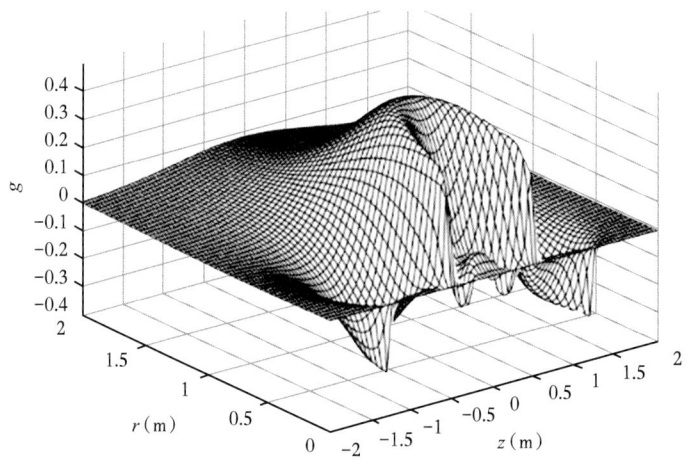

b. 6FF40 线圈系的微分几何因子

图 5-3-1　6FF40 线圈系及其主线圈对的几何因子的三维主图形比较

将式（5-3-2）的 g 对 z 求积分，即得到横向微分几何因子：

$$g_\mathrm{r}(r) \stackrel{\text{def}}{=\!=} \int_{-\infty}^{+\infty} g(r,z)\mathrm{d}z = \frac{\sum\limits_{j,k=0}^{L,N} \dfrac{n_{\mathrm{T}_j} n_{\mathrm{R}_k}}{L_{jk}} g_{\mathrm{r}jk}(r)}{\sum\limits_{j,k=0}^{L,N} \dfrac{n_{\mathrm{T}_j} n_{\mathrm{R}_k}}{L_{jk}}} = \sum_{j,k=0}^{L,N} \omega_{jk} g_{\mathrm{r}jk}(r) \quad (5\text{-}3\text{-}3)$$

式中：$g_{\mathrm{r}jk}$ 为线圈对 $\mathrm{T}_j\mathrm{R}_k$ 的横向微分几何因子，由式（5-2-4）给出。

将 g_r 再对 r 求积分，就得到横向积分几何因子 G_r：

$$G_\mathrm{r}(r) \stackrel{\text{def}}{=\!=} \int_0^r g_\mathrm{r}(r')\mathrm{d}r' = \frac{\sum\limits_{j,k=0}^{L,N} \dfrac{n_{\mathrm{T}_j} n_{\mathrm{R}_k}}{L_{jk}} G_{\mathrm{r}jk}(r)}{\sum\limits_{j,k=0}^{L,N} \dfrac{n_{\mathrm{T}_j} n_{\mathrm{R}_k}}{L_{jk}}} = \sum_{j,k=0}^{L,N} \omega_{jk} G_{\mathrm{r}jk}(r) \quad (5\text{-}3\text{-}4)$$

式中：$G_{\mathrm{r}jk}$ 为线圈对 $\mathrm{T}_j\mathrm{R}_k$ 的横向积分几何因子，由式（5-2-6）给出。

将式（5-3-2）的 g 对 r 求积分，得到纵向微分几何因子：

$$g_\mathrm{z}(z) \stackrel{\text{def}}{=\!=} \int_0^{+\infty} g(r,z)\mathrm{d}r = \frac{\sum\limits_{j,k=0}^{L,N} \dfrac{n_{\mathrm{T}_j} n_{\mathrm{R}_k}}{L_{jk}} g_{\mathrm{z}jk}(z)}{\sum\limits_{j,k=0}^{L,N} \dfrac{n_{\mathrm{T}_j} n_{\mathrm{R}_k}}{L_{jk}}} = \sum_{j,k=0}^{L,N} \omega_{jk} g_{\mathrm{z}jk}(z) \quad (5\text{-}3\text{-}5)$$

式中：$g_{\mathrm{z}jk}$ 为线圈对 $\mathrm{T}_j\mathrm{R}_k$ 的纵向微分几何因子。

由于 T_j 和 R_k 不是对称地置于坐标原点的上下两侧，$g_{\mathrm{z}jk}$ 不能简单地套用式（5-2-7），而应略加修改，成为：

$$g_{\mathrm{z}jk}(z) = \begin{cases} \dfrac{1}{2L_{jk}}, & \left|z - \dfrac{z_{\mathrm{T}_j}+z_{\mathrm{R}_k}}{2}\right| \leqslant \dfrac{L_{jk}}{2} \\ \dfrac{L_{jk}}{8\left(z - \dfrac{z_{\mathrm{T}_j}+z_{\mathrm{R}_k}}{2}\right)^2}, & \left|z - \dfrac{z_{\mathrm{T}_j}+z_{\mathrm{R}_k}}{2}\right| \geqslant \dfrac{L_{jk}}{2} \end{cases} \quad (5\text{-}3\text{-}6)$$

式中：z_{T_j} 和 z_{R_k} 分别为 T_j 和 R_k 的 z 轴坐标。

g_z 再对 z 积分，其结果是纵向积分几何因子 G_z：

$$G_\mathrm{z}(z) \stackrel{\text{def}}{=\!=} \int_{-z}^{z} g_\mathrm{z}(z')\mathrm{d}z' = \frac{\sum\limits_{j,k=0}^{L,N} \dfrac{n_{\mathrm{T}_j} n_{\mathrm{R}_k}}{L_{jk}} H_{\mathrm{z}jk}(z)}{\sum\limits_{j,k=0}^{L,N} \dfrac{n_{\mathrm{T}_j} n_{\mathrm{R}_k}}{L_{jk}}} = \sum_{j,k=0}^{L,N} \omega_{jk} H_{\mathrm{z}jk}(z) \quad (5\text{-}3\text{-}7)$$

式中：$H_{\mathrm{z}jk}(z)$ 为厚度 $|2z|$ 的地层对线圈对 $\mathrm{T}_j\mathrm{R}_k$ 的几何因子。

由于地层中点（即坐标原点）和 T_jR_k 的中点未必一致，式（5-3-7）不同于式（5-2-9）给出的 G_z。$H_{zjk}(z)$ 按式（5-3-8）计算：

$$H_{zjk}(z)=\begin{cases}\dfrac{1}{2}\left[G_{zjk}\left(z-\dfrac{z_{T_j}+z_{R_k}}{2}\right)+G_{zjk}\left(z+\dfrac{z_{T_j}+z_{R_k}}{2}\right)\right],&\left|\dfrac{z_{T_j}+z_{R_k}}{2}\right|\leqslant z\\[2mm]\dfrac{1}{2}\left|G_{zjk}\left(\left|z-\dfrac{z_{T_j}+z_{R_k}}{2}\right|\right)-G_{zjk}\left(\left|z+\dfrac{z_{T_j}+z_{R_k}}{2}\right|\right)\right|,&\left|\dfrac{z_{T_j}+z_{R_k}}{2}\right|\geqslant z\end{cases} \quad (5\text{-}3\text{-}8)$$

式中的 G_{zjk} 用式（5-2-9）计算，其中 L 用 L_{jk} 代替。

采用复合线圈系的目的是改进线圈系的特性，通常应满足如下要求：

（1）横向探测特性方面，要求 $g_r(r)$ 的最大点所对应的 r 比主线圈对（它的最大点对应于 $r=0.45L$）大，即探测深度大于主线圈对探测深度，而且井眼几何因子几乎为零，即：

$$G_r(d/2)\approx 0$$

式中：d 为井眼的直径。

（2）纵向特性方面，要求 $g_z(z)$ 曲线的峰值高而且窄。

（3）无用信号接近零，即：

$$\sum_{j,k=0}^{L,N}\dfrac{n_{T_j}n_{R_k}}{L_{jk}^3}\approx 0$$

这个数值接近零的程度常用相对互感系数来表示，定义为：

$$相对互感系数=\dfrac{\sum\limits_{j,k=0}^{L,N}\dfrac{n_{T_j}n_{R_k}}{L_{jk}^3}}{\dfrac{n_{T_0}n_{R_0}}{L_{00}^3}}=\dfrac{复合线圈系的无用信号}{主线圈对的无用信号}$$

通常其数量级为 10^{-2}。

复合线圈系在压制无用信号的同时，也要影响有用信号。定义一个相对仪器常数：

$$相对仪器常数=\dfrac{\sum\limits_{j,k=0}^{L,N}\dfrac{n_{T_j}n_{R_k}}{L_{jk}}}{\dfrac{n_{T_0}n_{R_0}}{L_{00}}}=\dfrac{复合线圈系的仪器常数}{主线圈对的仪器常数}$$

该比值恰好是上面提到过的主线圈对的权系数的倒数，通常小于 1。由于不论是复合线圈系还是主线圈对，其有用信号都等于仪器常数乘以视电导率，而两者的视电导率是同数量级的，所以从数量级上讲：

$$相对仪器常数=\dfrac{复合线圈系的有用信号}{主线圈对的有用信号}$$

把相对仪器常数与相对互感系数相比即得：

$$\frac{\text{相对仪器常数}}{\text{相对互感系数}} = \frac{\text{复合线圈系的有用信号与无用信号之比}}{\text{主线圈对的有用信号与无用信号之比}}$$

就是说，这个比值代表复合线圈系在有用信号与无用信号比值上（相对于主线圈对的）的增益。通常这个增益为 10^1。前面说过，间距 1m 的双线圈系的有用信号对无用信号的比值是 8%，所以复合线圈系的这个比值充其量是 10^1。

（4）要求线圈系对其中点对称。常用的感应测井复合线圈系中，发射线圈的个数等于接收线圈的个数，即 $L=N$。这时，对中点对称的要求是，$z_{R_j}=-z_{T_j}$（$j=0,\cdots,L$）z_{R_j} 和 z_{T_j} 是 R_j 和 T_j 相对于中点的坐标。即对于某一个 T_j，在其对称点上有一个 R_j 与之对应。相应的线圈匝数成正比：

$$\frac{n_{T_j}}{n_{R_j}} = \text{常数} \quad (j=0,\cdots,L)$$

通常这个常数取为 1。

前文提到的 6FF40 线圈系的相对仪器常数是 0.31043，相对互感系数是 1.1963×10^{-3}。因此，与主线圈对相比，有用信号与无用信号的比值提高到 259.5 倍。

图 5-3-2 是 6FF40 线圈系的横向微分几何因子曲线 g_r 和横向积分几何因子曲线 G_r。为便于对比，在该图上同时画出主线圈对的横向微分几何因子 g_{r00} 和横向积分几何因子 G_{r00}。可以看出：当 $r<0.25$m 时，g_r 远比 g_{r00} 低，而且出现负值；g_r 的最大值出现在 $r=0.76$m 处，g_{r00} 的最大值出现在 $r=0.46$m 处。因此，采用 6FF40 线圈系的确达到了把微分几何因子最大值推向深处的目的。$r=0.35$m 时，$G_r=0$，而 $G_{r00}=0.1213$。因此，井眼的影响由主线圈对的 12.13% 下降到几乎为零，达到了降低井眼的影响的目的。

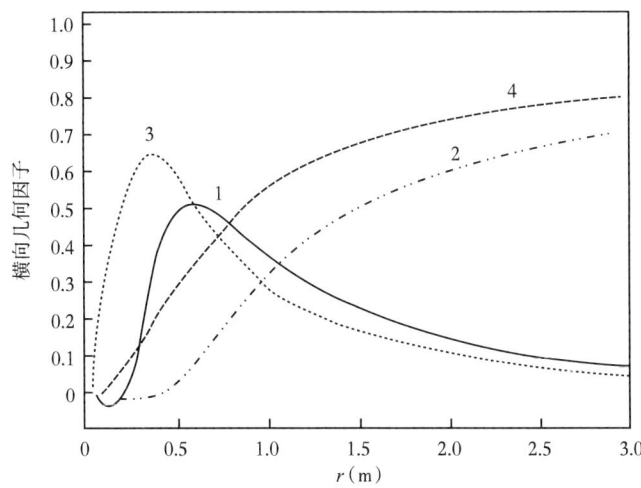

图 5-3-2　6FF40 线圈系的横向微分几何因子、积分几何因子及其主线圈对的相应几何因子变化曲线

1—横向微分几何因子 g_r；2—横向积分几何因子 G_r；3—主线圈对的横向微分几何因子 g_{r00}；
4—主线圈对的横向积分几何因子 G_{r00}

图 5-3-3 是 6FF40 线圈系的纵向几何因子 g_z 和 G_z。为便于比较，图上同时给出主线圈对的 g_{z00} 和 G_{z00}。可以看出：g_z 的尖峰和 g_{z00} 的尖峰相比，的确是更高而且更窄。这说明 6FF40 线圈系的分层能力确实比双线圈系提高了。g_z 曲线的尖峰变高、变窄的现象，称为"聚焦"现象。就是说，由于线圈作用的相互消长，更多的涡流被"聚焦"到靠近线圈系中点的比较窄的深度间隔内。在 z=1.25m 附近，g_z 是负值。这个现象称为"过聚焦"。由于在这一小间隔内 g_z 为负，G_z 曲线便略有降低，形成了所谓的"耳朵"。g_z 有两个过零点，分别在 z=1.12m 和 1.29m。G_z 曲线在这两点上出现局部极值，"耳朵"的范围就在这两个极值之间。

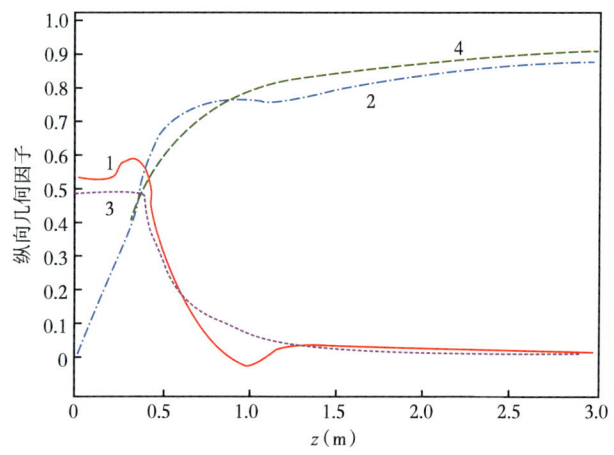

图 5-3-3　6FF40 线圈系的纵向微分、积分几何因子和它的主线圈对的相应几何因子

1—纵向微分几何因子 g_z；2—纵向积分几何因子 G_z；3—主线圈对的纵向微分几何因子 g_{z00}；
4—主线圈对的纵向积分几何因子 G_{z00}

我国曾经广泛使用的感应测井 0.8m 六线圈系的主要参数如下：

R_2　0.6　T_0　0.2　T_1　0.4　R_1　0.2　R_0　0.6　T_2
−7　　100　　−25　　−25　　100　　−7

注意，此处线圈之间的距离单位为米（m）。

国内常用的一种双感应测井仪器包括深感应测井仪和中感应测井仪，称为 1503 双感应测井，其线圈系基本参数如下：

T_2　14　r_4　15　R_0　6　r_3　4　R_1　20　T_1　10　T_0　19　r_2　10　R_2　5.5　r_0　25.5　r_1
−12　8　　180　−20　−45　−45　180　−22　−12　160　−80

注意，此处线圈之间的距离单位为英寸（in）。

该双感应测井仪器的深、中感应测井共用三个发射线圈，深感应测井采用六线圈系（就是前文的 6FF40）：$T_2R_0R_1T_1T_0R_2$；中感应采用八线圈系：$T_2r_4r_3T_1T_0r_2r_0r_1$。可以看出，中感应测井的八线圈系并不满足上面提到的线圈系对其中点对称的条件。

上述 1503 双感应测井（深、中感应测井）仪器的径向几何因子和纵向几何因子结果分别如图 5-3-4 和图 5-3-5 所示。可以看出，井眼对深感应测井贡献很小（半径在 0.1m 以内，几何因子很小），根据关于感应测井探测深度的定义，可以粗略看出，常规双感应测井深、中感应测井探测深度大致分别为 1.6m 和 0.8m。

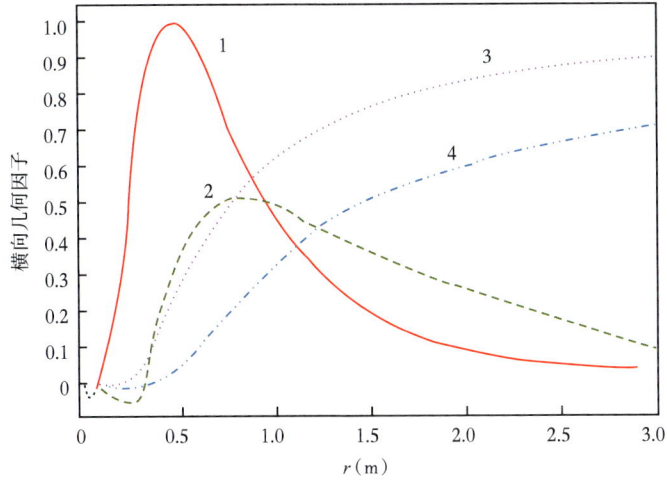

图 5-3-4　1503 双感应测井横向探测特性变化曲线

1—中感应测井横向微分几何因子 g_r；2—深感应测井横向微分几何因子 g_r；
3—中感应测井横向积分几何因子 G_r；4—深感应测井横向积分几何因子 G_r

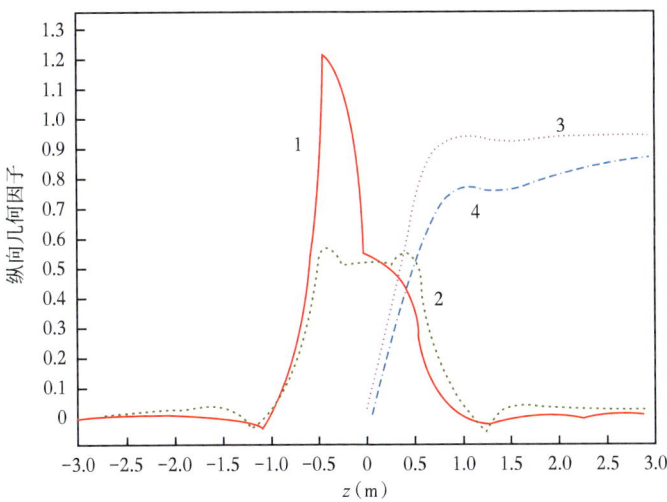

图 5-3-5　1503 双感应测井纵向探测特性变化曲线

1—中感应测井纵向微分几何因子 g_z；2—深感应测井纵向微分几何因子 g_z；
3—中感应测井纵向积分几何因子 G_z；4—深感应测井纵向积分几何因子 G_z

第四节　感应测井仪刻度原理

为使感应测井仪器标准化，需要用统一的标准对仪器进行标定或刻度。比较直观的刻度方法是实体刻度，而比较实用的刻度方法是模拟刻度。

实体刻度是以电导率已知的均匀介质为标准进行的刻度。通常在线性范围内采用两点法刻度，如以空气为零电导率的均匀介质刻度零点，以电导率为 σ 的水溶液刻度 σ 点。这种刻度可以检查仪器的一致性，但是不能反应其探测特性。为了检查感应测井仪器的探测特性，需要建立感应测井刻度井：有高、中、低电导率的地层，地层厚度各不相同，用以检查仪器的探测深度和分层能力。实体刻度的优点是接近测井条件，但是费用高，也不能在井场使用，故井场普遍采用模拟刻度。

感应测井的模拟刻度是用半径为 r 的金属导线环（刻度环），在环内串联适当的电阻 P，将它套在线圈系的某一位置上（如主线圈对的中点），以代替某一电导率的均匀无限介质，用它产生的信号对感应测井仪器刻度。也就是说，对常规感应测井，通常利用刻度环进行刻度。

在前面的推导过程中，首先是求出接收线圈的二次感应电动势，再除以仪器常数，得到视电导率。而利用刻度环进行仪器时，是人为地造成一个已知的 σ_a，然后用 σ_a 来刻度仪器。现在来看如何造成这个已知的 σ_a。

取一个半径为 r 的金属导线环，称为刻度环。在环内接入一个电阻 P。这样一个刻度环相当于一个电导率为 σ、截面积为 $\mathrm{d}r\mathrm{d}z$ 的相同半径的单元环。令单元环的电导等于刻度环的电导 $1/P$，即得：

$$\sigma \mathrm{d}r\mathrm{d}z = \frac{2\pi r}{P}$$

可以看出，虽然单元环的电导率 σ 和截面积 $\mathrm{d}r\mathrm{d}z$ 是未知的，但其乘积 $\sigma \mathrm{d}r\mathrm{d}z$ 可以由电阻 P 唯一确定。而为了造成一个 σ_a，所需要的正是这个乘积：

$$\sigma_a = g\sigma \mathrm{d}r\mathrm{d}z = \frac{2\pi rg}{P} \quad (5\text{-}4\text{-}1)$$

由式（5-4-1）可以算出，为造成给定的视电导率 σ_a，刻度环内所应接入的电阻 P 的大小：

$$P = \frac{2\pi rg}{\sigma_a} \quad (5\text{-}4\text{-}2)$$

将式（5-3-2′）给出的 g 代入式（5-4-2），即得：

$$P = \frac{\pi r^4 \sum\limits_{j=0}^{L}\dfrac{n_{T_j}}{\rho_{T_j}^3} \sum\limits_{k=0}^{N}\dfrac{n_{R_k}}{\rho_{R_k}^3}}{\sum\limits_{j,k=0}^{L,N}\dfrac{n_{T_j}n_{R_k}}{L_{jk}}} \frac{1}{\sigma_a} \quad (5\text{-}4\text{-}3)$$

对于国产感应测井 0.8m 六线圈系，若采用半径 $r=0.3\mathrm{m}$ 的刻度环，当刻度环位于线圈系中点时，式（5-4-3）计算的结果是：

$$P = \frac{0.45}{\sigma_a} = 0.45 R_a \quad (5\text{-}4\text{-}4)$$

常取 $\sigma_a=0.2\mathrm{S/m}$、$0.1\mathrm{S/m}$、$0.05\mathrm{S/m}$（$R_a=5\Omega\cdot\mathrm{m}$、$10\Omega\cdot\mathrm{m}$、$20\Omega\cdot\mathrm{m}$）三个数值来刻度仪器。根据式（5-4-4）算出刻度环的电阻分别是 2.25Ω、4.5Ω、9.0Ω。

若用 $r=0.5\text{m}$ 的刻度环,对于该感应测井六线圈系,P 的计算公式为:

$$P = \frac{2.375}{\sigma_\text{a}} = 2.375 R_\text{a}$$

第五节　感应测井视电导率曲线

为了正确地使用感应测井曲线,提高感应测井在综合解释中的效果,必须对视电导率曲线的形状及其变化特点有所了解。下面利用几何因子理论讨论感应测井视电导率曲线的一些特点。

感应测井视电导率曲线的计算如图5-5-1所示。设线圈系的中点位于深度为 z 的位置上,z 是线圈系中点相对于大地坐标系的坐标,假设 σ 只与 z 有关,而与 r 无关。坐标的原点可以是井口或其他固定点。仪器有一个纵向微分几何因子 $g_z(\xi)$,ξ 是相对于仪器中心的坐标。ξ 的取值是向上为正,向下为负。在仪器坐标系中坐标为 ξ 的点相对大地坐标系的坐标是 $z-\xi$。在这一深度上电导率是 $\sigma(z-\xi)$。厚度为 $\text{d}\xi$ 的薄层对视电导率的贡献是 $g_z(\xi)\sigma(z-\xi)\text{d}\xi$。

视电导率是这种贡献的总和,即:

$$\sigma_\text{a}(z) = \int_{-\infty}^{+\infty} g_z(\xi)\sigma(z-\xi)\text{d}\xi \qquad (5\text{-}5\text{-}1)$$

式(5-5-1)在数学上称为"褶积",可以简单地写成:

$$\sigma_\text{a} = g_z * \sigma \qquad (5\text{-}5\text{-}2)$$

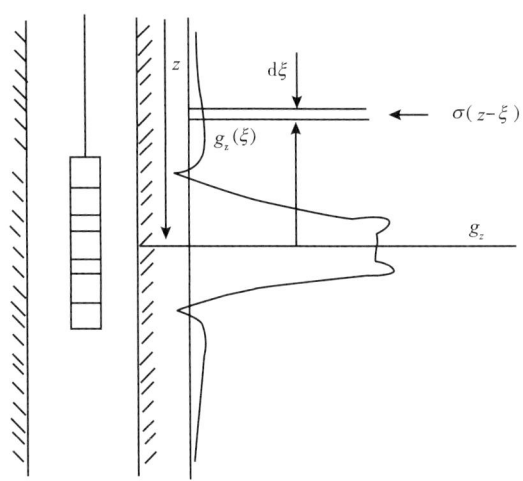

图5-5-1　感应测井视电导率曲线的计算示意图

感应测井复合线圈系(如6FF40、国产0.8m六线圈系等)可以根据式(5-5-1)计算感应测井响应。如图5-5-2和图5-5-3所示,若地层厚度较大,界面在半幅点处,而当层厚较小时,用半幅点定出的层厚比实际值要大。

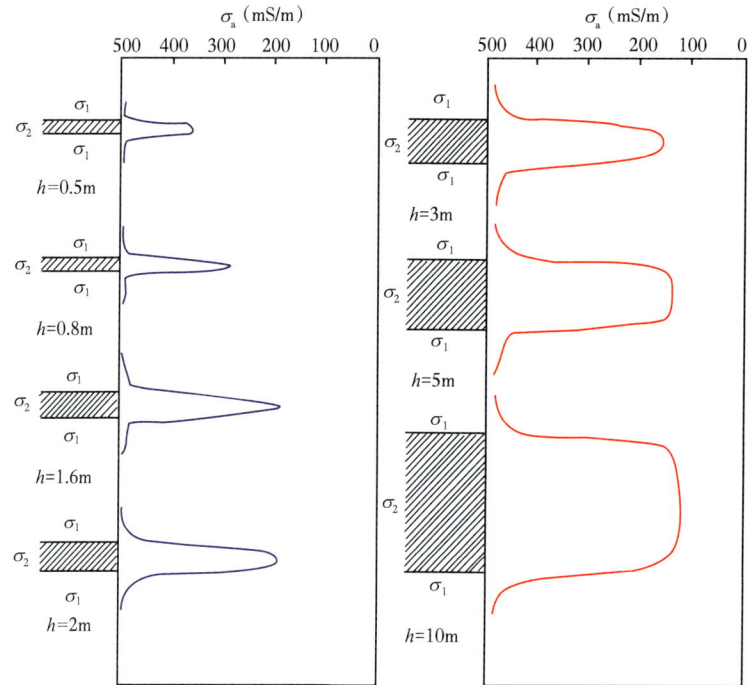

图 5-5-2　有限厚、单一低电导率地层的视电导率曲线示意图

σ_1=100S/m；σ_2=500S/m

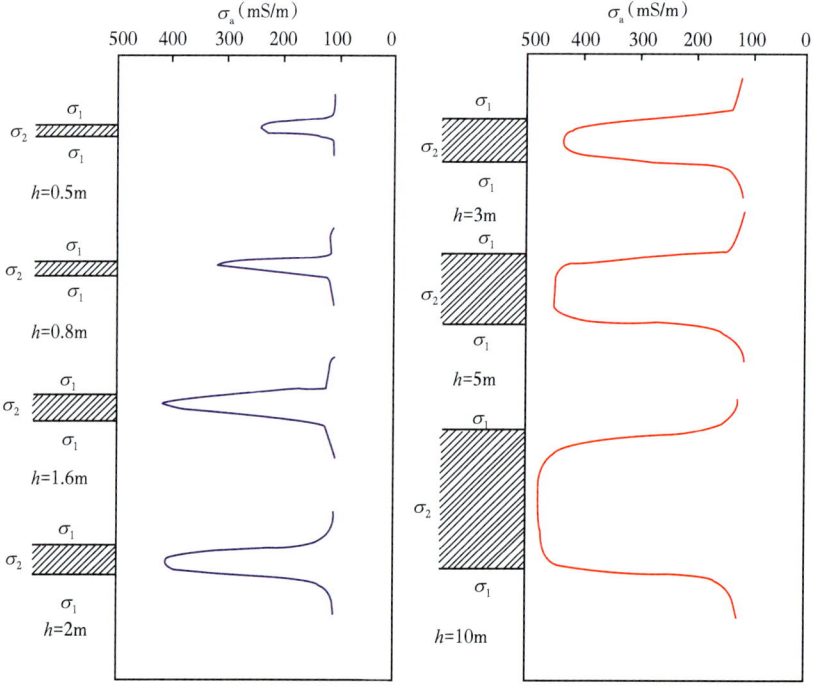

图 5-5-3　有限厚、单一高电导率地层的视电导率曲线示意图

σ_1=500mS/m；σ_2=100mS/m

式（5-5-2）的褶积使真电导率 $\sigma(z)$ 变成 $\sigma_a(z)$。此时，可以考虑设计一个因子 $q(z)$，使之与测得的视电导率进行褶积。根据式（5-5-2），有：

$$q*\sigma_a = q*(g_z*\sigma) = (q*g_z)*\sigma$$

如果：

$$q*g_z = \delta \quad （5-5-3）$$

δ 函数的图像是宽度趋于零、幅度无限，而面积为1的尖脉冲：

$$\left.\begin{array}{l}\delta(x)_{x\neq 0} = 0 \\ \int_{0-}^{0+} \delta(x)\mathrm{d}x = 1\end{array}\right\} \quad （5-5-4）$$

不难证明：

$$f*\delta = \delta*f = f$$

则：

$$q*\sigma_a = \delta*\sigma = \sigma \quad （5-5-5）$$

就是说，q 与 σ_a 褶积后，使 σ_a 恢复到 σ。q 与 σ_a 的褶积运算便称为反褶积，q 称为反褶积因子。

这种方法的问题在于怎样寻找满足式（5-5-3）的反褶积因子 $q(z)$。从理论上说，严格地满足式（5-5-3）的 $q(z)$ 是不存在的。为了求其近似解，出现了各种方法，例如，最小平方反褶积和最大熵反褶积等。褶积[式（5-5-1）]可看作当前深度上的 $\sigma(z)$ 和非当前深度上的 $\sigma(z-\xi)$ 的某种加权平均值，反褶积也是如此。常用的是"三点反褶积"，即求当前深度上的 $\sigma_a(z)$ 和深度 $z-\xi$（ξ 为定值）处的 $\sigma_a(z-\xi)$，以及深度 $z+\xi$ 处的 $\sigma_a(z+\xi)$ 的加权平均值。这种运算既可以"固化"在测井仪器里，又可以设计为软件算法存放在计算机内，使得仪器的读数为经过三点反褶积处理的值。通常情况下，如此处理后的 σ_a 更接近真电导率 σ，但是很难完全恢复到 σ。

第六节　均匀介质中感应测井响应的严格求解

在推导道尔几何因子的过程中，用的是准稳态的方法。就是说，在计算线圈与地层单元环之间及两线圈相互之间的互感时，使用即时电磁场而不是滞后电磁场来计算感应电动势。只有当所涉及到的距离与电磁波的波长相比可以忽略不计时才允许这样做。当发射电流的频率为20kHz，介质电导率为1S/m时，电磁波的波长只有22.4m。1m 的线圈间距与之相比就是一个不可忽略的量，因此准稳态的方法便不适用了。

一、均匀介质中电磁场的严格求解

从 Maxwell 方程出发得到感应测井满足的基本原理方程[式（1-1-5）或式（1-1-6）]。在均匀介质中，k 是常数，波动方程式（1-1-6）的解是：

$$A(r,\phi,z) = \frac{\mu}{4\pi}\int \frac{\boldsymbol{J}_{\mathrm{T}}(r',\phi',z')\mathrm{e}^{-\mathrm{i}k\rho'}}{\rho'}\mathrm{d}V' \tag{5-6-1}$$

$$\mathrm{d}V' = \mathrm{d}x'\mathrm{d}y'\mathrm{d}z'$$

式中：(r,ϕ,z) 为观测点的柱极坐标系；(r',ϕ',z') 为源点的柱极坐标系；ρ' 为观测点与源点之间距离；$\mathrm{d}V'$ 为源点处的体积元。

由于发射电流集中在发射线圈内，式（5-6-1）的体积分可以化成线积分：

$$A = \frac{\mu n_{\mathrm{T}} I}{4\pi}\oint \frac{\mathrm{e}^{-\mathrm{i}k\rho'}}{\rho'}\mathrm{d}\boldsymbol{l}' \tag{5-6-2}$$

式（5-6-2）与式（5-1-1）的差别只在被积函数上，该被积函数比式（5-1-1）只多一个因子 $\mathrm{e}^{-\mathrm{i}k\rho'}$。

以下的推导与本章第一节的推导完全平行，不再重复，只把最后结果写出来：

$$A(r,z) = \frac{\mu M}{4\pi}\frac{r}{\rho_{\mathrm{T}}^3}(1+\mathrm{i}k\rho_{\mathrm{T}})\mathrm{e}^{-\mathrm{i}k\rho_{\mathrm{T}}} \tag{5-6-3}$$

其中：

$$\rho_{\mathrm{T}} = \sqrt{r^2 + (z-z_{\mathrm{T}})^2}$$

$$M = n_{\mathrm{T}} S_0 I_0 \mathrm{e}^{\mathrm{i}\omega t} = M_0 \mathrm{e}^{\mathrm{i}\omega t}$$

式中：ρ_{T} 为从观测点到发射线圈中心的距离；M 为发射线圈的磁偶极矩。

显然，如果 $k=0$，式（5-6-3）便和式（5-1-5）相同。于是，式（5-6-3）成为：

$$A(r,z,t) = \frac{\mu M_0 r}{4\pi\rho_{\mathrm{T}}^3}(1+\mathrm{i}k\rho_{\mathrm{T}})\mathrm{e}^{\mathrm{i}\omega\left(t-\frac{k}{\omega}\rho_{\mathrm{T}}\right)} \tag{5-6-4}$$

这就是滞后势：在时刻 t 的 A 是由 $t-\frac{k}{\omega}\rho_{\mathrm{T}}$ 时刻的磁偶极子产生的。如果 $\sigma=0$，根据式（1-1-7），可得：

$$k = \omega\sqrt{\mu\varepsilon} = \frac{\omega}{c} = \frac{2\pi}{\lambda}$$

式中：c 为光速；λ 为波长。

将 k 代入式（5-6-4），得：

$$A(r,z,t) = \frac{\mu M_0 r}{4\pi\rho_{\mathrm{T}}^3}\mathrm{e}^{\mathrm{i}\omega\left(t-\frac{\rho_{\mathrm{T}}}{c}\right)}\left(1+2\pi\mathrm{i}\frac{\rho_{\mathrm{T}}}{\lambda}\right)$$

在真空中，$c=3\times10^8\mathrm{m/s}$，感应测井的频率 $f=20\mathrm{kHz}$，则 $\lambda=1.5\times10^4\mathrm{m}$，即 15km。对于测井所涉及的几十米范围来说，$\rho_{\mathrm{T}}/\lambda$ 可以忽略不计，有：

$$A = \frac{\mu M r}{4\pi\rho_{\mathrm{T}}^3}$$

这就是准稳态场中的矢势。滞后可以不予考虑。本章第一节的推导就是按此思路进行的。

如果 σ=0.01~1S/m（这通常是常规感应测井的应用范围，即 1~100Ω·m），对于感应测井的 20kHz 频率来说，$\varepsilon \ll \sigma/\omega$。式（1-1-7）中的 ε 可以忽略不计，变成：

$$k = \frac{1-\mathrm{i}}{\delta} = \sqrt{\frac{\omega\mu\sigma}{2}}(1-\mathrm{i}) \tag{5-6-5}$$

$$\delta = \sqrt{\frac{2}{\omega\mu\sigma}} \tag{5-6-6}$$

式中：δ 为趋肤深度。

针对此范围内的 σ，δ 一般可取 3.56~35.6m，由此计算出的 k 趋近 0，式（5-6-3）中的 $k\rho_\mathrm{T}$ 不可舍弃。

二、均匀介质中感应电动势的严格求解

利用式（5-6-3）可以直接计算接收线圈的电动势。将接收线圈在子午面上的坐标（a，z_R）代入式（5-6-3），得：

$$A(a, z_\mathrm{R}) = \frac{\mu M a}{4\pi L^3}\mathrm{e}^{-\mathrm{i}kL}(1+\mathrm{i}kL) \tag{5-6-7}$$

$$L = \sqrt{a^2 + (z_\mathrm{R} - z_\mathrm{T})^2} \approx |z_\mathrm{R} - z_\mathrm{T}|$$

式中：L 为发射线圈 T 到接收线圈 R 的间距。

利用式（5-1-6）和式（5-1-7），接收线圈的感应电动势表达为：

$$V = 2\pi a n_\mathrm{R} E(a, z_\mathrm{R}) = -2\pi\mathrm{i}\omega a n_\mathrm{R} A(a, z_\mathrm{R}) \tag{5-6-8}$$

把式（5-6-7）代入式（5-6-8），即得：

$$V = V_\mathrm{m}\mathrm{e}^{-\mathrm{i}kL}(1+\mathrm{i}kL) \tag{5-6-9}$$

$$V_\mathrm{m} = -\frac{\mathrm{i}\omega\mu n_\mathrm{R} S_0 M}{2\pi L^3} = -\frac{\mathrm{i}\omega\mu n_\mathrm{T} n_\mathrm{R} S_0^2 I}{2\pi L^3} \tag{5-6-10}$$

式中：V_m 为直耦信号，即本章第一节定义的无用信号[式（5-1-13）]。

如果把式（5-6-5）中的 k 代入式（5-6-9），即得：

$$V = V_\mathrm{m}\mathrm{e}^{-p-\mathrm{i}p}(1+p+\mathrm{i}p)$$

$$p = \frac{L}{\delta} = \sqrt{\frac{\omega\mu\sigma}{2}}L$$

式中：p 为传播系数。

将 V 分为实部信号 V_R 和虚部信号 V_X：

$$V=V_R+V_X$$

其中：

$$V_R = -\mathrm{i}V_m \mathrm{e}^{-p}\left[(1+p)\sin p - p\cos p\right] \quad (5\text{-}6\text{-}11)$$

$$V_X = V_m \mathrm{e}^{-p}\left[(1+p)\cos p + p\sin p\right] \quad (5\text{-}6\text{-}12)$$

V_R 与发射电流同相，而 V_X 与之相差 90° 相位。

将式（5-6-11）和（5-6-12）展开成级数，得：

$$V_R = -\mathrm{i}V_m\left(p^2 - \frac{2}{3}p^3 + \frac{2}{15}p^5 - \cdots\right) \quad (5\text{-}6\text{-}13)$$

$$V_X = V_m\left(1 - \frac{2}{3}p^3 + \frac{1}{2}p^4 - \frac{2}{15}p^5 + \cdots\right) \quad (5\text{-}6\text{-}14)$$

式（5-6-13）等号右侧第一项是：$-\mathrm{i}V_m p^2 = -\dfrac{\omega^2 \mu^2 n_T n_R S_0^2 I}{4\pi L}\sigma = K\sigma$

式中：K 为仪器常数。

式（5-6-14）等号右侧第一项是：$V_m = -\dfrac{\mathrm{i}\omega\mu n_R S_0 M}{2\pi L^3} = -\dfrac{\mathrm{i}\omega\mu n_T n_R S_0^2 I}{2\pi L^3}$

这两个第一项恰好是根据道尔几何因子理论得到的有用信号和无用信号。因此，用道尔几何因子得出的结果只是严格理论解的零阶近似，只有当 $p \ll 1$ 时它才准确，而在多数情况下误差较大。

目前，道尔几何因子作为计算感应测井响应的工具已越来越失去意义。但是，在进行感应测井线圈系设计时，或在分析考察线圈系径向和纵向探测特性时，道尔几何因子仍然有非常重要的作用。

三、均匀介质的感应测井视电导率

1. 实部视电导率

实部信号 V_R 常称为有用信号，又称为电阻性信号。接收线圈的 V_R 除以 K，可得电阻性视电导率，习惯上称为视电导率或实部视电导率。对于双线圈系，根据式（5-6-9）至式（5-6-11），可得实部视电导率：

$$\begin{aligned}\sigma_{aR} &= V_R/K = \mathrm{Re}(V/K) = \mathrm{Re}\left[\frac{2\mathrm{i}}{\omega\mu L^2}\mathrm{e}^{-\mathrm{i}kL}(1+\mathrm{i}kL)\right] \\ &= \frac{2}{\omega\mu L^2}\mathrm{e}^{-p}\left[(1+p)\sin p - p\cos p\right] = \frac{\sigma}{p^2}\mathrm{e}^{-p}\left[(1+p)\sin p - p\cos p\right]\end{aligned} \quad (5\text{-}6\text{-}15)$$

仿照式（5-6-13），将式（5-6-15）展开成级数，得：

$$\sigma_{aR} = \sigma\left(1 - \frac{2}{3}p + \frac{2}{15}p^3 - \cdots\right) \qquad (5\text{-}6\text{-}16)$$

于是，实部视电导率与真电导率的比值为：

$$\frac{\sigma_{aR}}{\sigma} = \frac{e^{-p}}{p^2}\left[(1+p)\sin p - p\cos p\right] = 1 - \frac{2}{3}p + \frac{2}{15}p^3 - \cdots$$

这个比值只有当 p 很小（例如 $\sigma < 10^{-2}$S/m）时才接近于1，并随 σ 的增加而下降，如图5-6-1的曲线1（对应线圈距 L=1.0m）所示。

复合线圈系的实部视电导率利用式（5-3-1）计算：

$$\sigma_{aR} = \frac{\sum\limits_{j,k=0}^{L,N}\dfrac{n_{T_j}n_{R_k}}{L_{jk}}\sigma_{ajk}}{\sum\limits_{j,k=0}^{L,N}\dfrac{n_{T_j}n_{R_k}}{L_{jk}}} \qquad (5\text{-}6\text{-}16')$$

$$\sigma_{ajk} = \frac{2}{\omega\mu L_{jk}^2}e^{-p_{jk}}\left[(1+p_{jk})\sin p_{jk} - p_{jk}\cos p_{jk}\right]$$
$$= \frac{\sigma}{p_{jk}^2}e^{-p_{jk}}\left[(1+p_{jk})\sin p_{jk} - p_{jk}\cos p_{jk}\right] \qquad (5\text{-}6\text{-}16'')$$

式中：σ_{ajk} 为线圈对 T_jR_k 测量的实部视电导率。

将 $p_{jk} = \sqrt{\dfrac{\omega\mu\sigma}{2}}L_{jk}$ 代入式（5-6-16'），得：

$$\sigma_{aR} = \frac{\sigma\sum\limits_{j,k=0}^{L,N}\dfrac{n_{T_j}n_{R_k}}{L_{jk}}\dfrac{e^{-p_{jk}}}{p_{jk}^2}\left[(1+p_{jk})\sin p_{jk} - p_{jk}\cos p_{jk}\right]}{\sum\limits_{j,k=0}^{L,N}\dfrac{n_{T_j}n_{R_k}}{L_{jk}}} \qquad (5\text{-}6\text{-}17)$$

实部视电导率与真电导率的比值是：

$$\frac{\sigma_{aR}}{\sigma} = \frac{\sum\limits_{j,k=0}^{L,N}\dfrac{n_{T_j}n_{R_k}}{L_{jk}}\dfrac{e^{-p_{jk}}}{p_{jk}^2}\left[(1+p_{jk})\sin p_{jk} - p_{jk}\cos p_{jk}\right]}{\sum\limits_{j,k=0}^{L,N}\dfrac{n_{T_j}n_{R_k}}{L_{jk}}}$$

对于6FF40线圈系，这个比值随 σ 的变化如图5-6-1的曲线2所示。σ=1S/m 时，这个比值只有0.720，因此测量误差高达28%。对于1.0m双线圈系，σ=1S/m 时，这个比值为0.815，因此测量误差为18.5%。

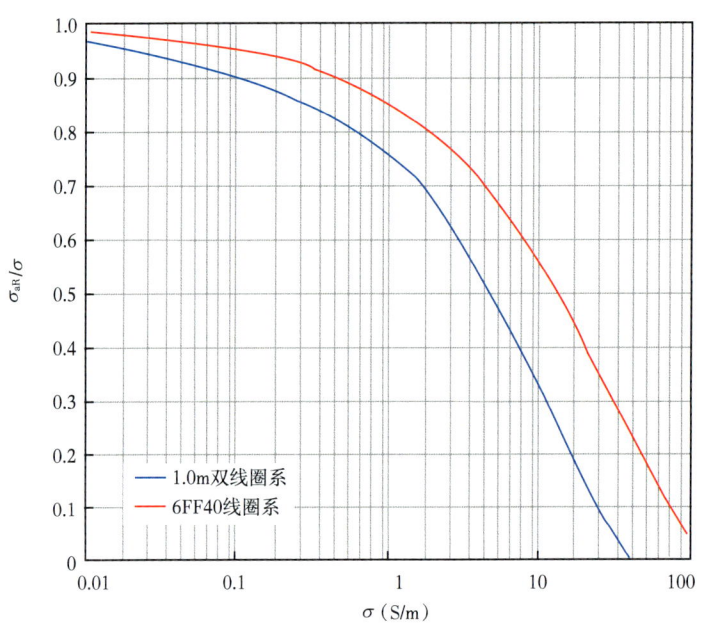

图 5-6-1 σ_{aR}/σ 与 σ 的关系曲线

2. 虚部视电导率

在几何因子理论中，与发射电流相差 90° 相位的虚部信号 V_X 被认为是与地层性质无关的，因此被称为无用信号。但是从 V_X 的展开式［式（5-6-14）］可以看出：只是等号右侧第一项（最大的一项）与电导率无关。如果从这部分信号减去等号右侧第一项（即 V_m，真正的无用信号），可以得到另一个有用信号，称为电抗性信号，以表示它与发射电流相差 90° 相位。将电抗性信号同电阻性信号同样处理，得到电抗性视电导率，习惯上称虚部视电导率。根据式（5-6-12），这个虚部视电导率是：

$$\sigma_{aX} = \frac{2}{\omega\mu L^2}\{1 - e^{-p}[(1+p)\cos p + p\sin p]\}$$

$$= \frac{\sigma}{p^2}\{1 - e^{-p}[(1+p)\cos p + p\sin p]\} \quad (5-6-18)$$

对于双线圈系，虚部视电导率和实部视电导率与真电导率的关系如图 5-6-2 所示。纵、横坐标都乘以 $\omega\mu L^2/2$，得到无量纲量。横坐标（真电导率 σ）乘上这个系数后就是 p^2。可以看出，当 σ 很小时，实部视电导率几乎与 σ 成正比；当 $p=\pi/2$ 时，实部视电导率达到最大值，然后随 σ 的增加而降低。当实部视电导率开始下降时，虚部视电导率继续随 σ 增大，直到 $p=\pi$ 时达到最大值。

从以上讨论可以看出，电抗性信号可以提供非常有用的信息。当地层电导率较大，或发射频率较大，或线圈距较大时尤其如此。将其视为无用信号而舍弃掉是非常可惜的。因此，在相量感应测井和阵列感应测井中已经把实部视电导率和虚部视电导率同时测量和利用。

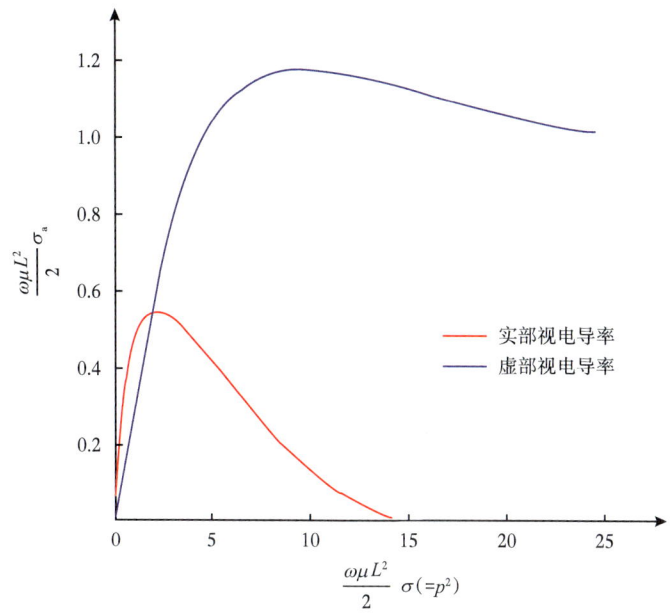

图 5-6-2 双线圈系实部视电导率（$\times\omega\mu L^2/2$）和虚部视电导率（$\times\omega\mu L^2/2$）
随真电导率 σ（$\times\omega\mu L^2/2$）的变化曲线

第七节 双感应—聚焦测井组合及应用

双感应—聚焦测井是国际上比较流行的常规电阻率测井组合方法，在我国也应用较多。其包括深感应 ILD、中感应 ILM 和浅聚焦测井（八侧向测井 LL8 或球形聚焦测井 SFL），本质上就是深、中、浅三种电阻率测井组合。该组合主要适用于油基钻井液、钻井液高侵和相对低阻地层的井中。

在国内，双感应—八侧向测井组合应用较多。图 5-7-1 为双感应—八侧向测井组合实例，图中同时提供微电极测井曲线、自然电位和自然伽马、声波时差测井曲线。

与侧向测井类似，为了利用感应测井得到目的层的真电阻率，需要对其测量值——视电阻（导）率进行井眼校正、层厚—围岩校正和侵入校正。考虑到感应测井的具体特点，还需要对视电阻（导）率进行传播效应校正。通常的校正顺序是井眼校正、传播效应校正、层厚—围岩校正和侵入校正。

对于感应测井的井眼校正和层厚—围岩校正，可以利用测井服务公司提供的相关图版进行校正，方法和思路与侧向测井的校正类似。一般来说，双感应测井的井眼校正可不予考虑，原因为井眼的积分几何因子几乎为零，除非井眼较大、钻井液电导率较高。同时，也可以利用反褶积的方法进行层厚—围岩影响校正。下面重点说明感应测井的传播效应校正，并结合双感应—八侧向测井侵入校正图版，说明双感应测井的侵入校正方法。

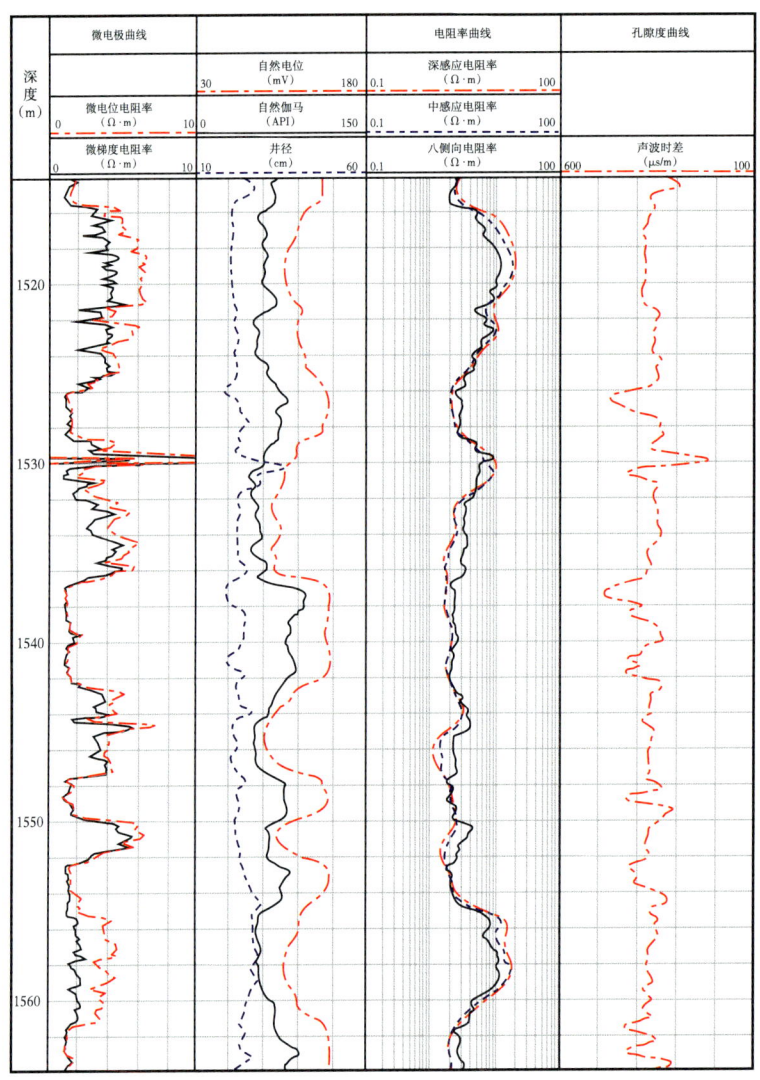

图 5-7-1　双感应—八侧向测井组合实例

一、传播效应校正

电磁波的传播效应是指电磁波在介质中传播时，其幅度发生衰减和相位发生移动。在感应测井中习惯上又称为趋肤效应，这也是把式（5-6-6）的 δ 称为趋肤深度的主要原因。

在无限大均匀介质中，视电导率与真电导率差别的原因正是电磁波传播效应或者趋肤效应。通常在均匀介质条件下对感应测井视电导率进行传播效应校正，因此在有些书中又称均质校正。

可以利用传播效应校正图版进行校正。传播效应校正图版制作的依据是式（5-6-15）。根据式（5-6-15）和式（5-6-16）可以看出：频率越高，视电导率与真电导率的差别越大；地层真电导率越大，视电导率与真电导率的差别越大。也就是说，频率越高或地层电导率越大，则传播效应（趋肤效应）越严重。对于 6FF40 线圈系，根据式（5-6-17）得到如图 5-7-2 所示的传播效应校正图版，纵坐标为视电导率，横坐标为真电导率。在使用该图版时，只需要在纵轴上找到需要校正的视电导率数值点，过该点作一水平线与曲线相交，交点的横坐标即为无传播效应影响的电导率值。

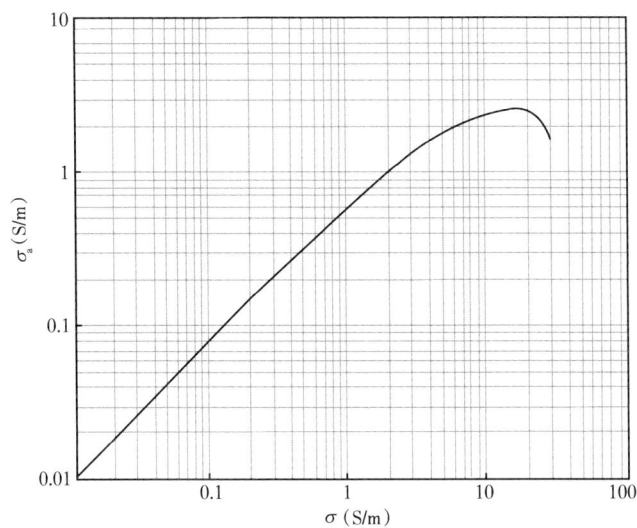

图 5-7-2　感应测井传播效应校正图版

为便于利用计算机进行感应测井的传播效应校正，可以采用数学方法拟合图版中的曲线，常用的方法包括分段线性函数拟合、指数函数拟合和多项式拟合等。在得到视电导率与真电导率的函数关系后，将测量信号代入函数关系式，即可实现传播效应校正。不同测井服务公司的感应测井仪器所使用的传播效应校正方法常有所不同。

二、侵入校正

把井眼影响、围岩影响和传播效应影响校正以后，在有钻井液侵入的地层，需要求解的未知量至少有三个：侵入带电阻率 R_{xo}，侵入带直径 d_i 和原状地层电阻率 R_t。当有三个未知数时，通常必须已知三种测井曲线才可能求解。在双感应—八侧向测井组合中，所采用的三种测井曲线是：深感应测井（ILD）、中感应测井（ILM）和八侧向测井（LL8）。

可以利用双感应—八侧向测井侵入校正图版进行侵入校正，完成相关参数的求解。图版的制作条件是：假设介质是径向阶跃的，对钻井液高侵（$R_{xo} > R_t$）和钻井液低侵（$R_{xo} < R_t$）分别绘制双感应—八侧向测井侵入校正图版。图 5-7-3 是钻井液高侵条件下的双感应—八侧向测井侵入校正图版，现以该图版为例说明图版结构和使用方法。

图 5-7-3 中有三组曲线：纵实线的号码是侵入带直径 d_i（单位：in）；纵虚线的号码是原状地层电阻率与深感应测井视电阻率之比 R_t/R_{ILD}；横实线的号码是冲洗带电阻率与原状地层电阻率之比 R_{xo}/R_t。

侵入校正图版的使用：首先，对感应测井读数进行井眼、围岩和传播效应校正，用校正后的感应测井读数 R_{ILD}、R_{ILM} 和八侧向测井读数 R_{LL8} 求出 R_{LL8}/R_{ILD} 和 R_{ILM}/R_{ILD}；然后，在图版上找到纵横坐标等于这两个比值的点，根据该点的位置读出三条曲线的号码：侵入带直径的 d_i 和两个校正系数 $\mu = R_t/R_{ILD}$ 和 $\nu = R_{xo}/R_t$，从而求出 R_t 和 R_{xo}。

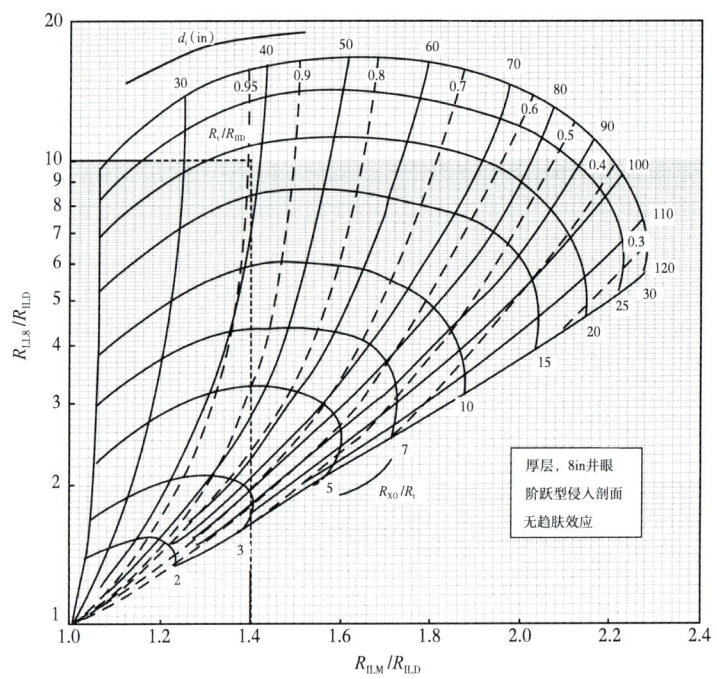

图 5-7-3 双感应—八侧向测井侵入校正图版（$R_{xo} > R_t$）

用双感应—八侧向测井侵入校正图版中的高侵图版（$R_{xo} > R_t$）确定的 R_t 是可靠的。而其低侵（$R_{xo} < R_t$）图版通常曲线极为密集，所确定的 R_t 数值精度下降。因此，解决低侵剖面问题，使用双侧向—微球形聚焦测井组合为宜。

通过理论分析和长期实践，国内外将优选侧向测井和感应测井的条件概括在图 5-7-4 中。图中给出了 R_w 不同的几条曲线。可根据本地孔隙度和 R_{mf}/R_w 的平均值在图

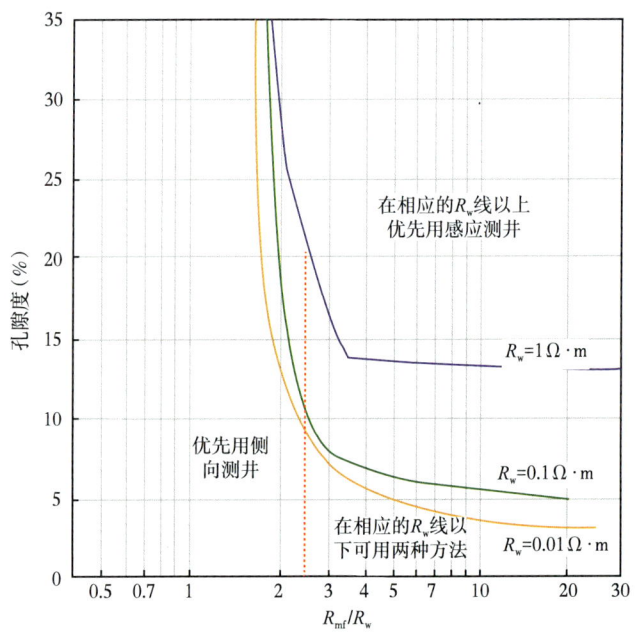

图 5-7-4 优选感应测井或侧向测井图版

上确定一个点或一个区域，当它在本地 R_w 线右上方时，优先用感应测井；当 R_{mf}/R_w < 2.5 且该点在本地 R_w 线左边时，优先用侧向测井；当 R_{mf}/R_w < 2.5 且该点在本地 R_w 线下方时，两种方法都可以用，有条件的话，可以考虑两种方法一起用，因为此时感应测井区分油水层较好，而侧向测井探测低孔隙度高阻层较好。此外，若要考虑分层能力时，传统的双侧向测井要优于传统的双感应测井。

第八节 阵列感应测井

1957 年，A. Poupon 提出了阵列感应测井和"软件聚焦"的思想。但由于当时技术条件的限制，直到 20 世纪 90 年代初期，斯伦贝谢公司才推出商用阵列感应测井仪器 AIT（Array Induction Imager Tool），此后，国内外其他测井服务公司相继推出各自的阵列感应测井仪器，阵列感应测井目前已经得到广泛认可和应用。

"阵列化"是感应测井线圈系设计中的一个重要概念。在本章第三节中已经讲到：复合线圈系的几何因子是 $(L+1)\times(N+1)$ 个发射—接收线圈对 T_jR_k（其中 $j=0,\cdots,L$；$k=0,\cdots,N$）几何因子的加权平均值。即：

$$g = \sum_{j,k=0}^{L,N} \omega_{jk} g_{jk} \tag{5-8-1}$$

式中：g_{jk} 为对应线圈对 T_jR_k 的几何因子；ω_{jk} 为权系数。

根据本章第三节的推导可知：

$$\omega_{jk} = \frac{\dfrac{n_{T_j} n_{R_k}}{L_{jk}}}{\sum\limits_{p,q=0}^{L,N} \dfrac{n_{T_p} n_{R_q}}{L_{pq}}} \tag{5-8-2}$$

根据式（5-3-1）可得每个测量点的响应值是按下式计算得到：

$$\sigma_a = \sum_{j,k=0}^{L,N} \omega_{jk} \sigma_{ajk} \tag{5-8-3}$$

式中：σ_{ajk} 为线圈对 T_jR_k 测量的视电导率。

在设计线圈系时，通过使式（5-8-1）计算出的几何因子在子午面 (r, z) 上某些指定的区域取值较大，而在其他区域取值较小。利用式（5-8-3）计算出的响应值主要反映（或代表）几何因子取大值的区域的电导率，而不反映其他区域的电导率，因此使线圈系具有聚焦功能，达到要求的探测特性。

测井时测量的是串联在一起的接收线圈的感应电动势。这个电动势再除以仪器常数，便得到式（5-8-3）的响应值。可以看出，传统感应测井的聚焦测量是通过硬件（复合线圈系）实现的，习惯上称为"硬件聚焦"。

式（5-8-2）的权系数是由各线圈的匝数和间距所确定的，一旦复合线圈系确定，则不易改变。要得到不同探测深度，不同纵向分辨能力的测井响应值，必须用不同探测特性的复合线圈系进行多次测量。由于传统仪器缺少灵活性，突破复合线圈系的概念而引入"阵列化"和"软件聚焦"的概念成为一种自然的选择。

阵列化的感应测井仪通常由一个发射线圈 T 和 n 对接收线圈 S_j—R_j 组成。S_j 和 R_j 串联在一起并反向缠绕。在感应测井发展的早期阶段只测与发射电流同相的实部信号（R 信号）。本章前文已经说明：虚部信号（X 信号）除包含与地层性质无关的直耦信号外，也包含与地层性质有关的有用信息。为了不丢失这部分有用信息，阵列感应测井既测实部信号（R 信号），也测虚部信号（X 信号）。

三线圈系 TS_jR_j 是阵列感应测井线圈系的一种常用基本单元，如图 5-8-1 所示，其视电导率用 $\sigma_a^{(j)}$ 表示，是构成总响应（合成曲线）的"基函数"。阵列感应测井线圈系的总响应按式（5-8-4）计算：

$$\sigma_a(z) = \mathrm{Re} \sum_{j=1}^{n} \sum_{k=1}^{m} \omega_{jk} \sigma_a^{(j)}(z - z_{jk}) \qquad (5\text{-}8\text{-}4)$$

式（5-8-4）中，$\sigma_a^{(j)}$ 和权系数 ω_{jk} 都是复数，而总响应是实数，所以等号右侧有"取实部"的算符 Re。n 为与接收线圈和频率个数有关的同一深度点测量的 $\sigma_a^{(j)}$ 的数目；m 为参与当前深度点（z）响应合成而需要的上下一定深度范围内的测量视电阻率的数目。利用式（5-8-4）进行合成曲线计算，每得到一个测量点的响应需要计算一次。

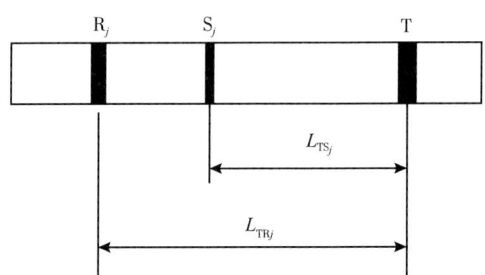

图 5-8-1　阵列感应测井基本单元——三线圈系结构示意图

确定 ω_{jk} 是阵列感应测井的核心。确定的方法和上面一样，使总几何因子：

$$g(r,z) = \mathrm{Re} \sum_{j=1}^{n} \sum_{k=1}^{m} \omega_{jk} g_j(r, z - z_{jk}) \qquad (5\text{-}8\text{-}5)$$

在子午面（r, z）的某些指定的区域取值大而在其他区域取值小。满足这个要求的 ω_{jk} 代入式（5-8-4）求出的总响应便主要反映 $g(r,z)$ 取值大的区域的电导率。

对于三线圈系 TS_jR_j，R_j 和 S_j 都是接收线圈，但习惯上有时称 R_j 为接收线圈，而称 S_j 为补偿线圈。用三线圈系 TS_jR_j 而不用双线圈系 TR_j 的原因是为了补偿直耦信号。复合线圈系中各接收线圈串联在一起可以使直耦信号互相抵消。三线圈系 TS_jR_j 是一种简单的复合线圈系，其几何因子由式（5-3-2）给出。设 T、S_j 和 R_j 的匝数分别是 n_T、n_{S_j} 和 n_{R_j}，则有：

$$g_j = \frac{\dfrac{n_T n_{R_j}}{L_{TR_j}} g_{TR_j} + \dfrac{n_T n_{S_j}}{L_{TS_j}} g_{TS_j}}{\dfrac{n_T n_{R_j}}{L_{TR_j}} + \dfrac{n_T n_{S_j}}{L_{TS_j}}} \tag{5-8-6}$$

为满足三线圈系 TS_jR_j 输出的直耦信号为零的条件，必须有：

$$\frac{n_T n_{R_j}}{L_{TR_j}^3} + \frac{n_T n_{S_j}}{L_{TS_j}^3} = 0$$

将其与式（5-8-6）结合，得：

$$g_j = \frac{L_{TR_j}^2 g_{TR_j} - L_{TS_j}^2 g_{TS_j}}{L_{TR_j}^2 - L_{TS_j}^2} \tag{5-8-7}$$

式中：g_{TR_j} 和 g_{TS_j} 分别为线圈对 TR_j 和 TS_j 的几何因子。

为同时利用式（5-8-4）中 $\sigma_a^{(j)}$ 的实部和虚部信息，g_j 必须是复数。而道尔几何因子是实数，显然不能用道尔几何因子。从目前已经发表的文献看，可以利用如下的 Born 几何因子：

$$G_1 = \frac{L}{2} \frac{r^3}{\rho_T^3 \rho_R^3} e^{-ik_0(\rho_T + \rho_R)} (1 + ik_0 \rho_T)(1 + ik_0 \rho_R) \tag{5-8-8}$$

如果用式（5-8-8）计算式（5-8-6）中的 g_{TR_j} 和 g_{TS_j}，则得到的 g_j 为一复数。这个复数的 g_j 代入式（5-8-4）后求得的 ω_{jk} 也是复数。因此，式（5-8-4）中 $\sigma_a^{(j)}$ 的虚部可以发挥作用。

为使式（5-8-5）给出的 $g_t(r,z)$ 在子午面 (r,z) 上的变化符合要求，设置一个"靶函数" $t(r,z)$，并且令：

$$t(r,z) = \text{Re} \sum_{j=1}^{n} \sum_{k=1}^{m} \omega_{jk} g_j (r, z - z_{jk})$$

要使该式在子午面上所有点都成立是不可能的，因为子午面上点的数目是不可计数的，而复数 ω_{jk} 和实数 z_{jk} 只不过提供 $3mn$ 种选择。误差平方的积分为：

$$\chi^2 = \int_{-\infty}^{\infty} \int_{0}^{\infty} \left[t(r,z) - \text{Re} \sum_{j=1}^{n} \sum_{k=1}^{m} \omega_{jk} g_j (r, z - z_{jk}) \right]^2 drdz \tag{5-8-9}$$

令 χ^2 为最小。寻找 ω_{jk} 和 z_{jk} 使 χ^2 为最小，这个过程称为寻优过程。是权系数 ω_{jk} 的线性函数，对 ω_{jk} 寻优比较简单，只要对 ω_{jk} 求导即可。但是，误差不是 z_{jk} 的线性函数，使寻优过程变得复杂。

对靶函数 $t(r,z)$ 的选择颇有讲究。使 $t(r,z)$ 具有正态分布的形式是一种常用的做法。例如：

$$t(r,z) = \frac{1}{2\pi\sigma\tau}e^{-\frac{(r-r_0)^2}{2\sigma^2}-\frac{(z-z_0)^2}{2\tau^2}} \qquad (5\text{-}8\text{-}10)$$

除式（5-8-9）给出的 χ^2 之外，还有两种误差平方：

$$\eta^2 = \int_{-\infty}^{\infty}\left[t_z(z) - \mathrm{Re}\sum_{j=1}^{n}\sum_{k=1}^{m}\omega_{jk}g_z^{(j)}(z-z_{jk})\right]^2 \mathrm{d}z$$

和

$$\psi^2 = \int_{0}^{\infty}\left[t_r(r) - \mathrm{Re}\sum_{j=1}^{n}g_r^{(j)}(r)\sum_{k=1}^{m}\omega_{jk}\right]^2 \mathrm{d}r$$

$$t_z(z) = \int_0^{\infty} t(r,z)\mathrm{d}r, \quad t_r(r) = \int_{-\infty}^{\infty} t(r,z)\mathrm{d}z$$

式中：t_z 为靶函数的纵向特性；t_r 为靶函数的径向特性；$g_z^{(j)}$ 为对应三线圈系 TS_jR_j 的纵向微分几何因子；$g_r^{(j)}$ 为对应三线圈系 TS_jR_j 的径向微分几何因子。

η^2 和 ψ^2 分别强调了仪器的纵向和径向特性。寻优的目标函数是：

$$\alpha\chi^2 + \beta\eta^2 + \gamma\psi^2 \qquad (5\text{-}8\text{-}11)$$

式中：α、β 和 γ 为权系数。

利用寻优算法寻找使表达式（5-8-11）的值为最小的 ω_{jk} 和 z_{jk}。ω_{jk} 必须满足约束条件：

$$\sum_{j=1}^{n}\sum_{k=1}^{m}\omega_{jk} = 1 \qquad (5\text{-}8\text{-}12)$$

利用寻优方法求得的 ω_{jk} 和 z_{jk}，是约束条件［式（5-8-12）］之下的最优值。

可以看出，利用优化方法得到权系数 ω_{jk}，然后利用式（5-8-4）计算得到不同分辨率和不同探测深度的阵列感应测井曲线，这属于典型的"软件聚焦"范畴，这是阵列感应测井的主要特点之一。因此，权系数 ω_{jk} 常被称为"聚焦系数"，确定 ω_{jk} 是阵列感应测井的核心问题，是影响阵列感应测井合成曲线效果的关键。

斯伦贝谢公司早期的阵列感应测井仪（B 型仪器）由八个三线圈系组成，有三种工作频率，在 $10^4 \sim 10^5$Hz 之间。选择性地同时测量 14 个复信号，将这 14 个复信号代入式（5-8-4）可以得到三种纵向分辨率和五种探测深度的合成曲线。后来推出的阵列感应测井仪器（H 型仪器）长度明显缩短，结构略有变化，仅用一种频率，经过软件聚焦处理后，同样可以得到三种纵向分辨率和五种探测深度的合成曲线。三种纵向分辨率分别是 1ft、2ft 和 4ft；五种探测深度分别是 10in、20in、30in、60in 和 90in。图 5-8-2 给出两种阵列感应测井仪器线圈系结构，图中仅标明发射线圈和接收线圈符号，未标明补偿线圈符号。注意，实际测井时，图 5-8-2 阵列感应测井仪的放置顺序是左侧在下，右侧在上。

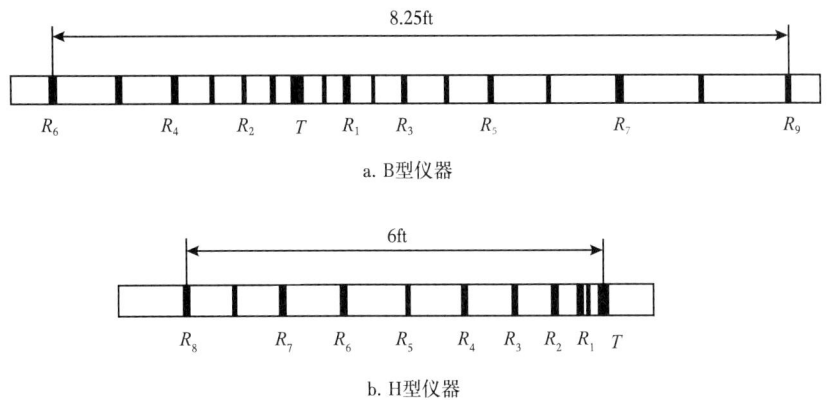

图 5-8-2 阵列感应测井仪线圈系结构示意图

图 5-8-3 是纵向分辨率分别为 1ft 和 4ft、探测深度为 10in 和 90in 的阵列感应测井总几何因子 $g(r,z)$ 的二维图形。可以看出：分辨率为 1ft 的几何因子 $g(r,z)$（图 5-8-3 的 a 和 c）在靠近井轴处有正和负的尖锋，这是因为 1ft 的纵向分辨率是很苛刻的条件。为了满足它，必须在其他方面有所牺牲：式（5-8-11）中的 β 必须取大值，而 α 和 γ 只能取小值，这使得二维 $g(r,z)$ 不尽如意。如果井壁比较光滑不会有多大问题，因为在井内的积分使这些正和负的尖锋互相抵偿。如果在井眼的某一部分出现洞穴，这些尖锋就会在合成曲线上显示出来，给解释工作带来困难。图 5-8-4 是阵列感应测井三种分辨率的纵向微分几何因子 g_z。实际上，同一分辨率不同探测深度的纵向微分几何因子都是一样的。图 5-8-5 所示的是不同探测深度的几何因子的径向积分几何因子 G_r。该图对应 2ft 纵向分辨率，其他两种分辨率的相应曲线与此类似。

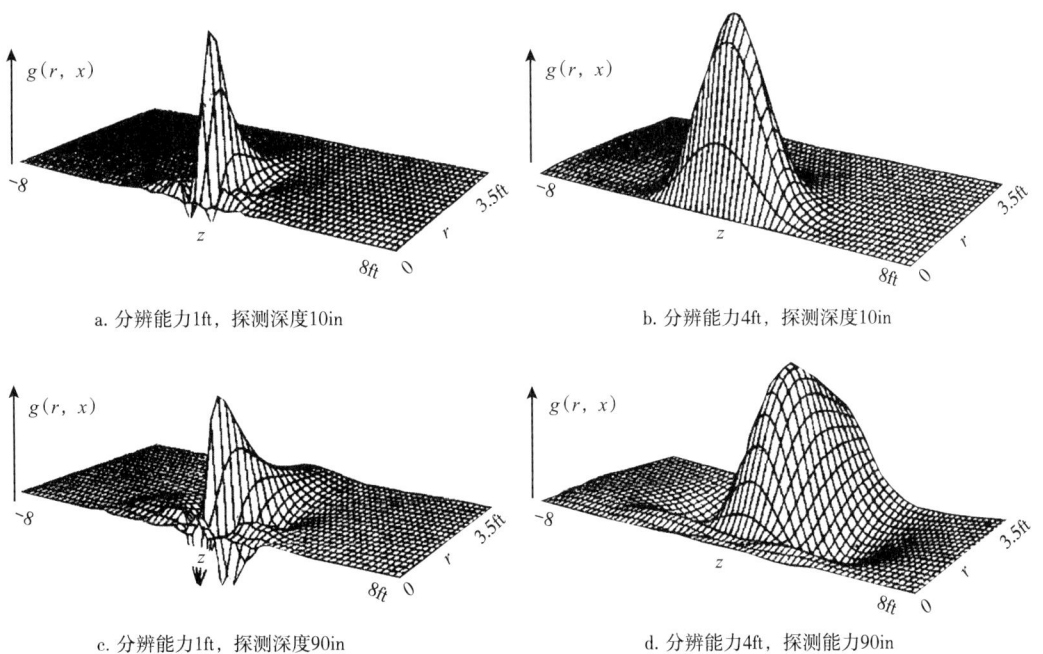

图 5-8-3 阵列感应测井总几何因子 $g(r,z)$ 的二维透视示意图（r 和 z 以 ft 为单位）

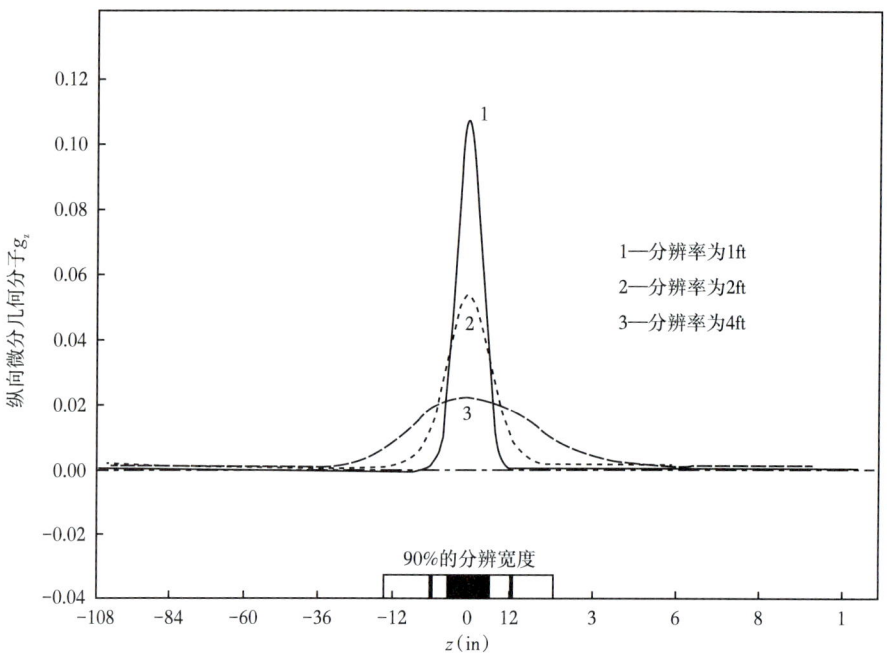

图 5-8-4　阵列感应测井三种纵向分辨率的纵向微分几何因子变化曲线

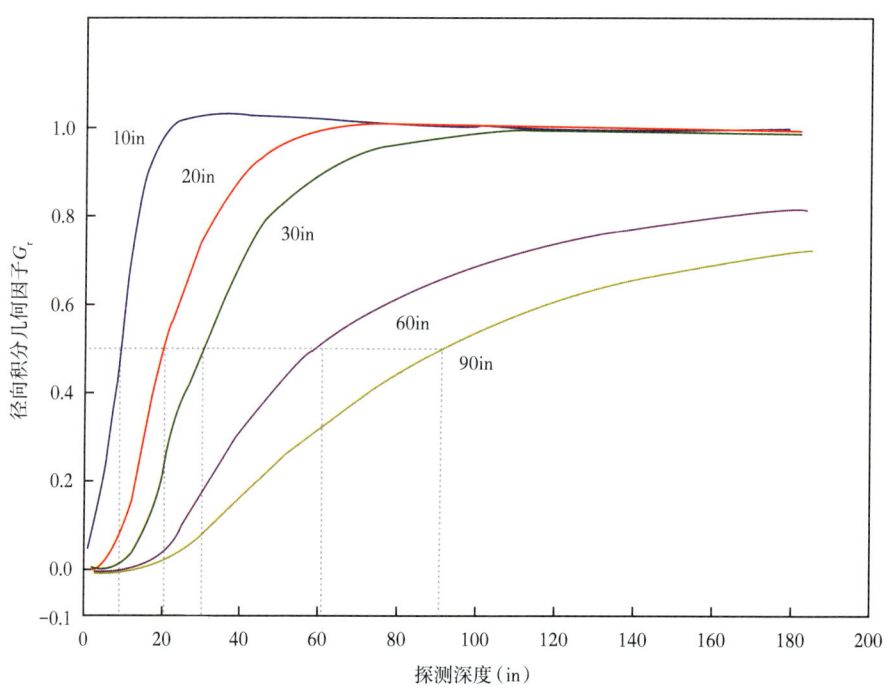

图 5-8-5　阵列感应测井不同探测深度的径向积分几何因子变化曲线

图 5-8-6 为阵列感应测井原始测量信号与合成曲线的比较，可以看出二者之间的明显区别。图 5-8-7 为阵列感应测井三种分辨率合成曲线的测量实例，可以看出不同分辨率曲线在纵向分辨能力上的差别。

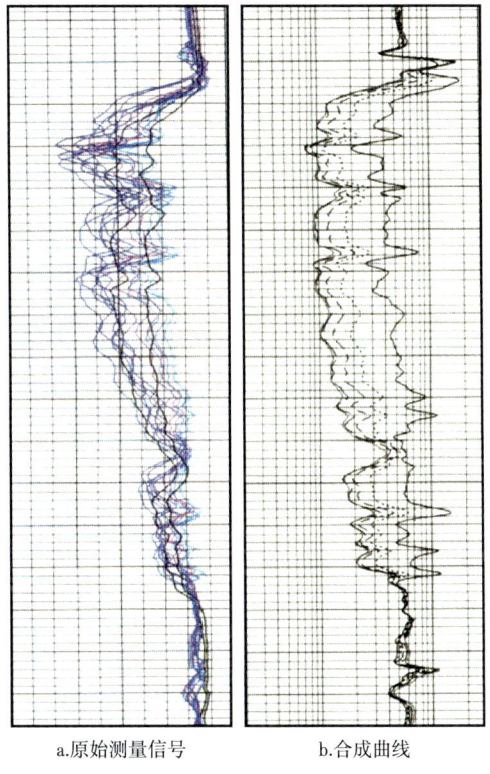

a.原始测量信号　　　　b.合成曲线

图 5-8-6　阵列感应测井原始测量信号与合成曲线的比较实例

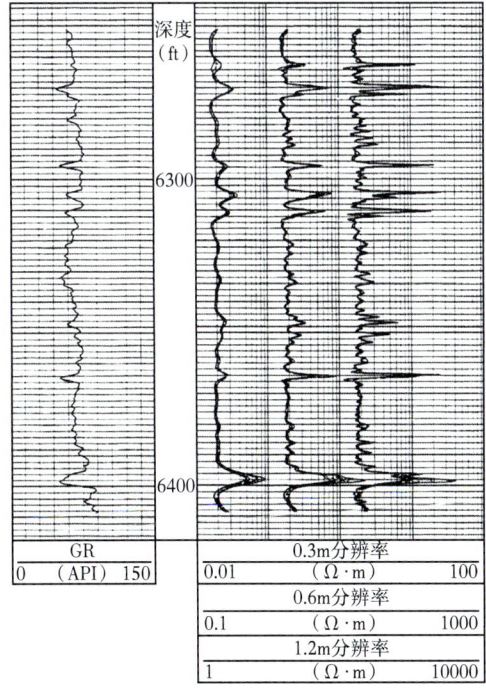

图 5-8-7　阵列感应测井三种分辨率合成曲线的比较

总之，阵列感应测井通过测量井下丰富的地层信息（丰富的原始信号），通过信号处理（主要是软件聚焦）消除各种不良影响提取测井解释所需的有用信息（丰富的合成信号），软件聚焦是阵列感应测井的核心。国内外阵列感应测井的仪器研制基本完成，均投入商业应用。各家服务公司的仪器结构、信号处理和应用效果等各有特点。阵列感应测井探测特性良好、测量信息多，对侵入反映明显，在求取地层真电阻率、划分薄层和识别油水层等方面应用良好，优于传统双感应测井。目前，该测井方法已经取代双感应—聚焦测井组合，并得到广泛应用和普遍认可。

第六章 电磁波传播测井

普通电阻率测井和侧向测井等属于直流电测井范畴，而感应测井属于交流电测井范畴，但是由于频率不太高（通常低于 10^5Hz），主要测量的是地层的电阻率参数；如果电法测井的工作频率继续增高，达到兆赫以上，常称为电磁波传播测井，主要包括以测量电阻率为主的电磁波传播电阻率测井和以测量介电常数为主的介电测井。本章主要介绍 2MHz 电磁波传播电阻率测井和 1.1GHz 的介电测井。

第一节 电磁波传播电阻率测井

目前，国内外随钻测井（LWD）研究与应用发展较快，已经具备了常规电缆测井的各种方法和技术。在随钻测井中，2MHz 电阻率测井是一种成熟的和应用极为普遍的电测井方法，主要测量地层电阻率参数，常称为随钻电磁波传播电阻率测井，简称随钻电磁波电阻率测井。在国外，各家测井服务公司均有商用的电磁波传播电阻率测井仪器，通常以 2MHz 为主要测量频率，在部分情况下用 250kHz、400kHz、500kHz 或 1MHz 的频率。在国内，大庆油田曾经研制 2MHz 相位电阻率测井仪，作为电缆测井仪器使用。

2MHz 电磁波传播电阻率测井仪为线圈型仪器，其基本结构为一个发射线圈、两个接收线圈，如图 6-1-1 所示，与感应测井的基本结构类似。感应测井仪器的两个接收线圈有主次之分，分别称为主接收线圈和屏蔽线圈，后者主要目的是压制数值较大的直耦信号。而电磁波电阻率测井仪不再有所谓的屏蔽线圈，2MHz 的工作频率与感应测井工作频率相比，高出两个数量级，提高了有用信号的幅度，相对降低了直耦信号的幅度，两个接收线圈只有距离远近之分，目的均为采集感应电动势信号。

设基本结构中的发射线圈为 T，两个接收线圈分别为 R_1 和 R_2；R_1 和 R_2 到 T 的距离分别是 L_1 和 L_2，$L_1 < L_2$；发射线圈匝数为 n_T，两接收线圈匝数相同，均为 n_R。测井时测量两接收线圈间的感应电动势的幅度比 AR（又称幅度衰减）和相位差 $\Delta\Phi$，测量这两个参数的优点为：一是幅度比和相位差为相对测量，可以降低井眼和线圈尺寸的影响；二是无需去掉直耦信号，简化了仪器结构，降低了仪器实现的复杂程度。

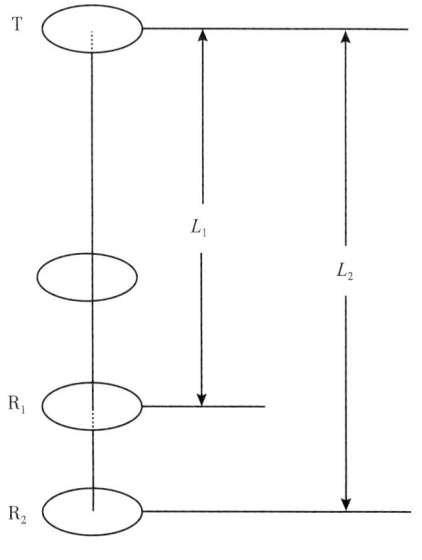

图 6-1-1 电磁波电阻率测井仪基本结构示意图

若接收线圈 R_1 的电动势为 V_1，而接收线圈 R_2 的电动势为 V_2，则幅度比 AR 和相位差 $\Delta\Phi$ 分别表达为：

$$\mathrm{AR} = 10\lg\frac{|V_1|^2}{|V_2|^2} = 20\lg\frac{|V_1|}{|V_2|} \qquad (6\text{-}1\text{-}1)$$

$$\Delta\Phi = \Phi_2 - \Phi_1 \qquad (6\text{-}1\text{-}2)$$

式中：$|V_1|$、$|V_2|$ 分别为电动势 V_1 和 V_2 的模值；Φ_1、Φ_2 分别为电动势 V_1 和 V_2 的相位角。

在采集到幅度比和相位差后，电磁波电阻率测井通常通过数学转换方法得到视电阻率曲线，而且这种转换工作是在一种简化的处理模型条件下进行的：在均匀介质条件下，用一个精确的理论模型来计算幅度比和相位差与电阻率的函数关系，以此为依据对仪器在非均匀介质中的幅度比和相位差进行转换，分别得到两个视电阻率，称为衰减电阻率（常用符号：R_{ad}）和相位差电阻率（常用符号：R_{ps}）。为了减少对高阻测量的影响，在计算过程中需要考虑介电常数的贡献，常用的做法是将地层介电常数取为某地层介电常数分布的几何中值，或采用岩心分析数据得到介电常数和电阻率的函数关系来考虑介电常数影响。

下面给出根据幅度比和相位差曲线转换得到视电阻率曲线的处理方法。

根据式（5-6-9），在均匀各向同性地层中，可得到两接收线圈的感应电动势 V_1 和 V_2：

$$V_j = -\mathrm{i}C\frac{\mathrm{e}^{-\mathrm{i}kL_j}}{L_j^3}\left(1+\mathrm{i}kL_j\right) \qquad (j=1,2) \qquad (6\text{-}1\text{-}3)$$

$$C = \frac{\omega\mu S_0^2 n_T n_R I}{2\pi}$$

其中，C 是常数；n_T 为发射线圈匝数；两个接收线圈匝数均为 n_R；发射线圈和接收线圈面积均为 S_0。

把式（1-1-7）中的 k 代入式（6-1-3），便得：

$$V_j = \frac{C\mathrm{e}^{-\beta L_j - \mathrm{i}\alpha L_j}}{L_j^3}\left[\alpha L_j - \mathrm{i}\left(1+\beta L_j\right)\right] \qquad (j=1,2) \qquad (6\text{-}1\text{-}4)$$

其幅度值和相位角分别是：

$$|V_j| = \frac{C\mathrm{e}^{-\beta L_j}}{L_j^3}\sqrt{\left(\alpha L_j\right)^2 + \left(1+\beta L_j\right)^2} \qquad (j=1,2) \qquad (6\text{-}1\text{-}5)$$

$$\Phi_j = \mathrm{Im}\left(\ln V_j\right) = -\alpha L_j - \arctan\frac{1+\beta L_j}{\alpha L_j} \qquad (j=1,2) \qquad (6\text{-}1\text{-}6)$$

根据式（6-1-1）和式（6-1-2）可以得到：

$$AR = 20\lg\frac{|V_1|}{|V_2|} = 10\left\{\lg\left[(\alpha L_1)^2 + (1+\beta L_1)^2\right] - \lg\left[(\alpha L_2)^2 + (1+\beta L_2)^2\right]\right\} \\ + 60(\lg L_2 - \lg L_1) + 20(\lg e)\beta(L_2 - L_1) \quad (6\text{-}1\text{-}7)$$

$$\Delta\Phi = \Phi_2 - \Phi_1 = \alpha(L_1 - L_2) + \arctan\frac{1+\beta L_1}{\alpha L_1} - \arctan\frac{1+\beta L_2}{\alpha L_2} \quad (6\text{-}1\text{-}8)$$

α 和 β 的表达式参见式（1-1-7）。

式（6-1-7）和式（6-1-8）为解析表达式，为电导率的函数，在测量得到 AR 和 $\Delta\Phi$ 后，通过分别独立求解这两个非线性方程，可以得到两条电阻率曲线，对非均匀介质则为视电阻率曲线，对应上文提到的衰减电阻率和相位差电阻率。

图 6-1-2 为 2MHz 随钻电磁波电阻率测井幅度比 AR 和相位差 $\Delta\Phi$ 与地层真实电阻率的关系。可以看出，随着电阻率的增加，AR 和 $\Delta\Phi$ 都在减小；在高阻时，AR 的降低不明显，$\Delta\Phi$ 的单调降低关系明显。因此可以认为，幅度比测量的应用范围小于相位差测量的应用范围。

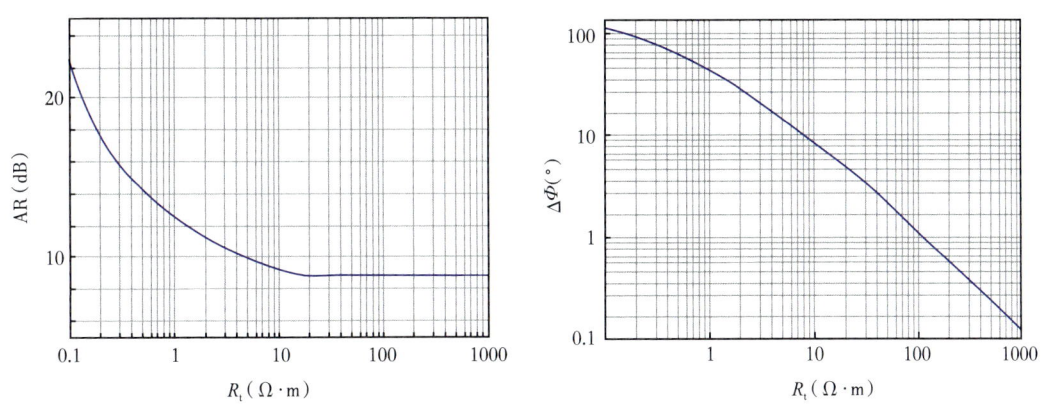

图 6-1-2　2MHz 随钻电磁波电阻率测井幅度比和相位差与电阻率关系

一种频率和一个发射线圈条件下，可以得到幅度比和相位差两条曲线。理论上，通过改变频率或发射线圈个数可以达到改变测量信息的目的。目前，增加发射线圈个数是增加电磁波电阻率测井信息量的主要方法。

对于衰减电阻率比和相位差电阻率探测特性的差异存在不同的观点。目前，在方法、理论研究的基础上，油公司和测井服务公司比较认同的观点是，衰减电阻率的探测深度比相位差电阻率的探测深度大，而相位差电阻率的分层能力强于衰减电阻率。并据此进行地层评价和应用，与常规双侧向或常规双感应测井应用类似。至于其他观点，限于篇幅，不做介绍。

此外，2MHz 电磁波电阻率测井仪在随钻测井中应用最多，已经成为成熟的测井技术。图 6-1-3 给出一测量实例，同时提供电缆感应测井的结果，R_{amp} 和 R_{pha} 分别表示衰减电阻率和相位差电阻率。

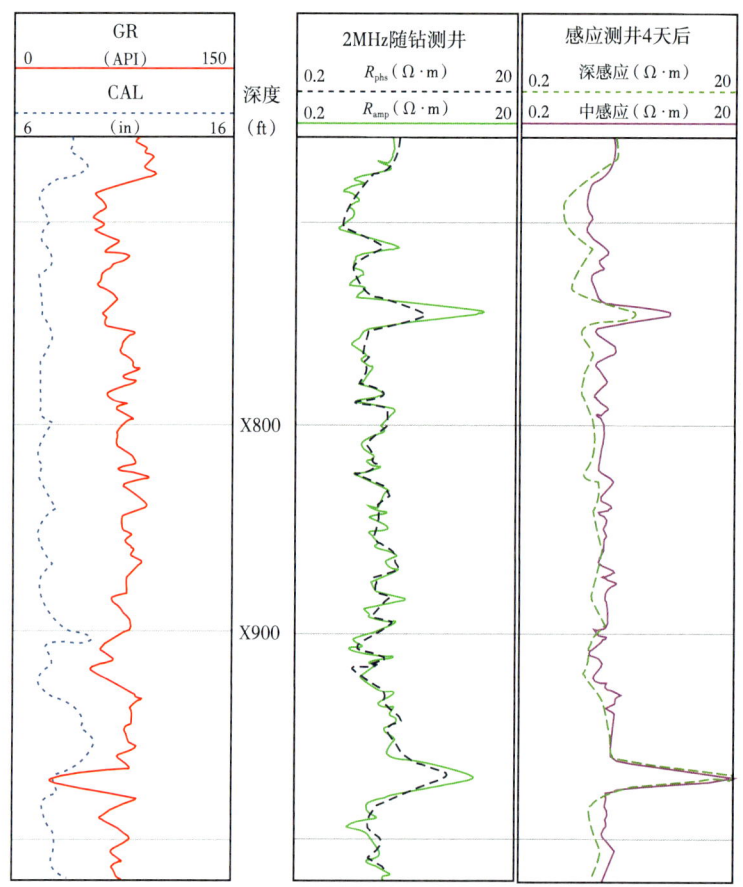

图 6-1-3　2MHz 随钻电磁波电阻率测井与常规感应测井结果对比实例

第二节　介电测井

在很长一段时间，电导率（或电阻率）是区分油水层的唯一电学参数，因此，各种电阻率测井方法不断得到发展和完善。随着石油工业中二次采油或三次采油的发展，低电阻率油层或高电阻率水层并不罕见；油气层水淹后，特别是地层水电阻率的变化，难以用地层电阻率区分水淹层与油气层，需要寻找电阻率以外的参数来区分油气水层。人们注意到，水的介电常数比测井中碰到的其他介质的介电常数至少大一个数量级（表 6-2-1），而且不随含盐量变化，因此，用介电常数来区分油、水层有时比电阻率更有效。于是，以测量地层介电常数为主的高频电磁波测井方法——介电测井得到发展和应用。

介电测井通常有线圈型和狭缝天线型两种仪器。前者与本章第一节介绍的电磁波传播电阻率仪器的结构类似，但工作频率更高，通常在 10~100MHz 之间，在此频率区间，电导率和介电常数对测井响应的影响复杂，实际应用时问题较多；后者以斯伦贝谢公司商用的 EPT（Electromagnetic wave Propagation Tool）仪器为主要代表，频率高达 1.1GHz，本节主要以 EPT 为例简单介绍介电测井原理和应用。近年来，国内外测井服务公司均推出各自的介电测井仪器,具体仪器结构和参数存在差别,原理与EPT类似。

表 6-2-1 各种不同介质的相对介电常数和时差

介质	相对介电常数 $\varepsilon_r'=\varepsilon'/\varepsilon_0$ [①]	时差 t_{pl} (ns/m)
砂岩	4.65	7.2
白云岩	6.8	8.7
石灰岩	7.5~9.2	9.1~10.2
硬石膏	6.35	8.4
干胶质	5.76	8.0
岩盐	5.6~6.35	7.9~8.4
石膏	4.16	6.8
石英	3.8	6.5
云母	5.4	7.8
正长石	4	6.7
泥岩	5~25	7.45~16.6
石油	2.0~2.4	4.7~5.2
水	56~80	25~30
淡水(25℃)	78.3	29.5
天然气	1	3.3
空气	1.000585	3.3

① ε_0 是真空的介电常数,$\varepsilon_0=(36\pi)^{-1}\times10^{-9}$F/m。

一、介质极化和介电常数

电介质在外加电场的作用下,其原子、离子或分子产生位移形成偶极子,并按外加电场方向定向排列的现象称为介质极化。介电常数是反映介质极化能力的物理参数。

介质极化分为位移极化和转向极化。如果介质分子的正、负电荷中心相重合,无电场时呈中性,而在外电场作用下,正、负电荷的中心发生位移而不重合,形成偶极子,这种极化称为位移极化。位移极化与温度无关,极化程度很低。常见岩石的矿物和油气通常只发生位移极化,其介电常数很低,差别也不大。

地层中含有水。水分子是极性分子,其正、负电荷中心不重合,无外加电场作用时,由于水分子的不规则运动,水本身呈中性,但在外加电场作用下。水分子发生转动,按外加电场方向排列,形成极化现象,这称为转向极化。转向极化极化程度大,介电常数很大,且与水的含盐量无关。

介电测井不同于前述的电阻率测井方法,介电测井主要测量介电常数,可以利用介电常数在水淹条件下进行油气水层的识别。

式（1-1-7）已经定义了传播常数 k，改写如下：

$$k = \sqrt{-i\omega\mu\sigma + \omega^2\mu\varepsilon'} \tag{6-2-1}$$

式中：σ 为电导率；ε' 为介电常数。

在感应测井所用的 20kHz 的频率下，$\omega\varepsilon' \ll \sigma$，式（6-2-1）可以写成：

$$k = \sqrt{-i\omega\mu\sigma}$$

即 k 只跟介质的电导率有关，而与介电常数 ε' 无关，这是感应测井的特点之一。为了能够测量到介电常数 ε'，必须大大提高电磁波的角频率 ω，使得式（6-2-1）中含 ε' 项大于含 σ 项。将式（6-2-1）改写成：

$$k = \sqrt{\omega^2\mu\left(\varepsilon' - i\frac{\sigma}{\omega}\right)} = \sqrt{\omega^2\mu\varepsilon^*} \tag{6-2-2}$$

其中：

$$\varepsilon^* = \varepsilon' - i\varepsilon'' = \varepsilon'\left(1 - i\frac{\varepsilon''}{\varepsilon'}\right) = \varepsilon'(1 - i\tan\delta) \tag{6-2-3}$$

$$\varepsilon'' = \frac{\sigma}{\omega}$$

式中，ε^* 为复介电常数，实部为 ε'（$\mathrm{Re}\varepsilon^*$），是常说的绝对介电常数，虚部是 ε''（$\mathrm{Im}\varepsilon^*$）；ε'' 为电磁波在导电介质中的损耗；δ 为损耗角，$\tan\delta = \dfrac{\varepsilon''}{\varepsilon'}$ 为损耗正切。

$\varepsilon'' = \dfrac{\sigma}{\omega}$ 是来自电导的损耗。其实电导只是损耗的一个来源，另一个来源是极化过程的损耗。众所周知，在外电场作用下极化分子的重新排列是电介质的介电常数不同于真空介电常数的原因。在交变电磁场的作用下分子反复不停地进行重新排列，构成了极化过程中的损耗。国外的电磁波传播测井 EPT 使用的频率为 1.1GHz，在这样的频率下，淡水的 ε' 比 ε'' 大一个数量级，而盐水的 ε' 和 ε'' 在同一个数量级。因此，可认为测井响应受 ε' 影响明显。

二、介电测井原理

EPT 仪器在 1.1GHz 的微波频率下，发射器和接收器不再是线圈，而是天线。所谓天线，就是刻在黄铜极板上的槽。共有两个发射天线 T_1、T_2 和两个接收天线 R_1、R_2，形成 T_1—R_1—R_2—T_2 的排列。T_1 和 T_2 间的距离是 200mm，R_1 和 R_2 间的距离是 40mm，对称地排列在极板上，如图 6-2-1 所示。测井时，黄铜极板贴压在井壁上。

从天线发出的电磁波，经滤饼进入地层。在滤饼与地层的交界面处发生折射。折射服从 Snell 定律：

$$\frac{\sin\theta_{\mathrm{mc}}}{\sin\theta_{\mathrm{xo}}} = \frac{\sqrt{\mu_{\mathrm{xo}}\varepsilon'_{\mathrm{xo}}}}{\sqrt{\mu_{\mathrm{mc}}\varepsilon'_{\mathrm{mc}}}} \tag{6-2-4a}$$

式中的角码 mc 和 xo 分别代表滤饼和冲洗带，因为最靠近滤饼的地层是冲洗带。对于大多数地层，磁导率 μ 等于真空的磁导率 μ_0，即 $4\pi\times10^{-7}$H/m。式（6-2-4a）变成：

$$\frac{\sin\theta_{mc}}{\sin\theta_{xo}}=\sqrt{\frac{\varepsilon'_{xo}}{\varepsilon'_{mc}}} \qquad (6\text{-}2\text{-}4b)$$

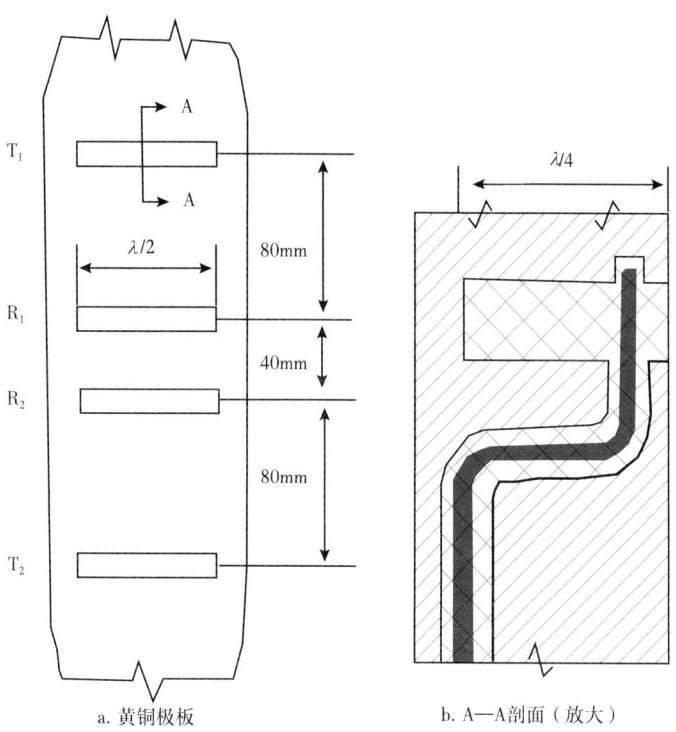

图 6-2-1　黄铜极板结造示意图

由于滤饼中含大量的水，所以 $\varepsilon'_{mc}>\varepsilon'_{xo}$，从而 $\theta_{xo}>\theta_{mc}$。当 θ_{mc} 等于临界角 arcsin $\sqrt{\varepsilon'_{xo}/\varepsilon'_{mc}}$ 时，θ_{xo} 等于 90°。这时电磁波一部分以其在地层（冲洗带）中的传播速度在交界面上滑行，同时又有一部分折回到滤饼中。接收天线 R_1 收到的就是前一部分波，其路径如图 6-2-2 的 $T_1AB_1R_1$。这一点是和声波测井相同的。和声波测井一样，接收天线 R_1 还收到界面的反射波（路径 T_1DR_1）和直达波（路径 T_1R_1）。但和声波测井不同，不能用一个门电路卡住后两种波。在这里测到的是连续的正弦波。以上三种波在接收天线处合成一种波，是没有办法将它们区分开来的。所幸的是，后两种波，即界面反射波和直达波，都是在滤饼中传播的。由于电磁波在滤饼中的衰减率远大于在地层中的衰减，所以到达接收天线时它们已经很微弱了。接收天线所收到的主要是界面上的滑行波。接收信号的相位和幅度主要受这个滑行波影响。

根据式（1-1-7）、式（1-1-8）和式（6-2-2），得：

$$k=\sqrt{\omega^2\mu\left(\varepsilon'-i\frac{\sigma}{\omega}\right)}=\sqrt{\omega^2\mu\varepsilon^*}=\alpha-i\beta \qquad (6\text{-}2\text{-}5)$$

容易得出：

$$\varepsilon' = \frac{\alpha^2 - \beta^2}{\omega^2 \mu} \quad (6\text{-}2\text{-}6)$$

$$\sigma = \frac{2\alpha\beta}{\omega\mu} \quad (6\text{-}2\text{-}7)$$

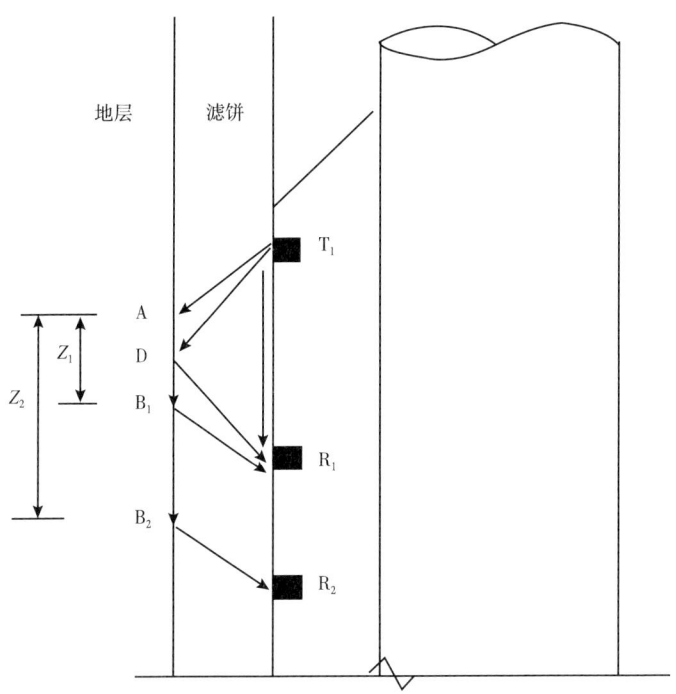

图 6-2-2 电磁波由发射天线到接收天线的传播路径示意图

式（6-2-6）和式（6-2-7）是介电测井的理论基础。只要测量得到电磁波的相位和幅度的变化，就能确定介质的介电常数和电导率，据此就能确定地层的含水或含油气饱和度，较准确地判断储层流体性质。

根据式（1-1-5），得到关于电场强度的波动方程：

$$\nabla^2 \boldsymbol{E} + k^2 \boldsymbol{E} = 0$$

为了下面说明问题方便，研究一个最简单的解，即平面波解：

$$E = E_0 e^{\mathrm{i}(\omega t - kz)} = E_0 e^{-\beta z + \mathrm{i}(\omega t - \alpha z)} \quad (6\text{-}2\text{-}8)$$

令式（6-2-8）代表沿井壁的滑行波，E_0 是电磁波在点 A 的幅度（图 6-2-2）。把滑行波用平面波代表是有误差的，后面将讨论其校正方法，现在仍按平面波讨论。用 z_1 和 z_2 分别代表线段 $\overline{AB_1}$ 和 $\overline{AB_2}$（图 6-2-2），则在接收天线 R_1 处：

$$E(R_1) = C_1 E_0 e^{-\beta z_1 + \mathrm{i}(\omega t - \alpha z_1)}$$

在接收天线 R_2 处：

$$E(R_2) = C_2 E_0 e^{-\beta z_2 + i(\omega t - \alpha z_2)}$$

式中：C_1 为路径 B_1R_1 上的相移和衰减，复数；C_2 为路径 B_2R_2 上的相移和衰减，复数。

取以上两式的对数，得：

$$\mathrm{Re}[\ln E(R_1)] = -\beta z_1 + \ln E_0 - A_1 \qquad (6\text{-}2\text{-}9)$$

$$\mathrm{Re}[\ln E(R_2)] = -\beta z_2 + \ln E_0 - A_2 \qquad (6\text{-}2\text{-}9')$$

$$\mathrm{Im}[\ln E(R_1)] = \omega t - \alpha z_1 - \Phi_1 \qquad (6\text{-}2\text{-}10)$$

$$\mathrm{Im}[\ln E(R_2)] = \omega t - \alpha z_2 - \Phi_2 \qquad (6\text{-}2\text{-}10')$$

式中：A_j 为 $\ln C_j$ 的实部，即路径 B_jR_j 上的衰减，$j=1, 2$；Φ_j 为 $\ln C_j$ 的虚部，即路径 B_jR_j 上的相位移，$j=1, 2$。

由于极板和井壁平行，则（图 6-2-2）：

$$\overline{B_1R_1} = \overline{B_2R_2}$$

从而：

$$A_1 = A_2 \qquad (6\text{-}2\text{-}11)$$

$$\Phi_1 = \Phi_2 \qquad (6\text{-}2\text{-}12)$$

式（6-2-9）减式（6-2-9′），解 β，并考虑到 $z_2 - z_1 = L$，L 是 R_1 和 R_2 的间距，得：

$$\beta = \frac{1}{L} \mathrm{Re} \ln \frac{E(R_1)}{E(R_2)} \qquad (6\text{-}2\text{-}13)$$

用相同方法处理式（6-2-10）和式（6-2-10′），得：

$$\alpha = \frac{1}{L} \mathrm{Im} \ln \frac{E(R_1)}{E(R_2)} \qquad (6\text{-}2\text{-}14)$$

从以上推导看，为求出 α 和 β，只需要一个发射线圈 T_1 和两个接收线圈 R_1、R_2 就行。但是式（6-2-13）和式（6-2-14）成立的前提是式（6-2-11）和式（6-2-12）成立。即极板必须保持与井壁平行。有时由于井壁坍塌，极板不能保持与井壁平行，可以采用如图 6-2-3 所示的双发双收的仪器结构。测井时，T_1 和 T_2 交替发射，通过求平均值

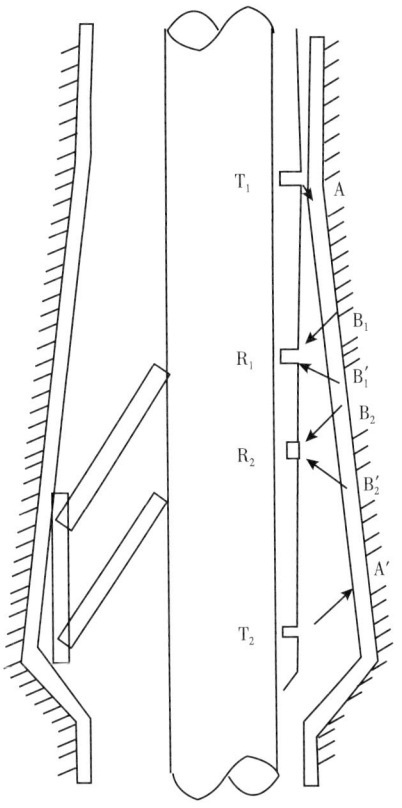

图 6-2-3　T_1—R_1—R_2—T_2 排列补偿井眼影响原理示意图

以消除井眼不规则影响，这种方法在井眼补偿声波测井中曾用到过。

为了讨论问题方便，仍然以 T_1—R_1—R_2 排列为例进行说明。

当式（6-2-10）和式（6-2-10′）所给的相位等于零的时刻，R_1 和 R_2 处的信号达到最大值。所以式（6-2-13）变成：

$$\beta = \frac{1}{L} \ln \frac{E(R_1)_{max}}{E(R_2)_{max}} \qquad (6\text{-}2\text{-}15)$$

式中：$E(R_1)_{max}$ 为 R_1 处信号最大值，即幅度；$E(R_2)_{max}$ 为 R_2 处信号最大值，即幅度。

令 A 代表每单位长度的信号衰减率（单位为 dB/m），则：

$$A = \frac{8.686}{L} \ln \frac{E(R_1)_{max}}{E(R_2)_{max}}$$

由此得：

$$\beta = \frac{A}{8.686} \qquad (6\text{-}2\text{-}16)$$

根据 β 可估计仪器的探测深度 δ。δ 定义为 β^{-1}，就是说，使信号衰减 8.686dB 所对应的地层深度。用 EPT 测出的 A 取决于滤饼厚度和地层与滤饼的介电常数，通常在 l00~500dB/m 的范围内变化。考虑到电磁波的发散，对于 $A=100$dB/m，$\delta\approx20$cm；而对于 $A=500$dB/m，$\delta=2$cm。因此，EPT 探测深度只达到距井壁 20cm 以内的地层区域，通常为钻井液冲洗带。

测井时并不根据式（6-2-14）计算 α，而是直接测量两接收天线的信号达到同一相位的时差。两接收天线的相位由式（6-2-10）和式（6-2-10′）给出。

令：
$$\omega t_1 - \alpha z_1 - \Phi_1 = \omega t_2 - \alpha z_2 - \Phi_2$$

考虑到式（6-2-12），得：

$$t_2 - t_1 = \frac{\alpha}{\omega}(z_2 - z_1) = \frac{\alpha}{\omega} L$$

定义：

$$t_{p1} \stackrel{def}{=\!=} \frac{t_2 - t_1}{L} \qquad (6\text{-}2\text{-}17)$$

则 $t_{p1} = \frac{\alpha}{\omega}$。$t_{p1}$ 称为电磁波的传播时间，或简称时差，类似于声波测井的时差。从量纲上说，t_{p1} 并不是时间，而是速度的倒数，对应电磁波相速度的倒数。可以看出，在得到 t_{p1} 后很容易得到 α。

三、EPT 曲线和解释原理

国外的 EPT 仪器共测量四条曲线：

(1)时差曲线 t_{p1},单位是 ns/m,范围是 5~15;
(2)近接收天线和远接收天线处的信号电平 L_N 和 L_F,单位为 dB,范围为 -100~0。以 1mW 为 0dB;
(3)衰减率 A。可以看出:

$$A = \frac{L_N - L_F}{L}$$

A 的范围为 0~500dB/m。

EPT 曲线的实例如图 6-2-4 所示。经验表明:如果远接收天线的电平 L_F 低于 -50dB,求出的 t_{p1} 就不可靠。这是因为信号电平太低以致不能得到可靠的过零脉冲。

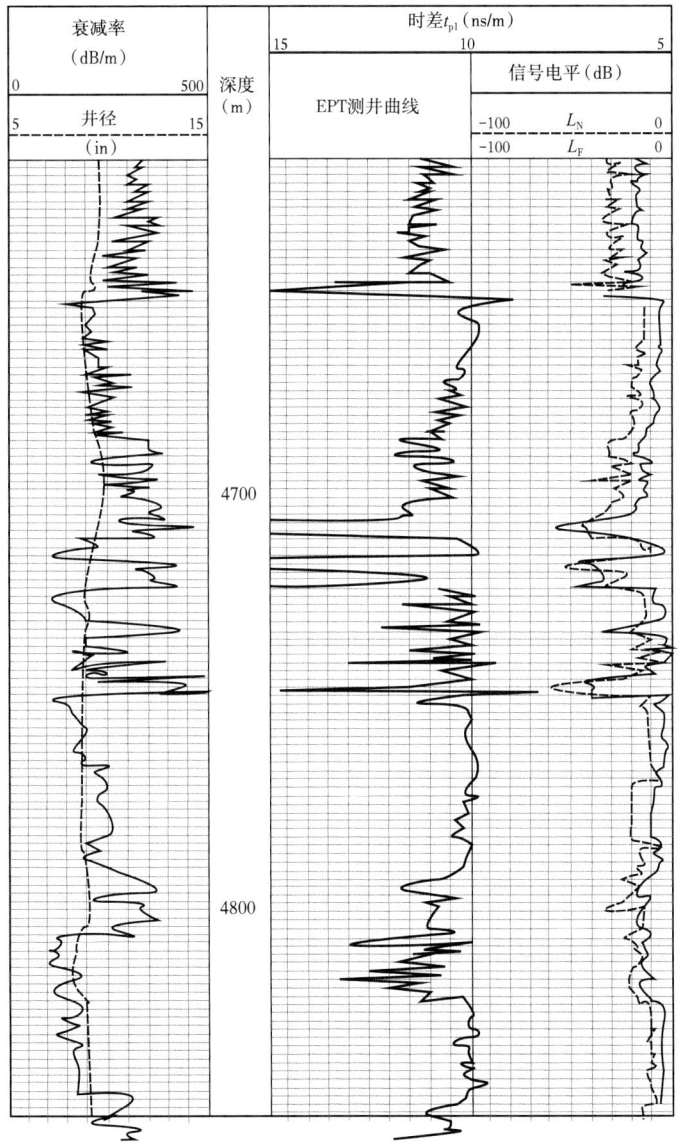

图 6-2-4 EPT 曲线实例

石油井中常见岩石的 t_{p1} 为从 6.3ns/m（相当于孔隙中充满烃的 40pu 砂岩）到 17.2ns/m（相当于孔隙中充满水的 40pu 石灰岩）。如换算成相位差，则前者相当于相距 40mm 的两接收天线的 100° 相位差，而后者相当于 270°。这说明两接收天线的间距选择恰当。间距过小会使测量结果的分辨能力降低，而间距过大，大到在某些岩石处相位差超过 360°，则会产生——借用声波测井中的术语——周波跳跃。这就是说，两接收信号的相位差超过 360° 时，仪器给出的 t_{p1} 相当于相位差超出 360° 那部分，而不是相位差本身。

解释中所遵循的原则也和声波测井的一样，即测井得到的 t_{p1} 等于岩石各种成分的时差按所占体积的加权平均值。例如，孔隙度为 ϕ、孔隙中含水饱和度为 S_w 的岩石的时差是：

$$t_{p1} = \phi S_w t_{pw} + \phi(1-S_w)t_{ph} + (1-\phi)t_{pma} \quad (6\text{-}2\text{-}18)$$

式中：t_{pw}、t_{ph} 和 t_{pma} 分别为电磁波在水、烃和岩石骨架中的时差。

如果上述三个时差和 ϕ 是已知的，则可以利用式（6-2-18）根据测得的 t_{p1} 求出 S_w。

附　　录

附录 A　普通电阻率测井响应的解析解

电阻率测井的实质是研究各种介质中电场的分布问题。在下列三种介质中，可以利用解 Laplace 方程［式（1-1-4）］的方法解析求解点电源的电位场：

（1）均匀各向异性的介质；

（2）电阻率不随 r（r 是柱状坐标系 r、ϕ 和 z 中的一个坐标）变化，而随 z（井轴方向）阶跃变化的介质，简称纵向阶跃介质；

（3）电阻率不随 z 变化而随 r 阶跃变化的介质，简称径向阶跃介质。

本附录将重点介绍这三种介质中，普通电阻率法测井响应的解析解。

一、均匀各向异性介质中，点电源电场的分布及视电阻率公式

在均匀各向异性介质中点电源 A 产生的电场分布，可用以 A 为原点的直角坐标系 $X_1Y_1Z_1$ 进行计算。使 Z_1 轴垂直于介质的层理面，X_1 轴和 Y_1 轴平行于层理面。沿着介质层理方向的电阻率为 R_{tr}，垂直于介质层理方向（即沿 Z_1 轴方向）的电阻率为 R_n。

在这个场中，电流密度 J 在坐标轴上的分量为：

$$\left. \begin{aligned} J_{X_1} &= \frac{E_{X_1}}{R_{tr}} = -\frac{1}{R_{tr}}\frac{\partial U}{\partial x_1} \\ J_{Y_1} &= \frac{E_{Y_1}}{R_{tr}} = -\frac{1}{R_{tr}}\frac{\partial U}{\partial y_1} \\ J_{Z_1} &= \frac{E_{Z_1}}{R_n} = -\frac{1}{R_n}\frac{\partial U}{\partial z_1} \end{aligned} \right\} \quad （A-1）$$

在电源点以外的任一点上，有：

$$\nabla J = \frac{\partial J_{X_1}}{\partial x_1} + \frac{\partial J_{Y_1}}{\partial y_1} + \frac{\partial J_{Z_1}}{\partial z_1} = -\frac{1}{R_{tr}}\left(\frac{\partial^2 U}{\partial x_1^2} + \frac{\partial^2 U}{\partial y_1^2}\right) - \frac{1}{R_n}\frac{\partial^2 U}{\partial z_1^2} = 0 \quad （A-2）$$

令 $x = \sqrt{R_{tr}}x_1$，$y = \sqrt{R_{tr}}y_1$，$z = \sqrt{R_n}z_1$。代入式（A-2），则得到 Laplace 方程：

$$\frac{\partial^2 U}{\partial x^2} + \frac{\partial^2 U}{\partial y^2} + \frac{\partial^2 U}{\partial z^2} = 0$$

求解 Laplace 方程得到：

$$U = \frac{c}{\sqrt{x^2+y^2+z^2}} = \frac{c}{\sqrt{R_{tr}}\sqrt{x_1^2+y_1^2+\lambda^2 z_1^2}} \qquad (A\text{-}3)$$

$$\lambda = \sqrt{R_n / R_{tr}}$$

式中：c 为积分常数；λ 为各向异性系数。

该电场中等电位面公式可由式（A-3）中导出：

$$x_1^2 + y_1^2 + \lambda^2 z_1^2 = 常数$$

该方程表示等位面是个围绕 Z_1 轴的旋转椭球面。

由式（A-1）和式（A-3）得到：

$$\left. \begin{aligned} J_{X_1} &= -\frac{1}{R_{tr}}\frac{\partial U}{\partial x_1} = \frac{cx_1}{R_{tr}^{3/2}\left(x_1^2+y_1^2+\lambda^2 z_1^2\right)^{3/2}} \\ J_{Y_1} &= -\frac{1}{R_{tr}}\frac{\partial U}{\partial y_1} = \frac{cy_1}{R_{tr}^{3/2}\left(x_1^2+y_1^2+\lambda^2 z_1^2\right)^{3/2}} \\ J_{Z_1} &= -\frac{1}{R_n}\frac{\partial U}{\partial z_1} = \frac{cz_1}{R_{tr}^{3/2}\left(x_1^2+y_1^2+\lambda^2 z_1^2\right)^{3/2}} \end{aligned} \right\} \qquad (A\text{-}4)$$

由此得到：

$$\frac{J_{X_1}}{x_1} = \frac{J_{Y_1}}{y_1} = \frac{J_{Z_1}}{z_1} \qquad (A\text{-}5)$$

说明该场内电流线是直线，从点电源 A 出发呈放射状。而电力线 E 是与椭球形等位面垂直的曲线。只有在 X_1—Y_1 平面上和 Z_1 轴上电流线和电力线方向才一致。

为了定量地描述各向异性介质中的电场分布特点，现将式（A-3）中的积分常数 c 求出。为此，首先根据 $\iint J_n \mathrm{d}S = I$ 求出点电源 A 的电流。利用球坐标系的积分运算得到：

$$I = \int_0^{2\pi}\int_0^{\pi} J_r r^2 \sin\theta \mathrm{d}\theta \mathrm{d}\phi$$

$$J_r = \frac{c}{R_{tr}^{3/2} r^2 \left(\sin^2\theta + \lambda^2 \cos^2\theta\right)^{3/2}}$$

式中：J_r 为电流密度向量在球坐标系中 r 方向的分量。

将 J_r 表达式代入 I 可得：

$$I = c\int_0^{2\pi}\mathrm{d}\phi\int_0^{\pi}\frac{\sin\theta \mathrm{d}\theta}{R_{tr}^{3/2}\left(\sin^2\theta+\lambda^2\cos^2\theta\right)^{3/2}} = 2\pi c\int_0^{\pi}\frac{\sin\theta \mathrm{d}\theta}{R_{tr}^{3/2}\left[1+\left(\lambda^2-1\right)\cos^2\theta\right]^{3/2}}$$

$$= \frac{4\pi c}{R_{tr}^{3/2}\lambda} = \frac{4\pi c}{R_{tr}\sqrt{R_n}}$$

转换得：

$$c = \frac{IR_{tr}\sqrt{R_n}}{4\pi}$$

将 c 代入式（A-3）中，得到：

$$U = \frac{IR_{tr}\sqrt{R_n}}{4\pi\sqrt{R_{tr}}\sqrt{x_1^2 + y_1^2 + \lambda^2 z_1^2}} = \frac{I\sqrt{R_{tr}R_n}}{4\pi\sqrt{x_1^2 + y_1^2 + \lambda^2 z_1^2}} \\ = \frac{IR_{gm}}{4\pi\sqrt{x_1^2 + y_1^2 + \lambda^2 z_1^2}} \quad (A-6)$$

其中：

$$R_{gm} = \sqrt{R_{tr}R_n}$$

式中：R_{gm} 为各向异性介质几何中项电阻率。

当电极系 AMN 放置的方向（即井轴方向）和层理法线成 θ 角时，则 $x_1^2+y_1^2=r^2\sin^2\theta$，及 $z_1^2=r^2\cos^2\theta$，代入式（A-6）得到：

$$U = \frac{IR_{gm}}{4\pi r\sqrt{1+(\lambda^2-1)\cos^2\theta}} \quad (A-7)$$

将 r 分别用 $\overline{AM}$ 和 $\overline{AN}$ 代入，即可得到 U_M 和 U_N，则有：

$$\Delta U_{MN} = \frac{IR_{gm}}{4\pi\sqrt{1+(\lambda^2-1)\cos^2\theta}}\left(\frac{1}{\overline{AM}} - \frac{1}{\overline{AN}}\right) \\ = \frac{\overline{MN}}{4\pi\overline{AM}\cdot\overline{AN}}\frac{IR_{gm}}{\sqrt{1+(\lambda^2-1)\cos^2\theta}}$$

从而得：

$$R_a = \frac{4\pi\overline{AM}\cdot\overline{AN}}{\overline{MN}}\frac{\Delta U_{MN}}{I} = \frac{R_{gm}}{\sqrt{1+(\lambda^2-1)\cos^2\theta}} \quad (A-8)$$

由式（A-8）可以看出，在均匀各向异性介质中：
（1）视电阻率和所有电极系类型及尺寸无关；
（2）视电阻率和几何中项电阻率 R_{gm} 成正比；
（3）视电阻率还决定于各向异性系数 λ 及井轴和层理法线方向的夹角 θ。

当 $\theta = \frac{\pi}{2}$ 时，井轴和岩石层理面的方向一致，测量的是沿层理面的视电阻率 R_{at}：

$$R_{at} = R_a\bigg|_{\theta=\frac{\pi}{2}} = R_{gm} = \sqrt{R_{tr}R_n} \quad (A-9)$$

当 $\theta=0$ 时，井轴垂直于岩石层理面，所测结果是垂直于层理面的视电阻率 R_{an}：

$$R_{an} = R_a \big|_{\theta=0} = \frac{R_{gm}}{\lambda} = \frac{\sqrt{R_n R_{tr}}}{\sqrt{\frac{R_n}{R_{tr}}}} = R_{tr} \quad (\text{A-10})$$

在均匀各向异性介质中，井轴和岩石层理面的相对位置不同，所测的视电阻率各不相同，可以用式（A-8）计算。而垂直于层理面的视电阻率 R_{an} 等于沿层理面的电阻率 R_{tr}，这种情况称为"佯谬"（Paradox）。如果水平砂岩互层组中每层的厚度均比电极系的尺寸小得多，这种地层组合可以看作是"宏观各向异性"地层，可以用平均电学参数来描述它：

$$\left. \begin{array}{l} \sigma_{tr} = \dfrac{1}{R_{tr}} = \dfrac{1}{H}\sum\limits_i \dfrac{h_i}{R_{tri}} \\ R_n = \dfrac{1}{H}\sum\limits_i h_i R_{tri} \end{array} \right\} \quad (\text{A-11})$$

式中：H 为地层组总厚度；σ_{tr} 为沿层理面方向的岩石电导率；R_{tri}、h_i 分别为第 i 层的电阻率和厚度。

对于电阻率 $R(z)$ 为深度 z 的函数的微观各向异性地层，当在分辨率长度 Λ 内积分，可以得到宏观电阻率的通用表达式：

$$\sigma_{tr}(z) = \frac{1}{\Lambda} \int_{z-\Lambda/2}^{z+\Lambda/2} \frac{dz}{R(z)}$$

$$R_n(z) = \frac{1}{\Lambda} \int_{z-\Lambda/2}^{z+\Lambda/2} R(z) dz$$

如果互层组中只有电阻率为 R_1 和 R_2 的两种地层，并且已知电阻率为 R_1 的地层的总厚度为 H_1 时，则从式（A-11）得：

$$\sigma_{tr} = \frac{1}{R_{tr}} = \frac{1}{H}\left(\frac{H_1}{R_1} + \frac{H-H_1}{R_2}\right)$$

或

$$R_{tr} = \frac{R_2}{1+\left(\dfrac{R_2}{R_1}-1\right)\dfrac{H_1}{H}} \quad (\text{A-12})$$

$$R_n = \frac{1}{H}\left[R_1 H_1 + R_2(H-H_1)\right] \quad (\text{A-13})$$

根据式（A-12）和式（A-13）可得：

$$\frac{R_\mathrm{n}}{R_\mathrm{tr}} = \frac{1}{H^2}\left[R_1 H_1 + R_2(H-H_1)\right]\left(\frac{H_1}{R_1} + \frac{H-H_1}{R_2}\right)$$

$$= \frac{1}{H^2}\left[H_1^2 + (H-H_1)^2 + \left(\frac{R_1}{R_2} + \frac{R_2}{R_1}\right)H_1(H-H_1)\right]$$

$\frac{R_1}{R_2} + \frac{R_2}{R_1} \geqslant 2$，且 H_1 和 $H-H_1$ 都不小于 0，有：

$$\frac{R_\mathrm{n}}{R_\mathrm{tr}} \geqslant \frac{1}{H^2}\left[H_1^2 + 2H_1(H-H_1) + (H-H_1)^2\right] = 1$$

从式（A-10）可以确定沿井轴测量的视电阻率 R_a 为：

$$R_\mathrm{a} = R_\mathrm{an} = R_\mathrm{tr} = \frac{R_2}{1+\left(\frac{R_2}{R_1}-1\right)\frac{H_1}{H}}$$

二、纵向阶跃介质中，点电源电场的分布及视电阻率公式

1. 一个水平界面问题

如果有两个电阻率分别为 R_1 和 R_2 的均匀各向同性的介质，二者的分界面是一个水平平面。在 R_1 介质中放入一个电流强度为 I 的电极。以下用 A（I）表示这个电极。在此电场中，除去电源点，空间各点的电位满足 Laplace 方程和电场的边界条件。要求出场的分布，可以用镜像法求解。镜像法的实质是：与 A 在分界面同侧的点的电场等于电极 A（I）和 A′（I'）在电阻率为 R_1 的均匀介质中造成的电场，其中点 A′ 是分界面所形成的点 A 的镜像，与点 A 异侧的点的电场等于虚电极 A（I''）在电阻率为 R_2 的均匀介质中造成的电场。

首先计算与点 A 同侧的测量点 M_{11} 的电位 U_{11}，如图 A-1a 所示，根据上述镜像法原则，U_{11} 可表示为：

$$U_{11} = U_\mathrm{AM_{11}} + U_\mathrm{A'M_{11}} = \frac{R_1 I}{4\pi}\frac{1}{r} + \frac{R_1 I'}{4\pi}\frac{1}{r'} \tag{A-14}$$

其中： $r = \overline{AM_{11}}$ ； $r' = \overline{A'M_{11}}$

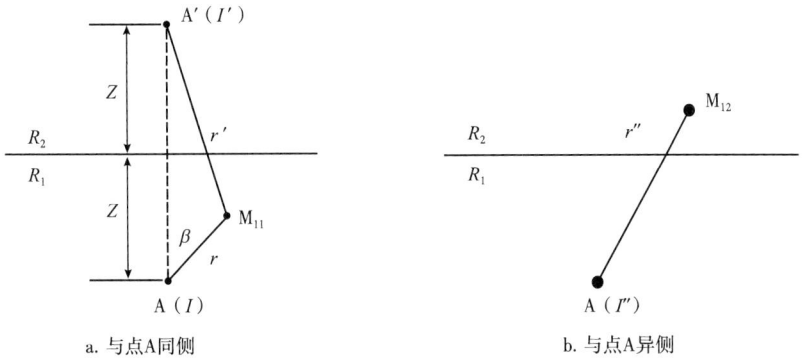

a. 与点A同侧　　　　　　　　b. 与点A异侧

图 A-1　平面界面附近实际电源及虚电源位置示意图

Z—A（I）和 [A′（I'）] 到分界面的距离

同样根据上述的镜像法原则，如图 A-1b 所示，与点 A 异侧的点 M_{12} 的电位 U_{12}：

$$U_{12} = \frac{R_2 I''}{4\pi} \frac{1}{r''} \quad \text{（A-15）}$$

$$r'' = \overline{AM_{12}}$$

当测量点在两种介质的交界面处，此时 $r=r'=r''$，根据边界条件，界面上电位连续，有：

$$U_{11} = U_{12} \quad \text{（A-16）}$$

将式（A-14）、式（A-15）代入式（A-16）得：

$$R_1(I+I') = R_2 I'' \quad \text{（A-17）}$$

又根据在界面上电流密度的法向分量连续，得：

$$-\frac{1}{R_1}\frac{\partial U_{11}}{\partial n} = -\frac{1}{R_2}\frac{\partial U_{12}}{\partial n} \quad \text{（A-18）}$$

将式（A-14）、式（A-15）代入式（A-18）得：

$$\frac{1}{4\pi}\left(\frac{I}{r^2}\frac{\partial r}{\partial n} + \frac{I'}{r'^2}\frac{\partial r'}{\partial n}\right) = \frac{1}{4\pi}\frac{I''}{r''^2}\frac{\partial r''}{\partial n} \quad \text{（A-19）}$$

由于测量点在界面上，$r=r'=r''$，$-\frac{\partial r}{\partial n} = +\frac{\partial r'}{\partial n} = -\frac{\partial r''}{\partial n}$，代入式（A-19）得：

$$I'' = I - I' \quad \text{（A-20）}$$

解式（A-17）、式（A-20）得：

$$\left.\begin{array}{l} I' = \dfrac{R_2 - R_1}{R_2 + R_1} I = K_{12} I \\ I'' = \left(1 - \dfrac{R_2 - R_1}{R_2 + R_1}\right)I = \dfrac{2R_1}{R_2 + R_1} I = (1 - K_{12})I \end{array}\right\} \quad \text{（A-21）}$$

将式（A-21）代入式（A-14）、式（A-15）中，得到在 R_1 介质和 R_2 介质中的电位公式：

$$\left.\begin{array}{l} U_{11} = \dfrac{IR_1}{4\pi}\left(\dfrac{1}{r} + K_{12}\dfrac{1}{r'}\right) \\ U_{12} = \dfrac{IR_2}{4\pi}\dfrac{1-K_{12}}{r''} \end{array}\right\} \quad \text{（A-22）}$$

其中：

$$K_{12} = \frac{R_2 - R_1}{R_2 + R_1}$$

$$1 - K_{12} = \frac{2R_1}{R_2 + R_1}$$

式中：K_{12} 为电流反射系数；$1-K_{12}$ 为电流透过系数。

当 $R_1 < R_2$ 时，$K_{12} > 0$，电流透过系数 <1，界面对电流线有排斥作用，使得界面一方的电流线变疏，并且把等位面拉长（图 A-2a）。

当 $R_1 > R_2$ 时，$K_{12} < 0$，电流透过系数 >1，界面对电流线有吸引作用，使得界面一方的电流线变密，并且等位面被压扁（图 A-2b）。

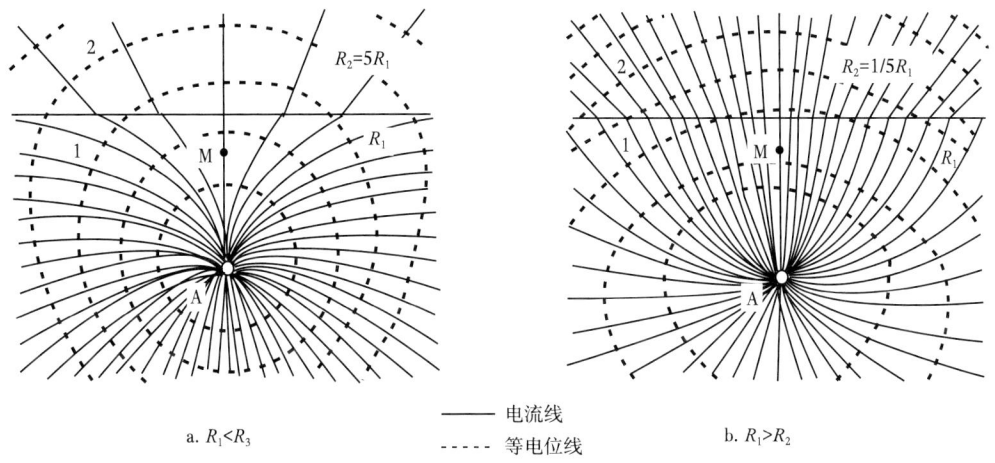

a. $R_1 < R_2$　　——电流线　　b. $R_1 > R_2$
　　　　　　　　-----等电位线

图 A-2　平面分界面附近电场分布示意图

如果供电点 A 及测量点 M 均在 R_2 介质中，根据镜像法原理得到电位分布公式 U_{22} 为：

$$U_{22} = \frac{IR_2}{4\pi}\left(\frac{1}{r} + K_{21}\frac{1}{r'}\right) = \frac{IR_2}{4\pi}\left(\frac{1}{r} - \frac{K_{12}}{r'}\right) \quad (\text{A-23})$$

其中：
$$K_{21} = \frac{R_1 - R_2}{R_1 + R_2} = -K_{12}$$

现在以点 A 为坐标原点，并使 z 轴垂直于界面，界面的坐标为 z，如果 r 与 z 轴的夹角为 β，则根据余弦定律（图 A-1）可得：

$$r' = \sqrt{4z(z - r\cos\beta) + r^2} \quad (\text{A-24})$$

将式（A-24）代入式（A-22）、式（A-23），得：

$$\left.\begin{aligned} U_{11} &= \frac{IR_1}{4\pi}\left(\frac{1}{r} + \frac{K_{12}}{\sqrt{4z(z - r\cos\beta) + r^2}}\right) \\ U_{22} &= \frac{IR_2}{4\pi}\left(\frac{1}{r} - \frac{K_{12}}{\sqrt{4z(z - r\cos\beta) + r^2}}\right) \end{aligned}\right\} \quad (\text{A-25})$$

在测井中，如果井垂直于 β=0 时，则有：

$$U_{11} = \frac{IR_1}{4\pi}\left(\frac{1}{r} + \frac{K_{12}}{2z-r}\right)$$

$$U_{22} = \frac{IR_2}{4\pi}\left(\frac{1}{r} - \frac{K_{12}}{2z+r}\right)$$

$$U_{12} = \frac{IR_2}{4\pi}\frac{1-K_{12}}{r}$$

$$U_{21} = \frac{IR_1}{4\pi}\frac{1-K_{21}}{r} = U_{12}$$

（A-26）

沿着井轴方向的电场强度 E_{11}、E_{22} 及 E_{12}，可通过式（A-26）中的 U_{11}、U_{22} 及 U_{12} 分别对 r 微分得到：

$$E_{11} = -\frac{\partial U_{11}}{\partial r} = \frac{IR_1}{4\pi}\left[\frac{1}{r^2} - \frac{K_{12}}{(2z-r)^2}\right]$$

$$E_{22} = -\frac{\partial U_{22}}{\partial r} = \frac{IR_2}{4\pi}\left[\frac{1}{r^2} + \frac{K_{21}}{(2z+r)^2}\right]$$

$$E_{12} = -\frac{\partial U_{12}}{\partial r} = \frac{IR_2}{4\pi}\frac{(1-K_{12})}{r^2}$$

（A-27）

已知电场分布后，将式（A-26）中 U_{11}、U_{22} 及 U_{12} 分别代入式（3-1-11）中，便得到电位电极系与地层的相对位置不同时对应的视电阻率公式。在计算视电阻率曲线时，把坐标原点移到界面上，z 轴仍与界面垂直，z 代表电极 A 的坐标。

（1）当 $z \leqslant -r$ 时，电极 A 和点 M 都在介质 R_1 内，有：

$$R_a = 4\pi r \frac{U_{11}}{I} = R_1\left(1 + \frac{rK_{12}}{|2z+r|}\right)$$

（A-28a）

当 $z \to \infty$ 时，$R_a \to R_1$。

（2）当 $-r \leqslant z \leqslant 0$ 时，电极 A 和点 M 在界面两侧，有：

$$R_a = 4\pi r \frac{U_{12}}{I} = R_2(1 - K_{12}) = \frac{2R_1R_2}{R_1 + R_2}$$

（A-28b）

（3）当 $z \geqslant 0$ 时，电极 A 和点 M 都在介质 R_2 内，有：

$$R_a = 4\pi r \frac{U_{22}}{I} = R_2\left(1 + \frac{rK_{21}}{|2z-r|}\right)$$

（A-28c）

当 $z \to \infty$ 时，$R_a \to R_2$。

用式（A-28a）至式（A-28c）计算得到的视电阻率曲线如图 A-3 所示。由于记录点 O 在电极 A 和 M 的中点，曲线向上移动了 $\overline{AM}/2$。

当电极系远离界面时，所得到的视电阻率为电极系所在介质的电阻率，实际上只要 $|z|>4r$ 时，就可以得到上述结果；当供电电极和测量电极分别在界面两侧时，视电阻率为常数，等于 $2R_1R_2/(R_1+R_2)$，其曲线形态为平行于井轴的直线，其长度为 $\overline{AM}$；如果地

层不水平，其倾角为 β 时，则应用式（A-28a）至式（A-28c）进行计算，否则由于倾角的影响，利用视电阻率曲线划分地层界面的准确度降低。电位电极系中的成对电极（如 M、N）之间的距离对视电阻率曲线形状也有影响（图 A-3）。一般在实际工作中，总是把 M、N 两电极放置得相当远，可看作满足条件 $\overline{\mathrm{MN}}/\overline{\mathrm{AM}} \to \infty$，视电阻率曲线不受此因素影响。

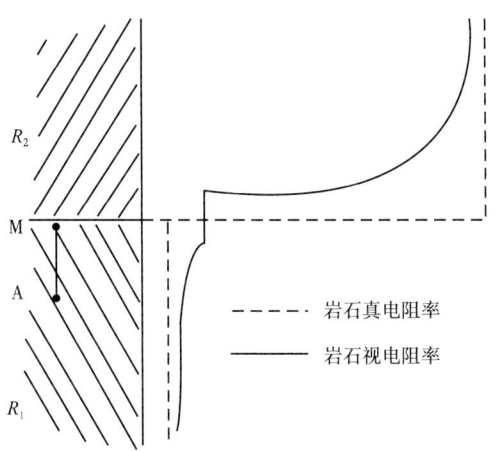

图 A-3　电位电极系视电阻率曲线

同样，根据式（A-27）可以求得底部梯度电极系的视电阻率公式。

（1）当 $z < -r$ 时，电极 A 和记录点 O 都在介质 R_1 中。

$$R_\mathrm{a} = 4\pi r^2 \frac{E_{11}}{I} = R_1\left(1 - \frac{r^2 K_{12}}{(2z+r)^2}\right) \quad （\text{A-29a}）$$

当 $z \to -\infty$ 时，$R_\mathrm{a} \to R_1$；
当 $z = (-r)$ 时，$R_\mathrm{a} = R_1(1-K_{12})$。

（2）当 $-r < z < 0$ 时，电极 A 和记录点 O 在界面两侧。

$$R_\mathrm{a} = 4\pi r^2 \frac{E_{12}}{I} = R_2(1-K_{12}) = \frac{2R_1 R_2}{R_1 + R_2} \quad （\text{A-29b}）$$

比较式（A-29a）、式（A-29b），可以看出：当 z 由 $(-r)-$ 到 $(-r)+$ 时，R_a 由 $R_1(1-K_{12})$ 变到 $R_2(1-K_{12})$。也就是说，当记录点 O 穿过界面时，视电阻率发生一个跃变。跃变前后两视电阻率比值恰好等于真电阻率之比。

（3）当 $z > 0$ 时，电极 A 和记录点 O 都在介质 R_2 内。

$$R_\mathrm{a} = 4\pi r^2 \frac{E_{22}}{I} = R_2\left[1 + \frac{r^2 K_{21}}{(2z+r)^2}\right] \quad （\text{A-29c}）$$

当 $z \to \infty$ 时，$R_\mathrm{a} \to R_2$；
当 $z = 0_+$ 时，$R_\mathrm{a} = R_2(1-K_{12})$。

也就是说，当电极 A 穿过界面时，视电阻率曲线是连续的。

顶部梯度电极系的视电阻率公式如下。

（1）$z < 0$ 时：

$$R_\mathrm{a} = R_1 \left[1 + \frac{r^2 K_{12}}{(-2z+r)^2} \right] \quad （A-30a）$$

（2）当 $0 < z < r$ 时：

$$R_\mathrm{a} = \frac{2R_1 R_2}{R_1 + R_2} \quad （A-30b）$$

（3）当 $z > r$ 时：

$$R_\mathrm{a} = R_2 \left(1 - \frac{r^2 K_{21}}{(2z-r)^2} \right) \quad （A-30c）$$

根据式（A-29）、（A-30a）至式（A-30c）计算得到的理论曲线，如图 A-4 所示。

由于记录点是在点 O，而不是在点 A；顶部梯度视电阻率曲线向上移动 $\overline{AO}$，底部梯度视电阻率曲线向下移动 $\overline{AO}$。

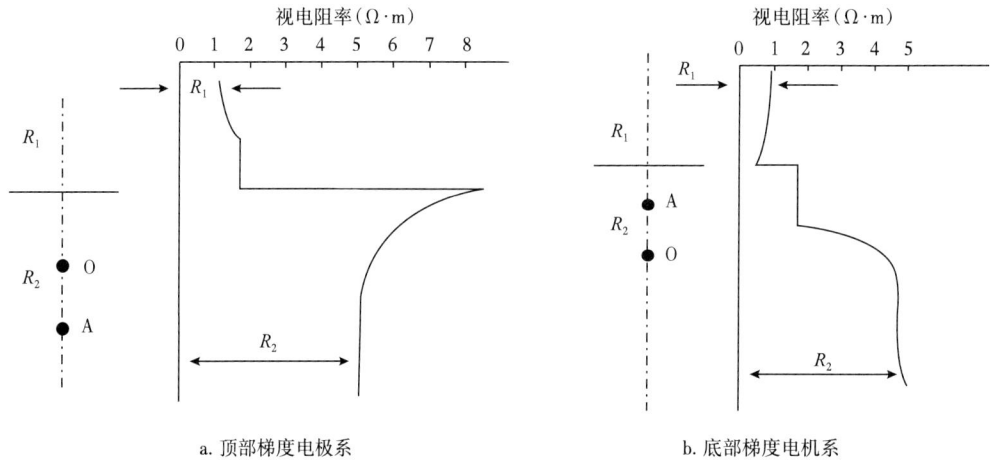

a. 顶部梯度电极系　　　　　　　　b. 底部梯度电机系

图 A-4　梯度电极系视电阻率曲线

2. 两个平行水平界面的问题

在电阻率为 R_1 和 R_3 的均匀各向同性的两种介质之间，有一个均匀各向同性的高阻地层，其电阻率为 R_2，厚度为 h。介质 R_1 和 R_2 的交界面为 I，R_2 和 R_3 的交界面为 II，界面 I 和 II 是两个平行的水平面，如图 A-5 所示。在这种地层模型中研究点电源 A 产生电场的分布。由于点电源 A 和测量点 M 可能在同一个介质中，也可能在不同介质中，其电位的表达式不同。所以引用有两个角码的符号 U_{ij} 表示测量点 M 的电位。角码 i 表示点电源 A 所在介质的编号，角码 j 表示测量点 M 所在介质的编号。

仍然用镜像法解决具有两个平行平面界面的介质中点电源电场的分布问题。

为叙述方便,将坐标原点设在点A(即电源A),并使z轴垂直于层面。

1)点电源A在介质R_1中时的电场分布

界面Ⅰ和Ⅱ的坐标分别是z和$z+h$。

为了满足界面Ⅰ的边界条件,U_{11}由电源A:[A(0),I](逗号前面是电极位置,圆括号内是其坐标,逗号后面是电极的电流强度,下同)和虚电源$[A'_0(2z),K_{12}I]$形成,U_{12}由一个虚电源$[A(0),(1-K_{12})I]$形成。产生U_{11}的电源$[A(0),I]$和$[A'_0(2z),K_{12}I]$与产生U_{12}的电源$[A(0),(1-K_{12})I]$组成一个满足界面Ⅰ的边界条件的"三元"组。

为了满足界面Ⅱ的边界条件,U_{12}还应有一个虚电源$[A'_1(2h+2z),(1-K_{12})K_{23}I]$,$U_{13}$有一个虚电源$[A(0),(1-K_{12})(1-K_{23})I]$。$U_{12}$的$[A'_1(2h+2z),(1-K_{12})K_{23}I]$又破坏了界面Ⅰ的边界条件。为了满

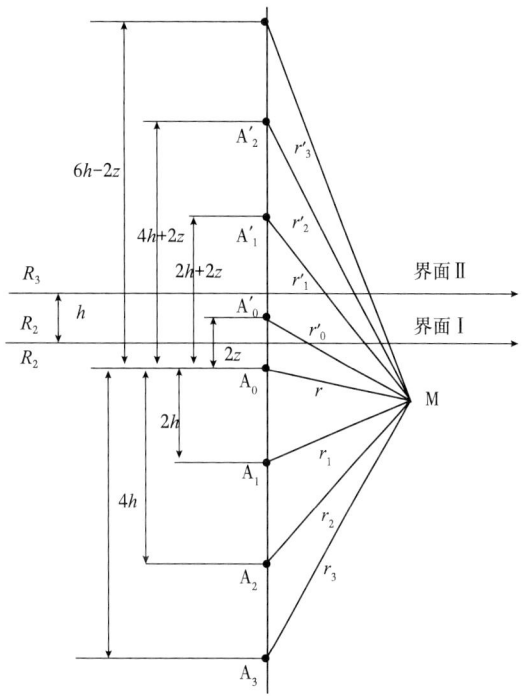

图A-5 实电源A在介质R_1中时虚电源分布示意图

足它,U_{12}和U_{11}又各添一个虚电源,与它形成一个"三元"组。如此反复下去,对U_{11}、U_{12}和U_{13}分别得到无穷多个虚电源。于是,可以得到:

$$U_{11}=\frac{IR_1}{4\pi}\left[\frac{1}{r}+\frac{K_{12}}{r'_0}+(1-K_{12}^2)K_{23}\sum_{n=0}^{\infty}\frac{(K_{21}K_{23})^n}{r'_{n+1}}\right] \quad (A-31)$$

在电阻率为R_2的介质中,任意点M处的电位U_{12}的表达式为:

$$U_{12}=\frac{IR_2}{4\pi}(1-K_{12})\sum_{n=0}^{\infty}(K_{21}K_{23})^n\left(\frac{1}{r_n}+\frac{K_{23}}{r'_{n+1}}\right) \quad (A-32)$$

其中: $r_0=r$

同理,在电阻率为R_3的介质中任意点M处的电位U_{13}的表达式为:

$$U_{13}=\frac{IR_3}{4\pi}(1-K_{12})(1-K_{23})\sum_{n=0}^{\infty}\frac{(K_{23}K_{21})^n}{r_n} \quad (A-33)$$

2)点电源A在介质R_2中时电场分布

界面Ⅰ和Ⅱ的坐标分别是$-z$和$h-z$,其中$0\leq z\leq h$。

应用镜像法可以设置无数个假想的虚电源代替界面对电场分布的影响,虚电源分布如图A-6所示,经过推导可以得到:

电阻率为 R_1 的介质中任意点 M 处的电位 U_{21} 为：

$$U_{21} = \frac{IR_1}{4\pi}(1+K_{12})\sum_{n=0}^{\infty}(K_{21}K_{23})^n\left(\frac{1}{r'_{2n}} + \frac{K_{23}}{r'_{2n+1}}\right) \quad （A-34）$$

其中： $r'_0 = r$

在电阻率为 R_2 的介质中任意点 M 处的电位 U_{22} 为：

$$U_{22} = \frac{IR_2}{4\pi}\sum_{n=0}^{\infty}(K_{21}K_{23})^n\left(\frac{1}{r_{2n}} + \frac{K_{23}}{r'_{2n+1}} + \frac{K_{21}}{r_{2n+1}} + \frac{K_{23}K_{21}}{r_{2(n+1)}}\right)\left(\frac{1}{r_{2n}} + \frac{K_{21}}{r_{2n+1}}\right) \quad （A-35）$$

其中： $r'_0 = r$

在电阻率为 R_3 的介质中任意点 M 处的电位 U_{23} 为：

$$U_{23} = \frac{IR_3}{4\pi}(1-K_{23})\sum_{n=0}^{\infty}(K_{21}K_{23})^n\left(\frac{1}{r_{2n}} + \frac{K_{21}}{r_{2n+1}}\right) \quad （A-36）$$

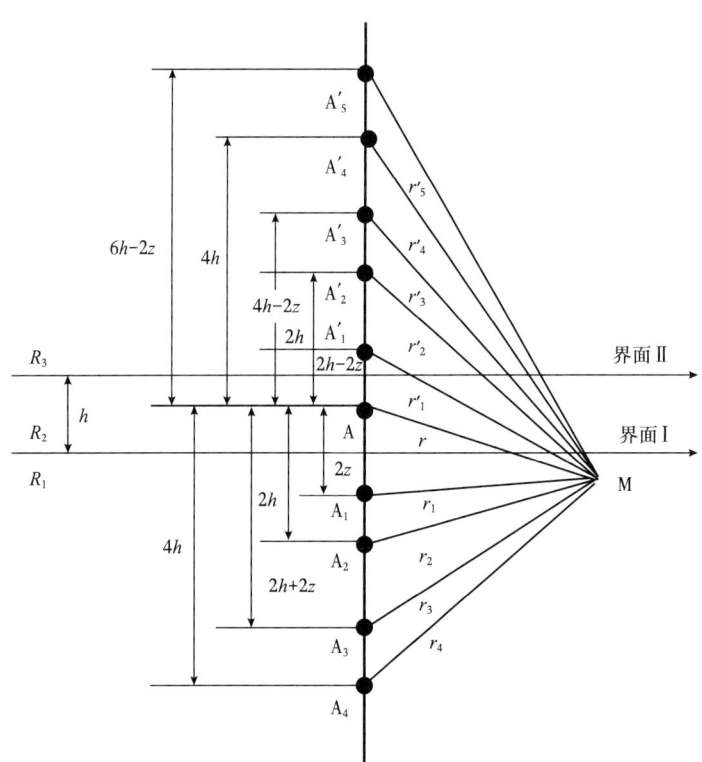

图 A-6 实电源 A 在介质 R_2 中时虚电源分布示意图

3）点电源 A 在 R_3 介质中时的电场分布

界面 I 和 II 的坐标分别是 $-z$ 和 $h-z$，其中 $z \geq h$。与前面两种情况类似，虚电源的分布如图 A-7 所示。当测量点 M 在电阻率为 R_1、R_2 和 R_3 介质中的电位 U_{31}、U_{32} 和 U_{33} 的表达式分别为：

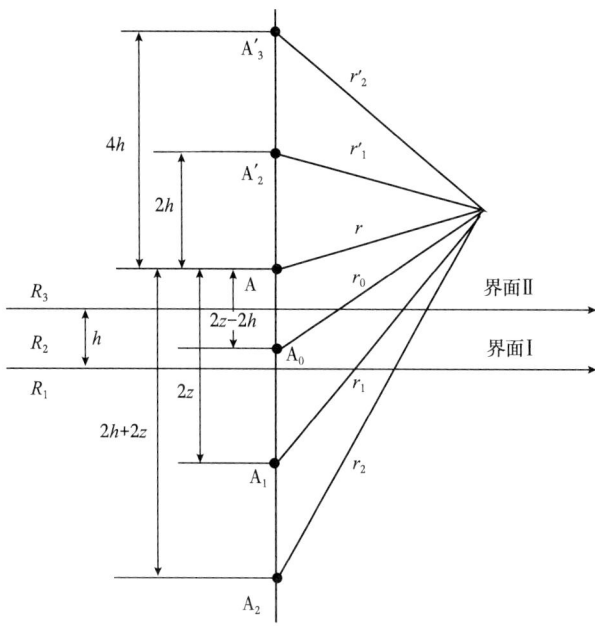

图 A-7 实电源 A 在介质 R_3 中时虚电源分布图

$$U_{31} = \frac{IR_1}{4\pi}(1+K_{12})(1+K_{23})\sum_{n=0}^{\infty}\frac{(K_{21}K_{23})^n}{r'_n} \quad (A-37)$$

$$U_{32} = \frac{IR_2}{4\pi}(1+K_{23})\sum_{n=0}^{\infty}(K_{21}K_{23})^n\left(\frac{1}{r'_n}+\frac{K_{21}}{r_{n+1}}\right) \quad (A-38)$$

$$U_{33} = \frac{IR_3}{4\pi}\left[\frac{1}{r}+\frac{K_{32}}{r_0}+(1-K_{32}^2)K_{21}\sum_{n=0}^{\infty}\frac{(K_{21}K_{23})^n}{r_{n+1}}\right] \quad (A-39)$$

其中： $\qquad r'_0 = r$

4）上述各种情况下的电位分布公式中 r_n 和 r'_n 的计算

设 $z'_n = \overline{AA'_n}$ 为镜像 A'_n 到 A 的距离；β 为界面的垂线 AA'_n 与 $\overline{AM}$ 直线之间的夹角，根据三角形的余弦定律，得：

$$\overline{MA'_n} = r'_n = \sqrt{z'_n(z'_n - 2r\cos\beta) + r^2}$$

其中： $\qquad r = \overline{AM}$

同理得：

$$\overline{MA_n} = r_n = \sqrt{z_n(z_n + 2r\cos\beta) + r^2}$$

其中： $$z_n = \overline{AA_n}$$

将 r_n 和 r'_n 表达式代入到电位公式中，得到一组公式。

实电源在 R_1 介质中所产生的电位公式：

$$\left.\begin{aligned}
U_{11} &= \frac{IR_1}{4\pi}\left(\frac{1}{r} + \frac{K_{12}}{\sqrt{4z(z-r\cos\beta)+r^2}}\right.\\
&\quad + \left(1-K_{12}^2\right)K_{23}\sum_{n=0}^{\infty}\frac{(K_{12}K_{23})^n}{\sqrt{4[(n+1)h+z]\{[(n+1)h+z]-r\cos\beta\}+r^2}}\right)\\
U_{12} &= \frac{IR_2}{4\pi}(1-K_{12})\sum_{n=0}^{\infty}(K_{12}K_{23})^n\left\{\frac{1}{\sqrt{4nh(nh+r\cos\beta)+r^2}}\right.\\
&\quad + \left.\frac{K_{23}}{\sqrt{4[(n+1)h+z][(n+1)h+z-r\cos\beta]+r^2}}\right\}\\
U_{13} &= \frac{IR_3}{4\pi}(1-K_{12})(1-K_{23})\sum_{n=0}^{\infty}\frac{(K_{12}K_{23})^n}{\sqrt{4nh(nh+r\cos\beta)+r^2}}
\end{aligned}\right\} \quad (\text{A--40})$$

实电源 A 在 R_2 介质中所产生的电位公式：

$$\left.\begin{aligned}
U_{21} &= \frac{IR_1}{4\pi}(1+K_{12})\sum_{n=0}^{\infty}(K_{12}K_{23})^n\left\{\frac{1}{\sqrt{4nh(nh-r\cos\beta)+r^2}}\right.\\
&\quad + \left.\frac{K_{23}}{\sqrt{4[(n+1)h-z][(n+1)h-z-r\cos\beta]+r^2}}\right\}\\
U_{22} &= \frac{IR_2}{4\pi}\sum_{n=0}^{\infty}(K_{12}K_{23})^n\left\{\frac{1}{\sqrt{4nh(nh+r\cos\beta)+r^2}}\right.\\
&\quad + \frac{K_{23}}{\sqrt{4[(n+1)h-z][(n+1)h-z-r\cos\beta]+r^2}}\\
&\quad + \frac{K_{21}}{\sqrt{4(nh+z)[nh+z+r\cos\beta]+r^2}}\\
&\quad + \left.\frac{K_{23}K_{21}}{\sqrt{4(n+1)h[(n+1)h-r\cos\beta]+r^2}}\right\}\\
U_{23} &= \frac{IR_3}{4\pi}(1-K_{23})\sum_{n=0}^{\infty}(K_{21}K_{23})^n\left\{\frac{1}{\sqrt{4nh(nh+r\cos\beta)+r^2}}\right.\\
&\quad + \left.\frac{K_{21}}{\sqrt{4(nh+z)[nh+z+r\cos\beta]+r^2}}\right\}
\end{aligned}\right\} \quad (\text{A--41})$$

实电源 A 在 R_3 介质中所产生的电位公式：

$$U_{31} = \frac{IR_1}{4\pi}(1+K_{12})(1+K_{23})\sum_{n=0}^{\infty}\frac{(K_{12}K_{23})^n}{\sqrt{4nh(nh-r\cos\beta)+r^2}}$$

$$U_{32} = \frac{IR_2}{4\pi}(1+K_{23})\sum_{n=0}^{\infty}(K_{21}K_{23})^n\left[\frac{1}{\sqrt{4nh(nh-r\cos\beta)+r^2}}\right.$$

$$\left.+\frac{K_{21}}{\sqrt{4(nh+z)(nh+z+r\cos\beta)+r^2}}\right]$$

$$U_{33} = \frac{IR_3}{4\pi}\left[\frac{1}{r}+\frac{K_{32}}{\sqrt{4(z-h)(z-h+r\cos\beta)+r^2}}\right.$$

$$\left.+(1-K_{32}^2)K_{21}\sum_{n=0}^{\infty}\frac{(K_{21}K_{23})^n}{\sqrt{4(nh+z)(nh+z+r\cos\beta)+r^2}}\right]$$

（A-42）

5）电位电极系的视电阻率公式

为了计算电位电极系的视电阻率公式，必须把坐标原点从电极 A 移到空间中的一个固定点。如界面 I 上的一个点，并使 z 轴垂直于界面。这时 $\beta=0$。z 表示点 A 相对于新坐标系的坐标。

（1）$z \leq -r$，这时电极 A 和 M 都在 R_1 介质内，有：

$$R_a = 4\pi r \frac{U_{11}}{I}$$

U_{11} 由式（A-40）给出。由于坐标的变换，其中 z 用 $-z$ 代替，得：

$$R_a = R_1\left[1+\frac{rK_{12}}{|2z+r|}+r(1-K_{12}^2)K_{23}\sum_{n=0}^{\infty}\frac{(K_{12}K_{23})^n}{2(n+1)h-2z-r}\right] \qquad (A-43)$$

可以看出，如果 $R_2 > R_1$，且 $R_1=R_3$，则 R_a 随 z 的增加而增加。当 $z\to-\infty$ 时，$R_a\to R_1$。

（2）$-r \leq z \leq \min(0, h-r)$，这时电极 A 仍在 R_1 介质内，而电极 M 在 R_2 介质内，有：

$$R_a = 4\pi r\frac{U_{12}}{I} = R_2 r(1-K_{12})\sum_{n=0}^{\infty}(K_{12}K_{23})^n\left[\frac{1}{2nh+r}+\frac{K_{23}}{2(n+1)h-2z-r}\right] \qquad (A-44)$$

如果 $R_2 > R_3$ 且 $R_2 > R_1$，则 R_a 随 z 的增加而降低。

（3）$0 \leq z \leq h-r$（如果 $r < h$），这时电极 A 和 M 都在 R_2 介质内，有：

$$R_a = 4\pi r\frac{U_{22}}{I} = R_2 r\sum_{n=0}^{\infty}(K_{12}K_{23})^n\left[\frac{1}{2nh+r}+\frac{K_{21}}{2nh+2z+r}\right.$$

$$\left.+\frac{K_{23}}{2(n+1)h-2z-r}+\frac{K_{21}K_{23}}{2(n+1)h-r}\right]$$

（A-45）

由于原来 z 的取法，在式（A-45）中没有做 $z\to-z$ 的代换。如果 $R_1=R_3$ 且 $R_2 > R_1$，这段曲线是关于 $z=(h-r)/2$ 这条直线是对称的，则在这条直线上取得最大值。

（4）$h-r \leqslant z \leqslant 0$（如果 $h \leqslant r$），这时电极 A 在 R_1 介质内，而电极 M 在 R_3 介质内，有：

$$R_a = 4\pi r \frac{U_{13}}{I} = R_3 r (1-K_{12})(1-K_{23}) \sum_{n=0}^{\infty} \frac{(K_{12}K_{23})^n}{2nh+r} \qquad (\text{A-46})$$

这时 R_a 不随 z 变化，测出的是一段直线。

（5）$\text{MAX}(0, h-r) \leqslant z \leqslant h$，这时电极 A 在 R_2 介质内，而电极 M 在 R_3 介质内，有：

$$R_a = 4\pi r \frac{U_{23}}{I} = R_3 r (1-K_{23}) \sum_{n=0}^{\infty} (K_{21}K_{23})^n \left[\frac{1}{2nh+r} + \frac{K_{21}}{2nh+2z+r} \right] \qquad (\text{A-47})$$

如果 $R_2 > R_1$ 且 $R_2 > R_3$，则式（A-47）是随 z 增加而增加的函数。

（6）$z \geqslant h$，这时电极 A 和 M 都在 R_3 介质内，有：

$$R_a = 4\pi r \frac{U_{33}}{I} = R_3 \left[1 + \frac{rK_{32}}{2(z-h)+r} + r(1-K_{23}^2)K_{21} \sum_{n=0}^{\infty} \frac{(K_{21}K_{23})^n}{2nh+2z+r} \right] \qquad (\text{A-48})$$

在 $R_1=R_3$、$R_2>R_1$ 的条件下，式（A-48）是一个随 z 单调递减的函数。当 $z \to \infty$ 时，$R_a \to R_3$。

式（A-43）至式（A-48）中，z 都是供电电极 A 的坐标。由于电位电极系的记录点是电极 A 和 M 的中点而不是 A，在作图时应把坐标的原点向上移动半个电极距，即 $r/2$。

在地球物理测井中，电极系是沿井轴进行测量，电极 A 和 M 均在井轴上。设 $\beta=0$，$R_1=R_3$，$R_2/R_1=50$，且不考虑井的影响，利用前面所导出的视电阻率公式可计算出电位电极系视电阻率曲线（可参考图 3-2-1）。

6）梯度电极系视电阻率公式

将式（A-40）至式（A-42）对 r 求微分，可以得到电场强度在 r 方向上的分量公式。

点电源 A 在 R_1 介质中，点 M 分别在 R_1、R_2 和 R_3 中的电场强度 E_r 分量公式：

$$\left. \begin{aligned} E_{r11} &= \frac{R_1 I}{4\pi} \left(\frac{1}{r^2} + \frac{K_{12}(r-2z\cos\beta)}{[4z(z-r\cos\beta)+r^2]^{3/2}} \right. \\ &\quad \left. + (1-K_{12}^2)K_{23} \sum_{n=0}^{\infty} (K_{21}K_{23})^n \frac{r-2[(n+1)h+z]\cos\beta}{\{4[(n+1)h+z][(n+1)h+z-r\cos\beta]+r^2\}^{3/2}} \right) \\ E_{r12} &= \frac{R_2 I}{4\pi} (1-K_{12}) \sum_{n=0}^{\infty} (K_{21}K_{23})^n \left(\frac{r+2nh\cos\beta}{[4nh(nh+r\cos\beta)+r^2]^{3/2}} \right. \\ &\quad \left. + \frac{K_{23}\{r-2[(n+1)h+z]\cos\beta\}}{\{4[(n+1)h+z][(n+1)h+z-r\cos\beta]+r^2\}^{3/2}} \right) \\ E_{r13} &= \frac{R_3 I}{4\pi} (1-K_{12})(1-K_{23}) \sum_{n=0}^{\infty} \frac{(K_{21}K_{23})^n (r+2nh\cos\beta)}{[4nh(nh+r\cos\beta)+r^2]^{3/2}} \end{aligned} \right\}$$

$$(\text{A-49})$$

点电源 A 在 R_2 介质中，点 M 分别在 R_1、R_2 和 R_3 介质中的电场强度 E_r 分量公式由式（A-41）对 r 求微分得到：

$$\left.\begin{aligned}
E_{r21} &= \frac{R_1 I}{4\pi}(1+K_{12})\sum_{n=0}^{\infty}(K_{21}K_{23})^n\left(\frac{r-2nh\cos\beta}{\left[4nh(nh-r\cos\beta)+r^2\right]^{3/2}}\right.\\
&\quad\left.+\frac{K_{23}\{r-2[(n+1)h-z]\cos\beta\}}{\{4[(n+1)h-z][(n+1)h-z-r\cos\beta]+r^2\}^{3/2}}\right)\\
E_{r22} &= \frac{R_2 I}{4\pi}\sum_{n=0}^{\infty}(K_{21}K_{23})^n\left(\frac{r+2nh\cos\beta}{\left[4nh(nh+r\cos\beta)+r^2\right]^{3/2}}\right.\\
&\quad+\frac{K_{23}\{r-2[(n+1)h-z]\cos\beta\}}{\{4[(n+1)h-z][(n+1)h-z-r\cos\beta]+r^2\}^{3/2}}\\
&\quad+\frac{K_{21}[r+2(nh+z)\cos\beta]}{\left[4(nh+z)(nh+z+r\cos\beta)+r^2\right]^{3/2}}\\
&\quad\left.+\frac{K_{23}K_{21}[r-2(n+1)h\cos\beta]}{\{4(n+1)h[(n+1)h-r\cos\beta]+r^2\}^{3/2}}\right)\\
E_{r23} &= \frac{R_3 I}{4\pi}(1-K_{23})\sum_{n=0}^{\infty}(K_{21}K_{23})^n\left\{\frac{r+2nh\cos\beta}{\left[4nh(nh+r\cos\beta)+r^2\right]^{3/2}}\right.\\
&\quad\left.+\frac{K_{21}[r+2(nh+z)\cos\beta]}{\left[4(nh+z)(nh+z+r\cos\beta)+r^2\right]^{3/2}}\right\}
\end{aligned}\right\} \quad (A-50)$$

点电源 A 在 R_3 介质中，点 M 分别在 R_1、R_2 和 R_3 介质中的电场强度 E_r 分量，由式（A-42）对 r 求微分得到：

$$\left.\begin{aligned}
E_{r31} &= \frac{R_1 I}{4\pi}(1+K_{12})(1+K_{23})\sum_{n=0}^{\infty}\frac{(K_{21}K_{23})^n[r-2nh\cos\beta]}{\left[4nh(nh-r\cos\beta)+r^2\right]^{3/2}}\\
E_{r32} &= \frac{R_2 I}{4\pi}(1+K_{23})\sum_{n=0}^{\infty}(K_{21}K_{23})^n\frac{r-2nh\cos\beta}{\left[4nh(nh-r\cos\beta)+r^2\right]^{3/2}}\\
&\quad+\frac{K_{21}[r+2(nh+z)\cos\beta]}{\left[4(nh+z)(nh+z+r\cos\beta)+r^2\right]^{3/2}}\\
E_{r33} &= \frac{R_3 I}{4\pi}\left\{\frac{1}{r^2}+\frac{K_{32}[r+2(z-h)\cos\beta]}{\left[4(z-h)(z-h+r\cos\beta)+r^2\right]^{3/2}}\right.\\
&\quad\left.+(1-K_{32}^2)K_{21}\sum_{n=0}^{\infty}\frac{(K_{21}K_{23})^n[r+2(nh+z)\cos\beta]}{[4(nh+z)9nh+z+r\cos\beta+r^{23/2}}\right\}
\end{aligned}\right\} \quad (A-51)$$

根据电场强度的公式就可以计算梯度电极系的视电阻率。坐标的取法和讨论电位电极系视电阻率时的取法相同,即令坐标原点在界面I上,井轴垂直于界面。令电极系AO与z轴重合。这时如果取 $\beta=0$,则是顶部梯度电极系;如果取 $\beta=180°$,则是底部梯度电极系。现在以底部梯度电极系为例进行讨论:

(1) $z < 0$,这时电极A和记录点O都在 R_1 介质内,有:

$$R_a = 4\pi r^2 \frac{E_{r11}}{I} = R_1\left\{1 + \frac{r^2 K_{12}}{(r-2z)^2} + r^2\left(1-K_{12}^2\right)K_{23}\sum_{n=0}^{\infty}\frac{(K_{12}K_{23})^n}{[29(n+1)h-2z+r]^2}\right\} \quad (A-52)$$

如果 $R_1 = R_2$ 且 $R_2 > R_1$,则式(A-52)是一个随z变化的单调递增函数。

(2) $0 < z < \min(h, r)$,这时电极A在 R_2 介质内,而记录点O在 R_1 介质内,有:

$$R_a = 4\pi r^2 \frac{E_{r21}}{I} = R_1 r^2 (1+K_{12})\sum_{n=0}^{\infty}(K_{21}K_{23})^n\left\{\frac{1}{(2nh+r)^2} + \frac{K_{23}}{[2(n+1)h-2z+r]^2}\right\} \quad (A-53)$$

如果 $R_2 > R_3$ 且 $R_2 > R_1$,则 R_a 随z的增加而降低。当 $z = r_-$ 时,有:

$$R_a = R_1 r^2 (1+K_{12})\sum_{n=0}^{\infty}(K_{21}K_{23})^n\left\{\frac{1}{(2nh+r)^2} + \frac{K_{23}}{[2(n+1)h-r]^2}\right\} \quad (A-54)$$

当 $z = h_-$ 时,有:

$$R_a = R_1 r^2 (1+K_{12})\sum_{n=0}^{\infty}(K_{21}K_{23})^n\left[\frac{1+K_{23}}{(2nh+r)^2}\right] \quad (A-55)$$

(3) $r < z < h$(如果 $h > r$),这时电极A和记录点O都在 R_2 介质内,有:

$$R_a = 4\pi r^2 \frac{E_{r22}}{I} = R_2 r^2 \sum_{n=0}^{\infty}(K_{21}K_{23})^2\left\{\frac{1}{(2nh+r)^2} - \frac{K_{21}}{(2nh+2z-r)^2}\right.$$
$$\left. + \frac{K_{23}}{[2(n+1)h-2z+r]^2} + \frac{K_{21}K_{23}}{[2(n+1)h-r]^2}\right\} \quad (A-56)$$

如果 $R_2 > R_1$、$R_2 > R_3$,则式(A-56)是一个随z减小而单调递减的函数。当 $z = r_+$ 时,有:

$$R_a = R_2 r^2 \sum_{n=0}^{\infty}(K_{21}K_{23})^n\left\{\frac{1}{(2nh+r)^2} - \frac{K_{21}}{(2nh+r)^2} + \frac{K_{23}}{[2(n+1)h-r]^2}\right.$$
$$\left. - \frac{K_{21}K_{23}}{[2(n+1)h-r]^2}\right\} \quad (A-57)$$
$$= R_2 r^2 (1-K_{21})\sum_{n=0}^{\infty}(K_{21}K_{23})^n\left\{\frac{1}{(2nh+r)^2} + \frac{K_{23}}{[2(n+1)h-r]^2}\right\}$$

与式(A-52)相比,得:

$$\frac{R_a\big|_{z=r_+}}{R_a\big|_{z=r_-}} = \frac{R_2}{R_1} \qquad (A\text{-}58)$$

这相当于 $h > r$ 时，记录点 O 点通过界面 I 的情况。

（4） $h < z < r$（如果 $h < r$），电极 A 在 R_3 介质内，而记录点 O 在 R_1 介质内，有：

$$R_a = 4\pi r^2 \frac{E_{r31}}{I} = R_1 r^2 (1+K_{12})(1+K_{23}) \sum_{n=0}^{\infty} \frac{(K_{12}K_{23})^n}{(2nh+r)^2} \qquad (A\text{-}59)$$

这是一条不随 z 变化的曲线段，其数值与式（A-55）相同。

（5） $\max(h, r) < z < h+r$，电极 A 在 R_3 介质内，而记录点 O 在 R_2 介质内，有：

$$R_a = 4\pi r^2 \frac{E_{r32}}{I} = R_2 r^2 (1+K_{23}) \sum_{n=0}^{\infty} (K_{21}K_{23})^n \left[\frac{1}{(2nh+r)^2} - \frac{K_{21}}{(2nh+2z-r)^2} \right] \qquad (A\text{-}60)$$

如果 $R_2 > R_1$、$R_2 > R_3$，则 R_a 随 z 减小而单调递减。当 $z=r_+$ 时（如果 $r > h$），有：

$$\begin{aligned} R_a &= R_2 r^2 (1+K_{23}) \sum_{n=0}^{\infty} (K_{21}K_{23})^n \left[\frac{1}{(2nh+r)^2} - \frac{K_{21}}{(2nh+r)^2} \right] \\ &= R_2 r^2 (1+K_{23})(1+K_{12}) \sum_{n=0}^{\infty} \frac{(K_{21}K_{23})^n}{(2nh+r)^2} \end{aligned} \qquad (A\text{-}61)$$

与前面 $h \leqslant z \leqslant r$ 时的结果式（A-59）相比，有：

$$\frac{R_a\big|_{z=r_+}}{R_a\big|_{z=r_-}} = \frac{R_2}{R_1} \qquad (A\text{-}62)$$

这相当于 $h < r$ 时，记录点 O 通过界面 I 的情况。

当 $z=(h+r)_-$ 时，有：

$$R_a = R_2 r^2 (1+K_{23}) \sum_{n=0}^{\infty} (K_{21}K_{23})^n \left\{ \frac{1}{(2nh+r)^2} - \frac{K_{21}}{[2(n+1)h+r]^2} \right\} \qquad (A\text{-}63)$$

（6） $z > h+r$，这时电极 A 和记录点 O 都在 R_3 介质内，有：

$$R_a = 4\pi r^2 \frac{E_{r33}}{I} = R_3 \left\{ 1 - \frac{r^2 K_{32}}{[2(z-h)-r]^2} - r^2(1-K_{23}^2)K_{21} \sum_{n=0}^{\infty} \frac{(K_{21}K_{23})^n}{(2nh+2z-r)^2} \right\} \qquad (A\text{-}64)$$

在 $R_1=R_3$、$R_2 > R_1$ 的条件下，式（A-64）是一个随 z 单调递增的函数。当 $z \to \infty$ 时，$R_a \to R_3$。

当 $z=(h+r)_+$ 时，有：

$$R_a = R_3 \left\{ 1 - K_{32} - r^2 \left(1 - K_{23}^2\right) K_{21} \sum_{n=0}^{\infty} \frac{(K_{21}K_{23})^n}{[2(n+1)h+r]^2} \right\}$$

$$= R_3 r^2 (1+K_{23}) \left\{ \frac{1}{r^2} - (1-K_{23}) K_{21} \sum_{n=0}^{\infty} \frac{(K_{21}K_{23})^n}{[2(n+1)h+r]^2} \right\} \quad (\text{A-65})$$

$$= R_3 r^2 (1+K_{23}) \sum_{n=0}^{\infty} (K_{21}K_{23})^n \left\{ \frac{1}{(2nh+r)^2} - \frac{K_{21}}{[2(n+1)h+r]^2} \right\}$$

与式（A-63）相比，得：

$$\frac{R_a \big|_{z=(h+r)_+}}{R_a \big|_{z=(h+r)_-}} = \frac{R_3}{R_2} \quad (\text{A-66})$$

这相当于记录点 O 通过界面 II 的情况。

式（A-49）至式（A-66）中，z 都是供电电极 A 的坐标。由于梯度电极系的记录点是点 O 而不是点 A，在绘制曲线时，需要把曲线向上（如果是顶部梯度电极系）或向下（如果是底部梯度电极系）移动一个电极距。经理论计算得到的梯度电极系视电阻率测井曲线如图 3-2-2 至图 3-2-4 所示。这些理论曲线由于计算条件理想化了，变化是规则的。

三、径向阶跃介质中，点电源电场的分布

现在来考虑沿径向阶跃变化的介质中点电源电场的分布情况。如果在径向上碰到的只有井和原状地层，这时电场分布的问题就称为二层介质问题；如果还有侵入带，则成为三层介质电场分布问题。

1. 二层介质的电场分布

设井径为 d，地层和钻井液电阻率分别为 R_t 和 R_m。点电源 A 放在井轴上，其电流为 I，如图 A-8 所示。

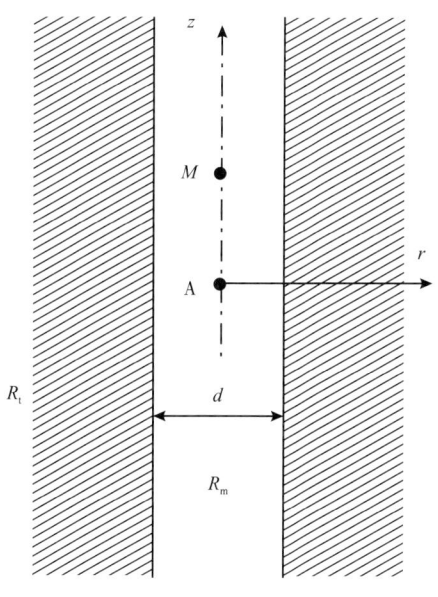

图 A-8 二层介质模型示意图

所计算的电场中的电位必须满足下列条件。

（1）在非电源点的非边界面处，电位 U 满足 Laplace 方程［式（1-1-4）］：

$$\nabla^2 U = 0 \tag{A-67}$$

（2）电位 U 在井和地层的分界面上，应满足边界条件，即在分界面上电位连续和电流密度的法向分量连续：

$$\left. \begin{array}{l} U_\mathrm{m}\big|_{r=\frac{d}{2}^+} = U_\mathrm{t}\big|_{r=\frac{d}{2}^-} \\ -\dfrac{1}{R_\mathrm{m}}\dfrac{\partial U_\mathrm{m}}{\partial r}\bigg|_{r=\frac{d}{2}^+} = -\dfrac{1}{R_\mathrm{t}}\dfrac{\partial U_\mathrm{t}}{\partial r}\bigg|_{r=\frac{d}{2}^-} \end{array} \right\} \tag{A-68}$$

式中：U_m 为井眼中电位；U_t 为地层中电位；R_m 为电源 A 所在介质电阻率；ρ 为测点距电源点 A 的距离。

（3）电位 U 在无穷远处满足极限条件：

$$U\big|_\infty = 0$$

（4）在靠近点 A 处，电位 U 按 $\dfrac{R_\mathrm{m}I}{4\pi\rho}$ 趋于无限大。

使用柱坐标系解此问题。柱坐标系的原点设在点 A，z 轴与井轴重合。由于介质具有轴对称性，电位公式与方位角 ϕ 无关，有：

$$\frac{\partial^2 U}{\partial r^2} + \frac{1}{r}\frac{\partial U}{\partial r} + \frac{\partial^2 U}{\partial z^2} = 0 \tag{A-69}$$

用分离变量法求解式（A-69），令：

$$U(r,z) = R(r)Z(z) \tag{A-70}$$

将式（A-70）代入式（A-69）得：

$$\left[\frac{\mathrm{d}^2 R(r)}{\mathrm{d}r^2} + \frac{1}{r}\frac{\mathrm{d}R(r)}{\mathrm{d}r}\right]Z(z) + R(r)\frac{\mathrm{d}^2 Z(z)}{\mathrm{d}z^2} = 0$$

或写成：

$$\frac{\dfrac{\mathrm{d}^2 R(r)}{\mathrm{d}r^2} + \dfrac{1}{r}\dfrac{\mathrm{d}R(r)}{\mathrm{d}r}}{R(r)} = -\frac{\dfrac{\mathrm{d}^2 Z(z)}{\mathrm{d}z^2}}{Z(z)} = \xi \tag{A-71}$$

式（A-71）中，ξ 是与 r、z 均无关的常数，因此式（A-71）又可写成两个常微分方程：

$$\frac{\mathrm{d}^2 Z(z)}{\mathrm{d}z^2} + \xi Z(z) = 0 \tag{A-72}$$

和

$$\frac{d^2R(r)}{dr^2}+\frac{1}{r}\frac{dR(r)}{dr}-\xi R(r)=0 \quad (A-73)$$

式（A-72）是二阶常系数齐次线性微分方程。令 $\xi=\lambda^2$，则式（A-72）的通解为：

$$Z(z)=c_1\cos(\lambda z) \quad (A-74)$$

式中：c_1 为待定系数。

作变量交换，令 $\lambda r=x$，式（A-73）可变为下列形式：

$$\frac{d^2R(x)}{dx^2}+\frac{1}{x}\frac{dR(x)}{dx}-R(x)=0$$

此方程是零阶变形 Bessel 方程，其通解为：

$$R(x)=c_1I_0(x)+c_2K_0(x)$$

式中：$I_0(x)$ 为零阶第一类变形 Bessel 函数；$K_0(x)$ 为零阶第二类变形 Bessel 函数。由此得到式（A-73）的通解为：

$$R(\lambda r)=c_1I_0(\lambda r)+c_2K_0(\lambda r) \quad (A-75)$$

将式（A-74）和式（A-75）代入式（A-70）得到：

$$U(r,z)=[A_1(\lambda)I_0(\lambda r)+A_2(\lambda)K_0(\lambda r)]\cos(\lambda z)$$

因为上式对 λ 的积分仍是式（A-69）的解，于是得到满足 Laplace 方程的一般解：

$$U(r,z)=\int_0^\infty[A_1(\lambda)I_0(\lambda r)+A_2(\lambda)K_0(\lambda r)]\cos(\lambda z)d\lambda \quad (A-76)$$

式中：$A_1(\lambda)$ 和 $A_2(\lambda)$ 为待定系数，不同介质区域内系数值不同。

当 $r\to 0$ 时，$K_0(\lambda r)\to\infty$。为了满足井内电位连续条件，令式（A-76）中 $A_2(\lambda)=0$，得井内电位为：

$$U_m=\frac{IR_m}{4\pi}\frac{1}{\rho}+\int_0^\infty A_1(\lambda)I_0(\lambda r)\cos(\lambda z)d\lambda \quad (A-77)$$

式（A-77）等号右侧第一项是为了满足条件（4）而加上去的；$\rho=\sqrt{r^2+z^2}$ 是观测点 M 到点 A 的距离。

将熟知的积分公式 $\frac{1}{\rho}=\frac{2}{\pi}\int_0^\infty K_0(\lambda r)\cos(\lambda z)d\lambda$ 代入式（A-77），得：

$$U_\mathrm{m} = \frac{IR_\mathrm{m}}{2\pi^2}\int_0^\infty K_0(\lambda r)\cos(\lambda z)\mathrm{d}\lambda + \int_0^\infty A_0(\lambda)I_0(\lambda r)\cos(\lambda z)\mathrm{d}\lambda \qquad (\text{A-77}')$$

当 $r\to\infty$ 时，$I_0(\lambda r)\to\infty$，为满足电场的条件（4），式（A-76）中，令 $A_1(\lambda)=0$，地层内电位 U_t 有下列形式：

$$U_\mathrm{t} = \int_0^\infty A_2(\lambda)K_0(\lambda r)\cos(\lambda z)\mathrm{d}\lambda \qquad (\text{A-78})$$

为了确定 U_m 和 U_t 公式中的常数 $A_1(\lambda)$ 和 $A_2(\lambda\mathrm{r})$，根据边界条件式（A-68），建立两个方程：

$$\left.\begin{aligned}&\frac{IR_\mathrm{m}}{4\pi}\frac{2}{\pi}\int_0^\infty K_0\!\left(\lambda\frac{d}{2}\right)\cos(\lambda z)\mathrm{d}\lambda + \int_0^\infty A_0\lambda I_0\!\left(\lambda\frac{d}{2}\right)\cos(\lambda z)\mathrm{d}\lambda \\ &= \int_0^\infty A_2(\lambda)K_0\!\left(\lambda\frac{d}{2}\right)\cos(\lambda z)\mathrm{d}\lambda \\ &\frac{1}{R_\mathrm{m}}\!\left[-\frac{IR_\mathrm{m}}{4\pi}\frac{2}{\pi}\int_0^\infty K_1\!\left(\lambda\frac{d}{2}\right)\lambda\cos(\lambda z)\mathrm{d}\lambda + \int_0^\infty A_1(\lambda)I_1\!\left(\lambda\frac{d}{2}\right)\lambda\cos(\lambda z)\mathrm{d}\lambda\right] \\ &= -\frac{1}{R_\mathrm{t}}\int_0^\infty A_2(\lambda)K_1\!\left(\lambda\frac{d}{2}\right)\lambda\cos(\lambda z)\mathrm{d}\lambda \end{aligned}\right\} \qquad (\text{A-79})$$

式（A-79）第二式中用到了恒等式：

$$I_0'(x) = I_1(x)$$

$$K_0'(x) = -K_1(x)$$

式中：$I_1(x)$ 为一阶第一类变形 Bessel 函数；$K_1(x)$ 为一阶第二类变形 Bessel 函数。

由于对任何 z 都成立，有：

$$\frac{IR_\mathrm{m}}{2\pi^2}K_0\!\left(\lambda\frac{d}{2}\right) + A_1(\lambda)I_0\!\left(\lambda\frac{d}{2}\right) - A_2 9\lambda K_0\!\left(\lambda\frac{d}{2}\right) = 0 \qquad (\text{A-80})$$

$$-\frac{I}{2\pi^2}K_1\!\left(\lambda\frac{d}{2}\right) + \frac{1}{R_\mathrm{m}}A_1(\lambda)I_1\!\left(\lambda\frac{d}{2}\right) + \frac{1}{R_\mathrm{t}}A_2(\lambda)K_1\!\left(\lambda\frac{d}{2}\right) = 0 \qquad (\text{A-81})$$

解联立式（A-80）和式（A-81），得：

$$A_1(\lambda) = \frac{IR_\mathrm{m}}{4\pi}\frac{2}{\pi}\frac{\lambda\dfrac{d}{2}\left(\dfrac{R_\mathrm{t}-R_\mathrm{m}}{R_\mathrm{m}}\right)K_0\!\left(\lambda\dfrac{d}{2}\right)K_1\!\left(\lambda\dfrac{d}{2}\right)}{1+\lambda\dfrac{d}{2}\left(\dfrac{R_\mathrm{t}-R_\mathrm{m}}{R_\mathrm{m}}\right)K_0\!\left(\lambda\dfrac{d}{2}\right)I_1\!\left(\lambda\dfrac{d}{2}\right)} \qquad (\text{A-82})$$

其中用到了 Bessel 函数恒等式：$K_0(x)I_1(x)+K_1(x)I_0(x)=\dfrac{1}{x}$。将式（A-82）代入式（A-77），得：

$$U_\mathrm{m} = \frac{IR_\mathrm{m}}{4\pi}\frac{1}{\rho} + \frac{IR_\mathrm{m}}{4\pi}\frac{2}{\pi}\int_0^\infty \frac{P\lambda\frac{d}{2}K_0\left(\lambda\frac{d}{2}\right)K_1\left(\lambda\frac{d}{2}\right)}{1+P\lambda\frac{d}{2}K_0\left(\lambda\frac{d}{2}\right)I_1\left(\lambda\frac{d}{2}\right)}I_0(\lambda r)\cos(\lambda z)\mathrm{d}\lambda$$

其中：
$$P = \frac{R_\mathrm{t}-R_\mathrm{m}}{R_\mathrm{m}}$$

当 $r=0$ 时（即测量点 M 在井轴上）的电位公式为：

$$U_\mathrm{m} = \frac{IR_\mathrm{m}}{4\pi}\left[\frac{1}{z}+\frac{2}{\pi}\int_0^\infty \frac{P\lambda\frac{d}{2}K_0\left(\lambda\frac{d}{2}\right)K_1\left(\lambda\frac{d}{2}\right)}{1+P\lambda\frac{d}{2}K_0\left(\lambda\frac{d}{2}\right)I_1\left(\lambda\frac{d}{2}\right)}\cos(\lambda z)\mathrm{d}\lambda\right] \quad (\text{A-83})$$

式（A-83）中用到了 $I_0(0)=1$ 这一关系。

为求梯度电极系的视电阻率，先求电场强度 E，将式（A-83）对 z 求导，得：

$$E = -\frac{\partial U_\mathrm{m}}{\partial z} = \frac{IR_\mathrm{m}}{4\pi}\left[\frac{1}{z^2}+\frac{2}{\pi}\int_0^\infty \frac{P\lambda^2\frac{d}{2}K_0\left(\lambda\frac{d}{2}\right)K_1\left(\lambda\frac{d}{2}\right)}{1+P\lambda\frac{d}{2}K_0\left(\lambda\frac{d}{2}\right)I_1\left(\lambda\frac{d}{2}\right)}\sin\lambda z\mathrm{d}\lambda\right] \quad (\text{A-84})$$

将式（A-83）和式（A-84）分别代入式（3-1-13）和式（3-1-14），即得到电位电极系和梯度电极系的视电阻率公式：

电位电极系

$$R_\mathrm{a} = R_\mathrm{m}\left[1+\frac{2}{\pi}\frac{L}{d}\int_0^\infty A(\lambda)\cos\left(\lambda\frac{L}{d}\right)\mathrm{d}\lambda\right] \quad (\text{A-85})$$

梯度电极系

$$R_\mathrm{a} = R_\mathrm{m}\left[1+\frac{2}{\pi}\left(\frac{L}{d}\right)^2\int_0^\infty \lambda A(\lambda)\sin\left(\lambda\frac{L}{d}\right)\mathrm{d}\lambda\right] \quad (\text{A-86})$$

其中：
$$A(\lambda) = \frac{P\frac{\lambda}{2}K_0\left(\lambda\frac{d}{2}\right)K_1\left(\lambda\frac{d}{2}\right)}{1+P\frac{\lambda}{2}K_0\left(\lambda\frac{d}{2}\right)I_1\left(\lambda\frac{d}{2}\right)}$$

式中：L 为电极距。

式（A-85）和式（A-86）是绘制二层理论图版的基础。二层理论图版如图 3-3-5 所示，纵坐标是 $R_\mathrm{a}/R_\mathrm{m}$，横坐标是 L/d，曲线号码是 $R_\mathrm{t}/R_\mathrm{m}=P+1$。

2.三层介质的电场分布

设井径为 d，钻井液、侵入带和原状地层的电阻率分别为 R_m、R_i 和 R_t。三层介质间的两个交界面的同轴圆柱面如图 A-9 所示。

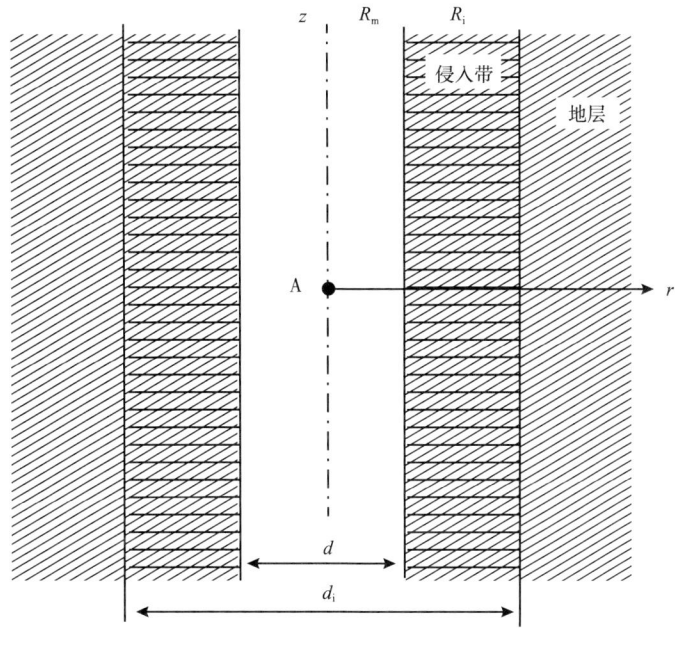

图 A-9　三层介质模型示意图

仍然用柱坐标系，用和上面相同的方法得到三种介质中的电位公式为：

井孔中电位

$$U_\mathrm{m}(r,z) = \frac{IR_\mathrm{m}}{4\pi}\frac{1}{\rho} + \int_0^\infty A_\mathrm{m}(\lambda)I_0(\lambda r)\cos(\lambda z)\mathrm{d}\lambda \qquad (\text{A-87})$$

侵入带电位

$$U_\mathrm{i}(r,z) = \int_0^\infty A_\mathrm{i}(\lambda)I_0(\lambda r)\cos(\lambda z)\mathrm{d}\lambda + \int_0^\infty A_\mathrm{i}'(\lambda)K_0(\lambda r)\cos(\lambda z)\mathrm{d}\lambda \qquad (\text{A-88})$$

原状地层电位

$$U_\mathrm{t}(r,z) = \int_0^\infty A_\mathrm{t}(\lambda)K_0(\lambda r)\cos(\lambda z)\mathrm{d}\lambda \qquad (\text{A-89})$$

利用两个交界面上的边界连续条件，建立四个方程，求出四个系数 A_m、A_i、A_i' 和 A_t。

根据在两个交界面上电位连续条件得到：

当 $r = \dfrac{d}{2}$ 时，$U_\mathrm{m}\left(\dfrac{d}{2},z\right) = U_\mathrm{i}\left(\dfrac{d}{2},z\right)$

$$\begin{aligned}\frac{IR_\mathrm{m}}{4\pi}\frac{2}{\pi}\int_0^\infty K_0\left(\lambda\frac{d}{2}\right)\cos(\lambda z)\mathrm{d}\lambda + \int_0^\infty A_\mathrm{m}(\lambda)I_0\left(\lambda\frac{d}{2}\right)\cos(\lambda z)\mathrm{d}\lambda \\ = \int_0^\infty A_\mathrm{i}(\lambda)I_0\left(\lambda\frac{d}{2}\right)\cos(\lambda z)\mathrm{d}\lambda + \int_0^\infty A_\mathrm{i}'(\lambda)K_0\left(\lambda\frac{d}{2}\right)\cos(\lambda z)\mathrm{d}\lambda\end{aligned} \qquad (\text{A-90})$$

当 $r=\dfrac{d_i}{2}$ 时，$U_i\left(\dfrac{d_i}{2},z\right)=U_t\left(\dfrac{d_i}{2},z\right)$

$$\int_0^\infty A_i(\lambda)I_0\left(\lambda\dfrac{d_i}{2}\right)\cos(\lambda z)\mathrm{d}\lambda+\int_0^\infty A_i'(\lambda)K_0\left(\lambda\dfrac{d_i}{2}\right)\cos(\lambda z)\mathrm{d}\lambda$$
$$=\int_0^\infty A_t(\lambda)K_0\left(\lambda\dfrac{d_i}{2}\right)\cos(\lambda z)\mathrm{d}\lambda \quad (\text{A}-91)$$

无论 z 为何值，式（A-90）、式（A-91）均成立，因此可分别写成：

$$\dfrac{IR_m}{4\pi}\dfrac{2}{\pi}K_0\left(\lambda\dfrac{d}{2}\right)+A_m(\lambda)I_0\left(\lambda\dfrac{d}{2}\right)=A_i(\lambda)I_0\left(\lambda\dfrac{d}{2}\right)+A_i'(\lambda)K_0\left(\lambda\dfrac{d}{2}\right) \quad (\text{A}-92)$$

$$A_i(\lambda)I_0\left(\lambda\dfrac{d_i}{2}\right)+A_i'(\lambda)K_0\left(\lambda\dfrac{d_i}{2}\right)=A_t(\lambda)K_0\left(\lambda\dfrac{d_i}{2}\right) \quad (\text{A}-93)$$

根据界面上电流密度的法向分量连续条件得到：

当 $r=\dfrac{d}{2}$ 时

$$-\dfrac{1}{R_m}\dfrac{IR_m}{4\pi}\dfrac{2}{\pi}\int_0^\infty \lambda K_1\left(\lambda\dfrac{d}{2}\right)\cos(\lambda z)\mathrm{d}\lambda+\dfrac{1}{R_m}\int_0^\infty A_m(\lambda)\lambda I_1\left(\lambda\dfrac{d}{2}\right)\cos(\lambda z)\mathrm{d}\lambda$$
$$=\dfrac{1}{R_i}\int_0^\infty A_i(\lambda)\lambda I_1\left(\lambda\dfrac{d}{2}\right)\cos(\lambda z)\mathrm{d}\lambda-\dfrac{1}{R_i}\int_0^\infty A_i'(\lambda)\lambda K_1\left(\lambda\dfrac{d}{2}\right)\cos(\lambda z)\mathrm{d}\lambda$$

当 $r=\dfrac{d_i}{2}$ 时

$$\dfrac{1}{R_i}\int_0^\infty A_i(\lambda)\lambda I_1\left(\lambda\dfrac{d_i}{2}\right)\cos(\lambda z)\mathrm{d}\lambda-\dfrac{1}{R_i}\int_0^\infty A_i'(\lambda)\lambda K_1\left(\lambda\dfrac{d_i}{2}\right)\cos(\lambda z)\mathrm{d}\lambda$$
$$=-\dfrac{1}{R_t}\int_0^\infty A_t(\lambda)\lambda K_1\left(\lambda\dfrac{d_i}{2}\right)\cos(\lambda z)\mathrm{d}\lambda$$

或

$$-\dfrac{1}{4\pi}\dfrac{2}{\pi}K_1\left(\lambda\dfrac{d}{2}\right)+\dfrac{1}{R_m}A_m(\lambda)I_1\left(\lambda\dfrac{d}{2}\right)$$
$$=\dfrac{1}{R_i}A_i(\lambda)I_1\left(\lambda\dfrac{d}{2}\right)-\dfrac{1}{R_i}A_i'(\lambda)K_1\left(\lambda\dfrac{d}{2}\right) \quad (\text{A}-94)$$

$$\dfrac{1}{R_i}A_i(\lambda)I_1\left(\lambda\dfrac{d_i}{2}\right)-\dfrac{1}{R_i}A_i'(\lambda)K_1\left(\lambda\dfrac{d_i}{2}\right)=-\dfrac{1}{R_t}A_t(\lambda)K_1\left(\lambda\dfrac{d_i}{2}\right) \quad (\text{A}-95)$$

联立式（A-92）至式（A-95）求解，得：

$$A_m(\lambda)=\dfrac{IR_m}{4\pi}\dfrac{2}{\pi}A(\lambda)$$

其中：

$$A(\lambda) = \frac{C(\lambda) + xPK_1(x)[K_0(x) + C(\lambda)I_0(x)]}{1 + xPI_1(x)[K_0(x) + C(\lambda)I_0(x)]}$$

$$C(\lambda) = \frac{x_i P_i K_0(x_i) K_1(x_i)}{1 + x_i P_i K_0(x_i) I_1(x_i)}$$

$$x = \lambda \frac{d}{2}, \ x_i = \lambda \frac{d_i}{2}$$

$$P = \frac{R_i - R_m}{R_m}, \ P_i = \frac{R_t - R_i}{R_i}$$

有了 $A_m(\lambda)$，便可以计算电位电极系和梯度电极系的视电阻率：

电位电极系

$$R_a = R_m \left[1 + \frac{2L}{\pi} \int_0^\infty A(\lambda) \cos(\lambda L) \mathrm{d}\lambda \right] \quad （A-96）$$

梯度电极系

$$R_a = R_m \left[1 + \frac{2L^2}{\pi} \int_0^\infty \lambda A(\lambda) \sin(\lambda L) \mathrm{d}\lambda \right] \quad （A-97）$$

式（A-96）、式（A-97）是计算三层理论图版的依据。

附录B 侧向测井的几何因子

电法测井中的几何因子称谓来源于感应测井，几何因子理论在感应测井的仪器设计、信号处理及探测特性分析中，有着重要的作用，详见第五章。对于侧向测井，也可以采用类似感应测井几何因子的相关处理方式，对侧向测井的探测特性，尤其是探测深度进行分析，在侧向测井中通常用伪（拟）几何因子的称谓，详见第四章。

一、三侧向测井的径向几何因子

1. 计算方法一

根据欧姆定律的微分形式，电极表面上的电位 U 可以表示为：

$$U = \int_{r_0}^\infty R(r) \boldsymbol{j} \mathrm{d}\boldsymbol{r}$$

假定 $R(r)$ 只与 r 有关而与 z 无关。选择沿 r 轴的直线为积分路径。这时 dr 只有分量 dr 而没有 dz。则 U 可表示为：

$$U = \int_{r_0}^{\infty} R(r) j \mathrm{d}r \qquad (\text{B-1})$$

式中：r_0 为电极系半径。

将式（B-1）代入式（4-1-1），为了与以后的椭圆积分 K 区别，此处用 K' 表示电极系系数，得：

$$R_a = \int_{r_0}^{\infty} R(r) \frac{K'j}{I_0} \mathrm{d}r \qquad (\text{B-2})$$

令：

$$G(r) = \frac{K'j}{I_0} \qquad (\text{B-3})$$

则式（B-2）可写成：

$$R_a = \int_{r_0}^{\infty} R(r) G(r) \mathrm{d}r \qquad (\text{B-3}')$$

式（B-3'）说明，R_a 是 r 轴上各点电阻串 $R(r)$ 的加权平均值，权系数等于 $G(r)\mathrm{d}r$，称为径向微分几何因子。如果 $R(r)$ 随 r 阶跃变化：

$$R(r) = \begin{cases} R_m, & \text{如果 } r_0 < r < \dfrac{d}{2} \\ R_i, & \text{如果 } \dfrac{d}{2} < r < \dfrac{d_i}{2} \\ R_t, & \text{如果 } r > \dfrac{d_i}{2} \end{cases}$$

则式（B-3'）可写成：

$$R_a = R_m \int_{r_0}^{d/2} G(r)\mathrm{d}r + R_i \int_{d/2}^{d_i/2} G(r)\mathrm{d}r + R_t \int_{d_i/2}^{\infty} G(r)\mathrm{d}r$$

定义：

$$J(x) \stackrel{\text{def}}{=\!=} \int_{r_0}^{x} G(r)\mathrm{d}r = \int_{r_0}^{x} \frac{K'j}{I_0} \mathrm{d}r \qquad (\text{B-4})$$

则式（B-4）变成：

$$R_a = R_m J\left(\frac{d}{2}\right) + R_i \left[J\left(\frac{d_i}{2}\right) - J\left(\frac{d}{2}\right) \right] + R_t \left[J(\infty) - J\left(\frac{d_i}{2}\right) \right] \qquad (\text{B-5})$$

式中：$J(x)$ 称为径向积分几何因子。

式（B-4）表明，R_a 是 R_m、R_i 和 R_t 的加权平均值。权系数 $J\left(\dfrac{d}{2}\right)$、$J\left(\dfrac{d_i}{2}\right) - J\left(\dfrac{d}{2}\right)$ 和 $J(\infty) - J\left(\dfrac{d_i}{2}\right)$ 分别称为井眼、侵入带及原状地层的几何因子。权系数之和应等于

1，即：

$$J\left(\frac{d}{2}\right)+\left[J\left(\frac{d_\mathrm{i}}{2}\right)-J\left(\frac{d}{2}\right)\right]+\left[J(\infty)-J\left(\frac{d_\mathrm{i}}{2}\right)\right]=J(\infty)=1 \quad (B\text{-}6)$$

在按式（B-3）或式（B-4）计算 $G(r)$ 和 $J(x)$ 时，关键的问题是要知道 j。如果电极系的长度 $2L_0$ 足够大，而且电阻率沿径向变化不太大，则式（B-2）积分路径上的 j 可以用均匀介质下的 j 值来代替（在径向不均匀介质条件下，唯独这条路径上的 j 垂直于边界面，不发生折射）。

根据式（4-1-2），当 $z=0$ 时，U 的表达式为：

$$U=\frac{I_0 R}{4\pi L}\ln\frac{\sqrt{r^2+L_0^2}+L_0}{r} \quad (B\text{-}7)$$

则有：

$$j=-\frac{1}{R}\frac{\mathrm{d}U}{\mathrm{d}r}=-\frac{I_0}{4\pi L}\frac{\mathrm{d}}{\mathrm{d}r}\left(\ln\frac{\sqrt{r^2+L_0^2}+L_0}{r}\right) \quad (B\text{-}8)$$

将式（B-8）代入式（B-4），得：

$$\begin{aligned}J(x)&=K'\int_{r_0}^{x}\frac{j}{I_0}\mathrm{d}r=\frac{4\pi L}{\ln\dfrac{2L_0}{r_0}}\left(-\frac{1}{4\pi L}\ln\frac{\sqrt{r^2+L_0^2}+L_0}{r}\right)_{r=r_0}^{x}\\&=1-\frac{\ln\dfrac{\sqrt{r^2+L_0^2}+L_0}{x}}{\ln\dfrac{2L_0}{r_0}}\end{aligned} \quad (B\text{-}9)$$

根据式（B-9）得：$J(r_0)=0$；$J(\infty)=1$。

2. 计算方法二

这种方法是从解径向阶跃介质的电场入手，经过某些简化，得到计算积分几何因子公式。

考虑最简单的二层介质（在径向上仅有井眼和原状地层）情况，井眼内、外的电位 U_m 和 U_t 为：

$$U_\mathrm{m}=U_0+\int_0^{\infty}A_1'(\lambda)I_0(\lambda r)\cos(\lambda z)\mathrm{d}\lambda \quad (B\text{-}10)$$

$$U_\mathrm{t}=\int_0^{\infty}A_2'(\lambda)K_0(\lambda r)\cos(\lambda z)\mathrm{d}\lambda \quad (B\text{-}11)$$

若为点电极电极系，则式（B-10）中取：

$$U_0 = \frac{R_m I_0}{4\pi\sqrt{r^2+z^2}} = \frac{R_m I_0}{2\pi^2}\int_0^\infty K_0(\lambda r)\cos(\lambda z)\mathrm{d}\lambda \qquad (\text{B-12})$$

在这里，由于三侧向测井电极系由一个线电极代表，U_0 由式（4-1-2）给出，即：

$$U_0 = \frac{R_m I_0}{8\pi L}\int_{-L_0}^{L_0}\frac{\mathrm{d}\zeta}{\sqrt{r^2+(\zeta-z)^2}} = \frac{R_m I_0}{2\pi^2 L}\int_0^\infty \frac{\sin(\lambda L_0)}{\lambda}K_0(\lambda r)\cos(\lambda z)\mathrm{d}\lambda \qquad (\text{B-13})$$

式（B-12）和式（B-13）中都用到了熟知的积分公式：

$$\frac{1}{\sqrt{r^2+z^2}} = \frac{2}{\pi}\int_0^\infty K_0(\lambda r)\cos(\lambda z)\mathrm{d}\lambda \qquad (\text{B-14})$$

比较式（B-13）和式（B-12）可以看出，前者比后者多一个因子 $\sin(\lambda L_0)/(\lambda L)$。该因子不随 r 变化，所以只要把这个因子乘到第三章中求 U_m 和 U_t 公式中的 A_1 和 A_2 上，便得到式（B-9）和式（B-10）中的 A'_1 和 A'_2。井壁上的边界条件都得到满足，有：

$$A'_1(\lambda) = \frac{R_m I_0}{2\pi^2 L}\frac{\sin(\lambda L_0)}{\lambda}A(\lambda) \qquad (\text{B-15})$$

其中：

$$A(\lambda) = \frac{p\lambda\frac{d}{2}K_0\left(\lambda\frac{d}{2}\right)K_1\left(\lambda\frac{d}{2}\right)}{1+p\lambda\frac{d}{2}K_0\left(\lambda\frac{d}{2}\right)K_1\left(\lambda\frac{d}{2}\right)} \qquad (\text{B-16})$$

$$p = \frac{R_t - R_m}{R_m}$$

将式（B-15）代入式（B-10），得：

$$U_m = U_0 + \frac{R_m I_0}{2\pi^2 L}\int_0^\infty A(\lambda)\frac{\sin(\lambda L_0)}{\lambda}I_0(\lambda r)\cos(\lambda z)\mathrm{d}\lambda$$

考虑到 r_0 很小，$I_0(\lambda r_0)\approx 1$ 这一事实，得到记录点 $(r_0, 0)$ 处的电位：

$$U_m(r_0, 0) = \frac{R_m I_0}{4\pi L}\ln\frac{2L_0}{r_0} + \frac{R_m I_0}{2\pi^2 L}\int_0^\infty A(\lambda)\frac{\sin(\lambda L_0)}{\lambda}\mathrm{d}\lambda \qquad (\text{B-17})$$

假设地层电阻率变化缓慢，也就是说 p 很小，式（B-16）可以进一步简化为：

$$A(\lambda) = p\lambda\frac{d}{2}K_0\left(\lambda\frac{d}{2}\right)K_1\left(\lambda\frac{d}{2}\right)$$

于是式（B-17）等号右侧第二项为：

$$U_2 = \frac{R_m I_0}{2\pi^2 L}\int_0^\infty p\lambda \frac{d}{2} K_0\left(\lambda \frac{d}{2}\right) K_1\left(\lambda \frac{d}{2}\right) \frac{\sin(\lambda L_0)}{\lambda} d\lambda$$
$$= \frac{I_0(R_t - R_m)}{2\pi^2 L}\int_0^\infty \frac{d}{2} K_0\left(\lambda \frac{d}{2}\right) K_1\left(\lambda \frac{d}{2}\right) \frac{\sin(\lambda L_0)}{\lambda} d\lambda \quad (\text{B-18})$$

根据 Bessel 函数:

$$K_0\left(\lambda \frac{d}{2}\right) K_1\left(\lambda \frac{d}{2}\right) = 2\int_0^\infty K_1(\lambda d \cdot \mathrm{ch}t)\mathrm{ch}t\, dt \quad (\text{B-19})$$

式 (B-19) 变成:

$$U_2 = \frac{I_0(R_t - R_m)}{2\pi^2 L}\int_0^\infty \mathrm{ch}t\, dt \int_0^\infty dK_1(\lambda d\cdot \mathrm{ch}t)\sin(\lambda L_0) d\lambda \quad (\text{B-20})$$

为了计算式 (B-20) 的第一重积分, 将式 (B-14) 对 r 求导, 得到:

$$\frac{1}{(r^2+z^2)^{3/2}} = \frac{2}{\pi}\int_0^\infty \lambda K_1(\lambda r)\cos(\lambda z) d\lambda \quad (\text{B-21})$$

在 (0, L_0) 区间内对式 (B-21) 求积分, 得到:

$$\frac{2}{\pi}\int_0^\infty K_1(\lambda r)\sin(\lambda L_0) d\lambda = \frac{L_0}{r\sqrt{r^2+L_0^2}} \quad (\text{B-22})$$

将式 (B-22) 代入式 (B-20), 得:

$$U_2 = \frac{I_0(R_t - R_m)}{4\pi L}\int_0^\infty \frac{dt}{\sqrt{1+\dfrac{d^2}{L_0^2}\mathrm{ch}^2 t}} \quad (\text{B-23})$$

作坐标变换, $t \to \theta$, 使得: $\mathrm{ch}t = 1/\cos\theta$, 则式 (B-21) 变成:

$$U_2 = \frac{I_0(R_t - R_m)}{4\pi L} kK(k) \quad (\text{B-24})$$

其中:
$$k = \frac{L_0}{\sqrt{L_0^2+d^2}}, \quad K(k) = \int_0^{\pi/2} \frac{d\theta}{\sqrt{1-k^2\sin^2\theta}}$$

式中: $K(k)$ 为第一类完全椭圆积分。

将式 (B-20) 代入式 (B-17), 得到记录点 (r_0, 0) 处的电位:

$$U_m(r_0, 0) = \frac{R_m I_0}{4\pi L}\ln\frac{2L_0}{r_0} + \frac{I_0(R_t - R_m)}{4\pi L} kK(k) \quad (\text{B-25})$$

将式 (B-25) 代入式 (4-1-1), 并引用电极系数 K' 的表达式 (4-1-3), 得:

$$R_a = R_m + \frac{(R_t - R_m)kK(k)}{\ln\frac{2L_0}{r_0}} = R_m\left[1 - \frac{kK(k)}{\ln\frac{2L_0}{r_0}}\right] + R_t\frac{kK(k)}{\ln\frac{2L_0}{r_0}} \quad (B\text{-}26)$$

定义：

$$J(x) \stackrel{\text{def}}{=\!=} 1 - \frac{\frac{L_0}{\sqrt{4x^2 + L_0^2}}K\left(\frac{L_0}{\sqrt{4x^2 + L_0^2}}\right)}{\ln\frac{2L_0}{r_0}} \quad (B\text{-}27)$$

当 $x \ll L_0$ 时：

$$\frac{L_0}{\sqrt{4x^2 + L_0^2}} \approx 1, \quad K\left(\frac{L_0}{\sqrt{4x^2 + L_0^2}}\right) \approx \ln\frac{2L_0}{x}$$

由于 $r_0 \ll L_0$，有：

$$J(r_0) = 0$$

显然，$J(\infty)=1$。这样，式（B-27）所定义的 $J(x)$ 便满足了对积分几何因子的要求，则 R_a 的计算公式（B-26）可以写成：

$$R_a = R_m J\left(\frac{d}{2}\right) + R_t\left[J(\infty) - J\left(\frac{d}{2}\right)\right]$$

比较式（B-9）和式（B-27）所给出的几何因子是有意义的。这两个式子的计算结果如图 B-1 所示。式（B-9）是在 r 轴上电流密度不因介质不均匀而改变的前提下得出来的。但是实际上电流密度总是要变化的。当 $R_t > R_m$ 时，地层内的电流密度要小于均匀介质条件下的电流密度。这使地层的相对贡献下降而井眼的相对贡献上升。就是说，$J(x)$ 曲线上升得应该快些。

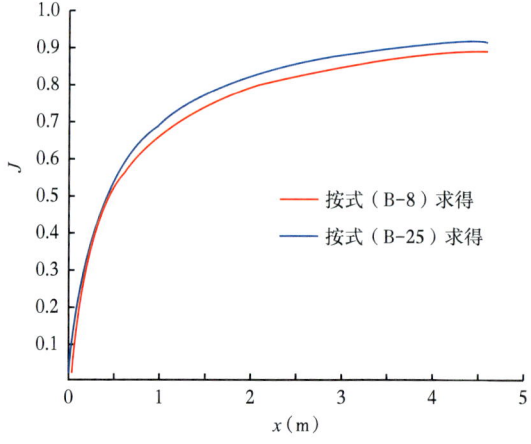

图 B-1　三侧向测井径向积分几何因子曲线

比较这两条曲线，可以看出，曲线 1 的确比曲线 2 上升得慢，这说明在 $R_t > R_m$ 的条件下曲线 2 的确比曲线 1 好。二者的差别在所有点上都小于 5%。二者都是在某种近似条件下得出来的，所以都只能用于定性的目的。就定性的目的而言，5% 的差别可以忽略不计，式（B-9）、式（B-27）都一样好用。

二、侧向测井的伪几何因子

随着计算机和计算技术的快速发展，目前数值模拟方法已经在电法测井响应数值模拟中广泛应用。可以借助数值模拟结果，帮助分析侧向测井的探测特性，尤其是探测深度。

下面给出从径向阶跃地层入手，结合模拟测井响应给出侧向测井伪几何因子的相关理论和应用。

考虑到侧向测井的径向聚焦能力及前文的描述，视电阻率可以表示为如下形式：

$$R_a = J_m R_m + J_{xo} R_{xo} + J_t R_t \quad （B-28）$$

$$J_m + J_{xo} + J_t = 1 \quad （B-29）$$

式中：J_m 为井眼的积分几何因子；J_{xo} 为侵入带的积分几何因子；J_t 为原状地层的积分几何因子。

可以看出，视电阻率是各区域电阻率的加权求和，其权系数为各区域的积分几何因子，习惯上称为伪几何因子或拟几何因子。各区域的伪几何因子之和满足归一化。

通常认为侧向测井主要用于盐水钻井液的井中，由于 R_m 较小，在讨论侧向测井探测特性时，可以暂时忽略井眼影响，式（B-28）和式（B-29）可以简化为：

$$R_a = J_{xo} R_{xo} + J_t R_t \quad （B-30）$$

$$J_{xo} + J_t = 1 \quad （B-31）$$

根据式（B-28）和式（B-29）可以得到侧向测井中常用的伪几何因子：

$$J(r) = \frac{R_t - R_a}{R_t - R_{xo}} \quad （B-32）$$

在实际应用时，首先设计一定的地层电阻率模型，在根据正演数值模拟方法得到具体的侧向测井响应（R_a）后，可以很容易地利用式（B-31）分析仪器的探测深度。实际应用时，一般把伪几何因子 $J(r)=0.5$ 时对应的圆柱体半径 r 作为侧向测井仪器的探测深度或探测半径。伪几何因子理论在分析侧向测井仪器探测深度时得到较广泛的应用，图 4-3-9 中几种侧向测井径向积分几何因子结果正是通过上述方法得到。

附录C 感应测井几何因子的推导与证明

一、g_r 的推导

$$g_r = \frac{L}{2}\int_{-\infty}^{\infty}\frac{r^3 \mathrm{d}z}{\left[r^2+\left(z+\frac{L}{2}\right)^2\right]^{3/2}\left[r^2+\left(z-\frac{L}{2}\right)^2\right]^{3/2}} \quad (\text{C-1})$$

令:

$$\eta = \frac{r}{L}, \quad \zeta = \frac{z}{L} \quad (\text{C-2})$$

则式（C-1）变成：

$$g_r = \frac{\eta^3}{2L}\int_{-\infty}^{\infty}\frac{\mathrm{d}\zeta}{\left[\left(\eta^2+\zeta^2+\frac{1}{4}\right)^2-\zeta^2\right]^{3/2}}$$

$$= \frac{\eta^3}{2L\left(\eta^2+\frac{1}{4}\right)^3}\int_{-\infty}^{\infty}\frac{\mathrm{d}\zeta}{\left\{\left[\left(\frac{\zeta}{\sqrt{\eta^2+\frac{1}{4}}}\right)^2+1\right]^2-\frac{1}{\eta^2+\frac{1}{4}}\left(\frac{\zeta}{\sqrt{\eta^2+\frac{1}{4}}}\right)^2\right\}^{3/2}}$$

令:

$$\frac{\zeta}{\sqrt{\eta^2+\frac{1}{4}}} = \tan\varphi, \quad \frac{1}{\sqrt{4\eta^2+1}} = k \quad (\text{C-3})$$

则：

$$g_r = \frac{\eta^3}{2L\left(\eta^2+\frac{1}{4}\right)^3}\int_{-\frac{\pi}{2}}^{\frac{\pi}{2}}\frac{\sqrt{\eta^2+\frac{1}{4}}\sec^2\varphi \mathrm{d}\varphi}{\left[\left(\tan^2\varphi+1\right)^2-\frac{1}{\eta^2+\frac{1}{4}}\tan^2\varphi\right]^{3/2}}$$

$$= \frac{16\eta^3 k^5}{L}\int_{-\frac{\pi}{2}}^{\frac{\pi}{2}}\frac{\cos^4\varphi \mathrm{d}\varphi}{\left[1-k^2(2\sin\varphi\cos\varphi)^2\right]^{3/2}} \quad (\text{C-4})$$

令 $\varphi=\theta/2$，得：

$$g_r = \frac{8\eta^3 k^5}{L}\left\{\int_0^{\frac{\pi}{2}}\frac{d\theta}{\Delta^3} + \int_0^{\pi}\frac{\cos\theta d\theta}{\Delta^3} + \int_0^{\frac{\pi}{2}}\frac{\cos^2\theta d\theta}{\Delta^3}\right\} \quad (C-5)$$

其中：
$$\Delta = \sqrt{1-k^2\sin^2\theta}$$

式（C-5）等号右侧第二个积分的被积函数是关于 $\theta=\pi/2$ 的奇函数，所以等于零。其余两个积分可以变成标准形式的椭圆积分：

$$\int\frac{d\theta}{\Delta^3} = \frac{1}{1-k^2}\int\Delta d\theta - \frac{k^2}{1-k^2}\frac{\sin\theta\cos\theta}{\Delta} \quad (C-6)$$

$$\int\frac{\cos^2\theta}{\Delta}d\theta = \frac{1}{k^2}\int\frac{d\theta}{\Delta} - \frac{1}{k^2}\int\Delta d\theta + \frac{\sin\theta\cos\theta}{\Delta} \quad (C-7)$$

将代入积分极限后的结果代入 g_r，即得：

$$g_r = \frac{2\eta k}{L}\left\{(1-k^2)K(k) + (2k^2-1)E(k)\right\} \quad (C-8)$$

二、$g_r = \dfrac{d}{dr}G_r$ 的证明

根据 k 和 η 之间的关系，有：

$$\frac{dk}{d\eta} = -4\eta k^3 \quad (C-9)$$

因此有：
$$\frac{d}{dr}G_r = \frac{1}{L}\frac{dG_r}{d\eta} = -\frac{4\eta k^3}{L}\frac{dG_r}{dk} \quad (C-10)$$

将式（5-2-6）代入式（C-10），得：

$$\begin{aligned}\frac{d}{dr}G_r = -\frac{4\eta k^3}{L}&\left\{-\left[\frac{d}{dk}\left(\frac{k^2+1}{2k}\right)\right]E(k) - \frac{k^2+1}{2k}\frac{d}{dk}E(k)\right.\\ &\left.+\left[\frac{d}{dk}\left(\frac{1-k^2}{2k}\right)\right]K(k) + \frac{1-k^2}{2k}\frac{d}{dk}K(k)\right\}\end{aligned} \quad (C-11)$$

由于：
$$\frac{d}{dk}K(k) = \frac{E(k)-(1-k^2)K(k)}{k(1-k^2)}, \quad \frac{d}{dk}E(k) = \frac{E(k)-K(k)}{k} \quad (C-12)$$

$$\frac{d}{dk}\left(\frac{k^2+1}{2k}\right) = \frac{k^2-1}{2k}, \quad \frac{d}{dk}\left(\frac{1-k^2}{2k}\right) = \frac{k^2+1}{2k^2} \quad (C-13)$$

代入式（C-11），得：

$$\frac{\mathrm{d}}{\mathrm{d}k}G_\mathrm{r} = \frac{2\eta k}{L}\left[\left(1-k^2\right)K(k)+\left(2k^2-1\right)E(k)\right] \qquad (\text{C-14})$$

式（C-14）等号右侧恰好是等于式（5-2-4）。这正是要证明的。

现在研究一下 $k\to1$（$\eta\to0$）和 $k\to0$（$\eta\to\infty$）时 G_r 的极限值。

当 $k\to1$ 时，由于：

$$\left(1-k^2\right)K(k) \to -\frac{1}{2}\left(1-k^2\right)\ln\frac{1-k^2}{16} \to 0 \qquad (\text{C-15})$$
$$E(k)\to 1$$

则：

$$G_\mathrm{r} = 1 - \frac{1+k^2}{2k}E(k) + \frac{1-k^2}{2k}K(k) \to 0 \qquad (\text{C-16})$$

当 $k\to0$ 时，由于：

$$\frac{K(k)-E(k)}{k^2} \to \frac{\pi}{4} \qquad (\text{C-17})$$

则：

$$\frac{K(k)-E(k)}{2k} \to 0 \qquad (\text{C-18})$$

代入式（C-16），得：

$$G_\mathrm{r} = 1 + \frac{K(k)-E(k)}{2k} - \frac{k}{2}\{K(k)-E(k)\} \to 1 \qquad (\text{C-19})$$

参 考 文 献

测井学编写组，1998. 测井学 [M]. 北京：石油工业出版社.

高杰，张锋，车小花，等，2022. 地球物理测井方法与原理 [M]. 北京：石油工业出版社.

高杰，刘福平，包德洲，等，2007. 过套管电阻率测井方法研究 [J]. 测井技术，31（3）：229-232.

洪有密，2008. 测井原理与综合解释 [M]. 东营：中国石油大学出版社.

路易·A. 阿洛德，莫里斯·H. 马丹，1982. 石油测井技术发展史 [M]. 林民瑞，孙淑强，徐丽卿，译. 北京：石油工业出版社.

田子立，孙以睿，刘桂兰，1984. 感应测井理论及其应用 [M]. 北京：石油工业出版社.

张庚骥，1996. 电法测井 [M]. 东营：石油大学出版社.

张建华，仵杰，等，1996. 电法测井原理与应用 [M]. 西安：西北大学出版社.

邹长春，谭茂金，尉中良，等，2014. 地球物理测井 [M]. 北京：地质出版社.

Barber T D, Rosthal R A, 1991. Using a multiarray induction tool to achieve high-resolution logs with minimum environmental effects[C]. SPE 22725.

Calvert T J, Rau R N, Wells L E, 1977. Electromagnetic Propagation—a New Dimension in Logging[C]. Society of Petroleum Engineers of AIME, SPE 6542.

Clark B, Allen D F, Best D L, et al, 1990. Electromagnetic Propagation Logging While Drilling: Theory and Experiment[C]. SPE Formation Evaluation, SPE 18117.

Doll H G, 1949. Introduction to induction logging and application to logging of wells drilled with oil base mud[J]. Journal of Petroleum Technology, 1（6）.

Duesterhoeft W C, 1961. Propagation effects in induction logging[J]. Geophysics, 26（2）：192-204.

Ellis D V, Singer J M, 2008. Well logging for earth scientists[M]. Dordrecht: Springer.

Freedman R, Vogiatzis J P, 1979. Theory of microwave dielectric constant logging using the electromagnetic wave Propagation method[J]. Geophysics, 44（5）：969-986.

G E Archie, 1942. The electrical resistivity log as an aid in determining some reservoir characteristics[J]. Trans Am Inst Mech Eng, 146：54-61.

Kaufman A A, 1990. The electrical field in a borehole with a casing[J]. Geophysics, 55（1）：29-38.

Kaufman A A, Wightman W E, 1993. A transmission-line model for electrical logging through casing[J]. Geophysics, 58（12）：1739-1747.

Moran J H, Kunz K S, 1962. Basic theory of induction logging and application to study of two-coil sondes[J]. Geophysics, 27（6）：829-858.

Smits L J, 1968. SP log interpretation in shaly sands[J]. Society of Petroleum Engineering Journal. June：123-136.

Waxman M H, Smits L J, 1968. Electrical conductivities in oil bearing shaly sands[J]. Society of Petroleum Engineers Journal, June：107-122.

《地球物理测井学》

编辑出版组

总 策 划：雷　平　庞奇伟
组　　长：庞奇伟
副 组 长：李　中　金平阳　潘玉全
责任编辑：葛智军　林庆咸　沈瞳瞳　刘俊妍　钟思源
　　　　　张　贺　王长会　王鹤楠　王　瑞　陈子丹
　　　　　孙　宇　邹杨格　王金凤　何丽萍　冉毅凤
　　　　　常泽军　张旭东　吴英敏　马晓萱　张　瑞
　　　　　崔　悦　白云雪　饶　远　陈　荟